高等学校宝石及材料工艺学系列教材

宝石材料分析方法

BAOSHI CAILIAO FENXI FANGFA

祖恩东 编著

图书在版编目(CIP)数据

宝石材料分析方法/祖恩东编著.—武汉：中国地质大学出版社，2017.2（2020.9重印）
ISBN 978-7-5625-3895-0

Ⅰ.①宝…
Ⅱ.①祖…
Ⅲ.①宝石-材料-分析方法
Ⅳ.①P578

中国版本图书馆 CIP 数据核字(2017)第 015331 号

宝石材料分析方法			祖恩东 编著
责任编辑：舒立霞	选题策划：张 琰		责任校对：张咏梅
出版发行：中国地质大学出版社（武汉市洪山区鲁磨路388号）			邮政编码：430074
电　　话：(027)67883511	传真：67883580		E-mail:cbb@cug.edu.cn
经　　销：全国新华书店			http://cugp.cug.edu.cn
开本：787mm×960mm　1/16		字数：387千字	印张：19.75
版次：2017年2月第1版		印次：2020年9月第2次印刷	
印刷：武汉市籍缘印刷厂		印数：1001—2000 册	
ISBN 978-7-5625-3895-0			定价：50.00元

如有印装质量问题请与印刷厂联系调换

前言

本书是根据2014年8月在宜昌召开的"全国珠宝类专业职业教育课程体系及教材建设"研讨会议精神立项。

宝石及材料工艺学专业界定在"材料科学与工程专业"一级学科范围内。因此,《材料分析方法》内容涉及面广、信息量大。随着新专业目录的实施,教育改革中各高校专业设置不尽相同,基础与培养目标各具特色,因而教学内容与要求也各不相同,与此相适应,教材建设也必须符合专业目录调整的需要。

《宝石材料分析方法》一书内容包括:X射线衍射分析、分子光谱分析(红外光谱、拉曼光谱分析)、紫外-可见光谱分析、光致发光光谱、X射线光谱分析5个部分。

本书内容的安排与编写力图实现本课程的教学目的:使学生对宝石材料的各种现代分析方法有一个初步的、较全面的认识和了解;使学生了解衍射分析、分子光谱分析、电子探针分析等方法的基本原理和过程及应用,掌握相应的基本知识、基本技能及必要的理论基础,从而使学生学习本课程后能够做到:

(1)正确选择宝石材料的测试分析方法;

(2)看懂或会分析一般的测试分析结果;

(3)可以与专业分析测试人员共同商讨有关宝石材料研究的实验方案和分析较复杂的测试结果;

(4)具备专业从事宝石材料测试分析工作的初步基础,具备通过继续学习掌握宝石材料分析新方法、新技术的自学能力。

由于编者水平有限,加之时间仓促,书中难免有不当之处,敬请同行和读者批评指正。

作　者

2016 年 4 月

目录

第1章 X射线衍射分析 (1)
1.1 X射线的物理基础 (1)
1.2 倒易点阵 (14)
1.3 X射线运动学衍射理论 (19)
1.4 X射线衍射方法 (35)
1.5 X射线物相分析 (54)
1.6 衍射谱的数据标定 (72)
1.7 点阵常数的精确测定 (77)

第2章 宝石矿物分子振动光谱学 (82)
2.1 振动光谱的基本原理 (82)
2.2 红外光谱学 (87)
2.3 拉曼光谱学 (120)

第3章 宝石矿物紫外-可见光谱学 (155)
3.1 量子力学的基本方程——薛定谔方程 (155)
3.2 晶体场理论 (168)
3.3 分子轨道理论 (178)

  3.4 能带理论 …………………………………………………………………（205）

  3.5 光吸收光谱和宝石矿物颜色的本质 …………………………………（209）

第4章 光致发光光谱 ……………………………………………………（238）

  4.1 发光光谱的基本概念 …………………………………………………（238）

  4.2 矿物发光机制 …………………………………………………………（238）

  4.3 宝石矿物发光光谱研究 ………………………………………………（243）

第5章 X射线光谱分析 …………………………………………………（255）

  5.1 电子探针仪 ……………………………………………………………（257）

  5.2 能谱仪 …………………………………………………………………（257）

  5.3 波谱仪 …………………………………………………………………（259）

  5.4 波谱仪和能谱仪的分析模式及应用 …………………………………（263）

  5.5 波谱仪与能谱仪的比较 ………………………………………………（264）

  5.6 X射线光谱分析及应用 ………………………………………………（266）

附 录 ……………………………………………………………………………（278）

主要参考文献 …………………………………………………………………………（306）

第1章 X射线衍射分析

1895年德国物理学家伦琴(W. C. Röntgen)在研究真空管高压放电时,偶然发现镀氰亚铂酸钡的硬纸板发出荧光。认为可能在真空管施加高压时,产生了一种不同于可见光的射线,因当时对其性质知之甚少,故称为X射线,也称伦琴射线。

这种射线具有以下几种性质:①肉眼观察不到,但可使照相底片感光、荧光板发光、气体电离;②能透过可见光不能透过的物体;③这种射线沿直线进行,在电场、磁场中并不偏转;④对生物有伤害的生理作用。

1901年,伦琴(W. C. Röntgen)成为世界上第一个诺贝尔物理学奖获得者。

1912年,德国物理学家劳厄(M. V. Laue)利用晶体作为产生X射线衍射的光栅,使X射线产生衍射,证实了X射线本质上是一种电磁波,同时也证实了晶体结构的周期性。同年,英国物理学家布拉格父子(W. H. Bragg 和 W. L. Bragg)首次利用X射线方法测定了NaCl晶体结构,并推导出布拉格方程,开创了X射线晶体结构分析的历史。

1.1 X射线的物理基础

1.1.1 X射线的本质

X射线本质和无线电波、可见光、紫外线、γ射线等一样,属于电磁波或电磁辐射,具有波粒二象性。X射线波动性表现在它以一定的频率和波长在空间传播,反映物质运动的连续性,可以解释传播过程中发生的干涉、衍射等现象;而其粒子性则表现在与物质相互作用产生能量交换的时候。

X射线的波长较可见光短,约为$10^{-12} \sim 10^{-8}$m,与晶体的晶格常数为同一数量级,介于紫外线和γ射线之间(图1.1)。

度量X射线波长的单位主要有2种:

(1)埃(Å)。$1Å=10^{-8}$cm,$10\,000Å=1\mu m$。

(2)纳米(nm)。$1nm=10Å$,$1000nm=1\mu m$。

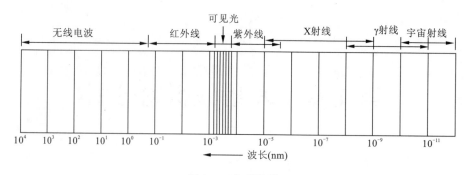

图 1.1 电磁波谱

描述 X 射线波动性的参量有 $\lambda(\text{Å})$、振动频峰 $v(\text{Hz})$ 和传播速度 $c(\text{m/s})$，其符合：

$$\lambda = c/v \tag{1-1}$$

用于晶体结构分析的 X 射线波长一般为 $0.25\sim0.05$ nm，由于波长较短，能量较大，习惯上称为"硬 X 射线"，金属部件的无损探伤用更短的波长，一般为 $0.1\sim0.005$ nm，而用于医学上的波长较长，称之为"软 X 射线"。

描述 X 射线粒子性的参量有光子能量 E、动量 P、质量 m，它们存在下述关系：

$$E = hv = hc/\lambda \tag{1-2}$$

$$P = h/\lambda \tag{1-3}$$

h 为普朗克常数，$h = 6.626\,176 \times 10^{-34}$ J·s，是 1900 年普朗克在研究黑体辐射时首次引进的，它是微观现象量子特性的表征。

X 射线作为一种电磁波，传播过程中是携带着一定能量的，所携带能量的多少，表示其强弱的程度，即用单位时间内通过垂直于 X 射线传播方向上单位面积的能量(光量子数目)来表示其强度。

当 X 射线作为波时，其强度 I 与电场强度向量的振幅 E_0 的平方成正比：

$$I = \frac{C}{8\pi} E_0^2 \tag{1-4}$$

当 X 射线作为光粒子时，它的强度为光子流密度和每个光子能量的乘积。

1.1.2 X 射线的获得

可见光的产生是由大量分子、原子在热激发下向外辐射电磁波的结果，而 X 射线则是由高速运动着的带电粒子与某种物质相撞后猝然减速，且与该物质的内层电子相互作用而产生的。也就是说 X 射线的产生要有几个条件：①产生自由电子的电子源；②使电子作定向高速运动；③在电子运动的路径上设置使其突然减速的障碍物。

实验室中用的X射线通常是由X射线机产生的。X射线机的主要部件包括X射线管、高压变压器、电压和电流调节稳定系统等,其主要线路如图1.2所示。为保证X射线机运行的稳定性、安全性及可靠性,须配置其他辅助设备,如冷却系统、安全防护系统等。

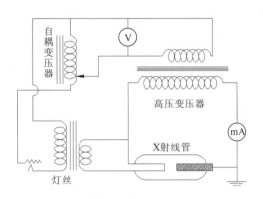

图1.2 X射线机的主要线路图

X射线管是X射线机最重要的部件之一。目前常见的X射线管均为封闭式电子X射线管(图1.3),而大功率X射线机一般使用旋转阳极X射线管。

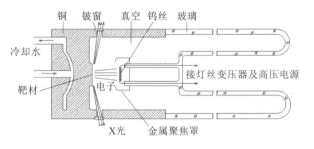

图1.3 X射线管示意图和实物图

X射线管实质上就是一个真空二极管,其结构主要由产生电子并将电子束聚焦的电子枪(阴极)、发射X射线的金属靶(阳极)及X射线的射出迪道(窗口)3部分构成。

(1)阴极(电子枪):产生电子并将电子束聚焦,钨丝烧成螺旋式,通以电流烧热钨丝放出自由电子。

(2)阳极(金属靶):发射X射线,因高速电子的动能仅有不足1%转变为X射线,其余 99% 以上都以热能释放出来。因此,阳极靶通常由传热性好、熔点较高的金属材料制成,如铜、钴、镍、铁、铝等。此外,为获取不同波长的 X 射线,可在靶面上镀上(或镶嵌)一层过渡金属元素,按波长增高次序分别为 W,Ag,Mo,Cu,Ni,Co,Fe 和 Cr。

(3)窗口:是 X 射线射出的通道,通常窗口有 2 个或 4 个。窗口材料要求既要有足够的强度以维持管内的高真空,又要对 X 射线的吸收较小,例如金属铍、硼酸铍锂构成的林德曼玻璃。

整个 X 射线光管处于真空状态,当阴极和阳极之间加以数十千伏高电压时,阴极灯丝产生的电子在电场作用下被加速并以高速射向阳极靶,经高速电子与阳极靶碰撞,从阳极靶产生 X 射线,这些 X 射线通过用金属铍(厚度约为 0.2mm)做成的 X 射线管窗口射出,即可提供给实验所用。

阳极靶面被电子束轰击的区域称为焦斑,X 射线从焦斑区域发出。焦斑的形状对 X 射线衍射图的形状、清晰度和分辨率有较大影响。焦斑的形状和大小一般由阴极灯丝的形状及聚焦罩所决定。

实验工作中有时需要较小的焦点和较强的 X 射线强度,设计在与靶面成出射角为 3°~6°处接受 X 射线,这样在与焦斑的短边相垂直的方向处,可得到面积为 1mm×1mm 的正方形焦点,称之为点光源;而在与焦斑长边相垂直的方向处,可得到 0.1mm×10mm 的细线形焦点,称之为线光源。

1.1.3 X 射线谱

常规 X 射线管发出的 X 射线束并不是单一波长的辐射。用适当方法将辐射展谱,可得到图 1.4 所示的 X 射线随波长而变化的关系曲线,称为 X 射线谱。这种 X 射线谱实质上由两部分叠加而成,即强度随波长连续变化的连续谱和波长一定、强度很大的特征谱叠加而成。

1.1.3.1 X 射线连续谱

根据经典电动力学理论,任何高速运动的带电粒子突然减速时都会产生电磁辐射。在 X 射线管中,从阴极发出的电子在高压作用下以极大的速度撞向阳极,其中大部分

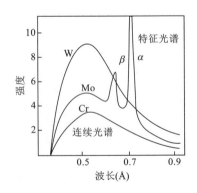

图 1.4 X 射线谱

动能转变为热能而损耗,只有一小部分动能以 X 射线的形式释放能量。由于撞到阳极的电子数目众多,例如,当管电流为 16mA 时,每秒就有 10^{17} 个电子被发出,这

些电子与阳极碰撞的时间和条件各不相同,并且绝大多数电子与靶进行多次碰撞,才逐步把能量释放为零,因此导致辐射的电磁波具有各种不同的波长,形成连续X射线谱。

按量子理论观点,当能量为eV的电子与靶原子碰撞时,电子将失去能量,其中一部分能量以光子形式辐射掉,而每碰撞一次产生一个能量为$h\nu$的光子。由于电子数目众多,所以可以产生一系列能量为$h\nu_i$的光子序列,从而构成连续谱(图1.5)。在极限条件下,极少数电子在一次碰撞中将全部能量一次性转化为一个光子,这个光子具有最高能量和最短波长:

$$h\frac{c}{\lambda_0} = eV \tag{1-5}$$

$$\lambda_0 = \frac{hc}{eV} = \frac{1.24}{V}(\text{nm}) \tag{1-6}$$

其中,λ_0称为短波限。

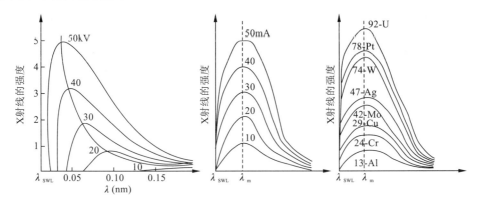

图1.5 管电压、管电流、阳极靶原子序数对连续谱的影响

连续谱具有以下实验规律:

(1) X射线连续谱的强度随着X射线管的管电压增加而增大,最大强度所对应的波长λ_{max}变小,最短波长界限λ_0减小;

(2) 当管电压恒定,增加管电流,各种波长X射线的相对强度一致增高,但λ_{max}和λ_0数值大小不变;

(3) 当改变阳极靶材时,各种波长的相对强度随靶材原子序数的增加而增加。

连续谱的经验公式可表达为:

$$I_{\text{连}} = \int_{\lambda_0}^{\lambda_\infty} I_\lambda \mathrm{d}\lambda = K_1 IZV^m \tag{1-7}$$

$$\eta_{\text{效率}} = \frac{K_1 IZV^2}{IV} = K_1 ZV \tag{1-8}$$

可见管电压越高,阳极靶材的原子序数越大,X 射线管的效率越高。但由于常数 K_1 是个很小的数,约为 $(1.1\sim1.4)\times10^{-9}\,\mathrm{V^{-1}}$,故即使采用钨阳极($Z=74$),管电压为 100kV,其效率 $\eta\approx1\%$ 或更低,这是由于 X 射线管中电子的能量绝大部分在同阳极靶碰撞时产生热能而损失,只有极少部分电子的能量转化为 X 射线能。所以 X 射线管工作时必须以冷却水冲刷阳极,达到冷却阳极的目的。

1.1.3.2 特征 X 射线

当高速电子能量大到一定程度后,与阳极靶碰撞能够将原子内层电子驱逐,如在 K 层产生一个空位。按照能量最低原理,电子具有尽可能占据低能级轨道的趋势,则当 K 层出现空位时,$L,M,N\cdots$ 等各层电子会跃入此空位,而多余的能量以 X 射线光子的形式释放出来。由于不同原子具有不同的结构,电子跃迁所释放的能量也不同。不同元素所具有特定波长的 X 射线,称为特征 X 射线。特征 X 射线为一线性光谱,由若干互相分离且具有特定波长的谱线组成,其强度大大超过连续谱线的强度并可叠加于连续谱线之上(图 1.6)。

波长一定、强度很大的特征谱只有当管电压超过一定值(如激发电压 V_K)

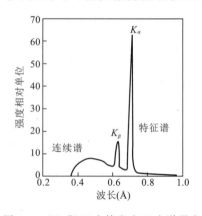

图 1.6 Mo 靶 X 光管发出 X 光谱强度
(35kV 时)

时才会产生,只取决于 X 光管的阳极靶材料,不同靶材具有其特有的特征谱线。特征谱线又称为标识谱,即可以用来标识物质元素。

根据原子结构壳层理论,高能电子撞击阳极靶时,会将阳极物质原子中 K 层电子撞出电子壳层,在 K 壳层中形成空位,原子系统能量升高,使体系处于不稳定的激发态,按能量最低原理,$L,M,N\cdots$ 层中的电子会跃入 K 层空位。为保持体系能量平衡,在跃迁的同时,这些电子会将多余能量以 X 射线光量子的形式释放(图 1.7)。光谱学中壳层分别对应于主量子数 $n=1,2,3,4\cdots$ 每个壳层最多容纳 $2n^2$ 个电子,处于主量子数 n 的壳层中的电子,其能量值为:

$$E_n = \frac{-Rhc}{n^2}(Z-\sigma)^2 \tag{1-9}$$

对于从 $L,M,N\cdots$ 壳层中的电子跃入 K 壳层空位时所释放的 X 射线,分别称之为 $K_\alpha,K_\beta,K_\gamma\cdots$ 谱线,它们共同构成 K 系标识 X 射线。同时,当 $L,M,N\cdots$ 层电子被激发时,就会产生 L 系、M 系标识 X 射线。而 K 系、L 系、M 系……标识 X 射线又共同构成此原子的标识 X 射线谱。

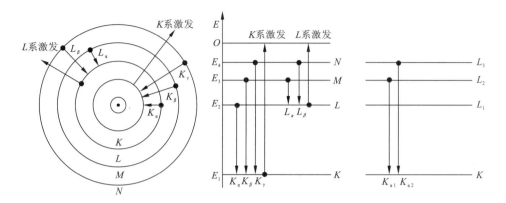

图 1.7 特征 X 射线产生原理图

$$h\nu_{n_2-n_1} = E_{n_2} - E_{n_1} = Rhc(Z-\sigma)^2\left(\frac{1}{n_1^2}-\frac{1}{n_2^2}\right) \quad (1-10)$$

从图 1.7 可以看出,实际上 K_α 线由两条谱线 $K_{\alpha 1}$ 和 $K_{\alpha 2}$ 组成,它们分别是电子从 L_3 和 L_2 子能级跳入 K 层空位时产生的,由于能级 L_3 与 L_2 的能量值相差很小,因此 $K_{\alpha 1}$ 和 $K_{\alpha 2}$ 线的波长很相近,仅差 0.004Å 左右,通常无法分辨。为此,常用 K_α 来表示它们,以 $K_{\alpha 1}$ 和 $K_{\alpha 2}$ 谱线波长的计权平均值作为 K_α 线的波长。根据实验测定,$K_{\alpha 1}$ 线的强度是 $K_{\alpha 2}$ 的 2 倍,故其权重也是 $K_{\alpha 2}$ 的 2 倍,即:

$$\lambda_{K_\alpha} = \frac{2}{3}\lambda_{K_{\alpha 1}} + \frac{1}{3}\lambda_{K_{\alpha 2}} \quad (1-11)$$

标识 X 射线的相对强度是由电子在各能级之间的跃迁几率决定的。另外,还与跃迁前原壳层上的电子数多少有关。例如,L 层电子跃入 K 层空位的几率比 M 层电子跃入 K 层空位的几率大,因此 K_α 线比 K_β 线强,而对 $K_{\alpha 1}$ 和 $K_{\alpha 2}$ 谱线而言,电子从 L_1 和 L_2 子壳层跃入 K 层空位的几率差不多,但因处在 L_3 子壳层上的电子数是 4 个,处于 L_2 子壳层的电子数只有 2 个,故 $K_{\alpha 1}$ 谱线的强度是 $K_{\alpha 2}$ 的 2 倍。

根据实验测定 $K_{\alpha 1}$、$K_{\alpha 2}$ 和 K_β 谱线的强度比约为:

$$I_{K_\alpha} : I_{K_\beta} = 10:2 \text{ 或 } 10:3 \quad (1-12)$$

$$I_{\alpha 1} : I_{\alpha 2} : I_\beta = 100:50:20 \quad (1-13)$$

特征 X 射线波长取决于阳极靶元素的原子序数,实验证明:

(1)管电压超过激发电压时才能产生该元素的特征谱线,且靶元素的原子序数越大,其激发电压越高。

(2)每个特征谱线都对应于一个特定的波长,不同阳极靶元素的波长不同,管电流 I 和管电压 V 的增加只能增强特征 X 射线的强度,而不改变其波长。

$$I_特 = CI(V-V_激)^n \quad (1-14)$$

其中，C 为常数，K 系 $n=1.5$，L 系 $n=2$。

（3）不同阳极靶元素的原子序数与特征谱线波长之间的关系由 Moseley 定律确定：

$$\sqrt{\frac{1}{\lambda}} = K_2(Z-\sigma) \tag{1-15}$$

$$K_2 = \sqrt{\frac{me^4}{8\varepsilon_0^2 h^3 c}\left(\frac{1}{n_2^2}-\frac{1}{n_1^2}\right)} = \sqrt{R\left(\frac{1}{n_2^2}-\frac{1}{n_1^2}\right)}$$

其中，R 为里伯德常数，$R=\frac{me^4}{8\varepsilon_0^2 h^3 c}=1.0974\times 10^7\,\text{m}^{-1}$

由式（1-14）可知，V 和 I 的升高，都能使 $I_\text{特}$ 值上升。但 $I_\text{特}$ 上升的同时，连续 X 射线的强度也要升高，不利于分析的进行。故适宜的操作电压一般为 $(3\sim 5)V_\text{激}$。一般常用 X 光管的适宜工作电压见表 1.1。

表 1.1　常见 X 光管适宜工作电压

靶元素	原子序数	$\lambda_{K_{\alpha 1}}$ (Å)	$\lambda_{K_{\alpha 2}}$ (Å)	$\lambda_{K_\alpha}^*$ (Å)	λ_{K_β} (Å)	λ_K (Å)	激发电压 V_K(kV)	适宜的工作电压(kV)	将被 K_β 强烈吸收的元素
Cr	24	2.289 62	2.293 52	2.290 9	2.084 79	2.070 1	5.93	20~25	V
Fe	26	1.935 97	1.939 91	1.937 3	1.756 54	1.742 9	7.10	25~30	Mn
Co	27	1.788 90	1.792 79	1.790 2	1.620 76	1.607 2	7.71	30	Fe
Ni	28	1.657 83	1.661 68	1.659 1	1.500 08	1.486 9	8.30	30~35	Co
Cu	29	1.540 50	1.544 34	1.541 8	1.392 17	1.380 2	8.86	35~40	Ni
Mo	42	0.709 26	0.713 54	0.710 7	0.632 25	0.619 2	20.00	50~55	Nb,Zr
Ag	47	0.559 41	0.563 81	0.560 9	0.497 01	0.485 5	25.50	55~60	Pb,Rh

注：$\lambda_{K_\alpha} = \frac{2}{3}\lambda_{K_{\alpha 1}} + \frac{1}{3}\lambda_{K_{\alpha 2}}$。

1.1.4　X 射线与物质的作用

X 射线透过物质后会变弱，这是入射 X 射线与物质相互作用的结果。X 射线与物质的相互作用十分复杂，作用过程会产生物理、化学和生化过程，引起各种效应。X 射线可使一些物质发出可见的荧光，使离子固体发出黄褐色或紫色的光，破坏物质的化学键，促使新键形成，促进物质的合成，引起生物效应，导致新陈代谢发生变化。但就 X 射线与物质之间的物理作用，可分为 X 射线散射和吸收。图 1.8 为 X 射线与物质作用的示意图。

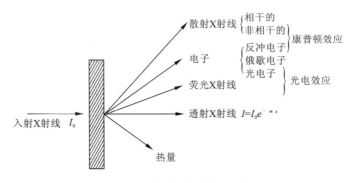

图 1.8 X 射线与物质作用示意图

总之,当一束 X 射线通过物质时,其能量分为 3 个部分:一部分被散射,一部分被吸收,而其余部分则透过物质继续沿原来的方向传播。

1.1.4.1 X 射线的透射与吸收系数

X 射线穿过物质后减弱,其强度衰减规律如图 1.9 所示。

设入射 X 射线强度为 I_0,透过厚度为 d 的物质后强度为 I,$I<I_0$,在被照射物质中取一深度为 x 处的小厚度元 d_x,照到此小厚度元上 X 射线的强度为 I_x,透过此厚度元的 X 射线强度为 I_{x+d_x},则强度的改变为:

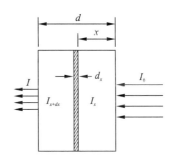

图 1.9 X 射线减弱规律的图示

$$\frac{I_{x+d_x} - I_x}{I_x} = \frac{dI_x}{I_x}$$

$$= -\mu_l d_x (负号表示 dI_x 与 d_x 符号相反) \quad (1-16)$$

式中,μ_l 为线吸收系数(cm^{-1}),指在入射线传播方向上单位长度上(1cm)X 射线强度的衰减程度,与入射 X 射线束的波长及被照射物质的元素组成和状态有关。

对式(1-16)积分(积分限 0~x)得:

$$\frac{I}{I_0} = e^{-\mu_l x} \quad (1-17)$$

式中,I/I_0 称为透射系数。

质量吸收系数 μ_m,是单位质量物质(单位截面的 1g 物质)对 X 射线的衰减程度,其值的大小与温度、压力等物质状态参数无关,但与 X 射线的波长及被照射物质的原子序数有关。

$$\mu_m = \mu_l / \rho \quad (1-18)$$

式中,ρ 为被照射物质的密度。

将式(1-18)代入式(1-17)得：

$$I = I_0 e^{-\mu_m \rho x} = I_0 e^{-\mu_m m} \tag{1-19}$$

式中，m 为单位面积厚度为 x 的体积中物质的质量（$m=\rho x$）。由此可知 μ_m 的物理意义：μ_m 指 X 射线通过单位面积上单位质量物质后强度的相对衰减量，这样就消除了密度的影响，使 μ_m 成为反映物质本身对 X 射线吸收性质的物理量。若吸收体是多元素化合物、固溶体或混合物时，其质量吸收系数仅取决于各组元的质量吸收系数 μ_{mi} 及各组元的质量分数 w_i，即

$$\bar{\mu}_m = \sum_{i=1}^{n} \mu_{mi} w_i \tag{1-20}$$

式中，n 为吸收体的组元数。

质量系数 μ_m 取决于吸收物质的原子序数 Z 和 X 射线波长 λ，其关系的经验式为：

$$\mu_m \propto \lambda^3 Z^3 \tag{1-21}$$

式(1-21)表明，物质的原子序数越大，对 X 射线的吸收能力越强；对一定的吸收体，X 射线的波长越短，穿透能力越强，表现为吸收系数的下降。但随波长的减小，μ_m 并非呈连续变化，而是在某些波长位置上突然升高，出现吸收限。每种物质都有它本身确定的一系列吸收限，这种带有特征吸收限的吸收系数曲线称为该物质的吸收谱(图1.10)。

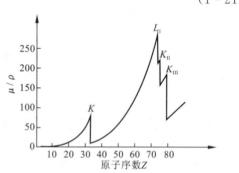

图 1.10　波长为 1.00Å 的辐射的质量吸收系数与吸收元素原子序数的关系曲线

1.1.4.2　X 射线的光电效应

吸收系数的突变现象可用 X 射线的光电效应来解释。当入射光量子的能量等于或略大于吸收体原子某壳层电子的结合能（即该层电子激发态能量）时，此入射光量子就容易被壳层电子吸收，获得能量的壳层电子从内层溢出，成为自由电子，称为光电子。此时，原子则处于相应的激发态，这种原子被入射光量子辐射电离的现象即为光电效应。此效应消耗大量入射能量，表现为吸收系数突增，对应的入射即为波长。假设使 K 层电子变成自由电子所需的能量是 w_K，亦即可引起激发态的入射光量子能量必须达到此值。

$$h\nu_K = w_K = \frac{hc}{\lambda_K} \tag{1-22}$$

式中，ν_K、λ_K 分别为 K 吸收限的频率和波长。L 层包括 3 个能量差很小的亚能级

(L_I、L_{II}、L_{III}),它们对应于 3 个 L 吸收限 λ_{L_I}、$\lambda_{L_{II}}$、$\lambda_{L_{III}}$。X 射线通过光电效应使被照射物质处于激发态,这一激发态与入射电子所引起的激发态完全相同,也要通过电子跃迁向较低能态转化,同时辐射被照射物质的特征 X 射线谱。如前所述:

$$h\nu_{K_\alpha} = w_K - w_L = h\nu_K - h\nu_L$$
$$h\nu_{K_\beta} = w_K - w_M = h\nu_K - h\nu_M$$

可得,对同一元素:$\lambda_K < \lambda_{K_\beta} < \lambda_{K_\alpha}$。这就是同一元素的 X 射线发射谱与其吸收谱的关系。为了与入射 X 射线相区别,将由 X 射线激发所产生的特征 X 射线称为二次特征 X 射线或荧光 X 射线。

显然,入射 X 射线光量子的能量 $h\nu$ 必须大于或等于将此原子某一壳层的电子激发出所需要的逸出功 W_K:

$$h\nu \geqslant W_K = eV_K$$
$$h\frac{c}{\lambda} \geqslant eV_K$$
$$\lambda \leqslant \frac{hc}{eV_K} = \frac{1.24}{V_K} = \lambda_K \text{(nm)}$$

在讨论光电效应产生的条件时,λ_K 叫 K 系激发限;若讨论 X 射线被物质吸收(光电吸收)时,又可把 λ_K 叫吸收限(图 1.11),即当入射 X 射线波长刚好满足 $\lambda \leqslant \lambda_K$ 时,可发生此种物质对波长为 λ_K 的 X 射线强烈吸收,而且正好在 $\lambda = \lambda_K = 1.24/V_K$ 时吸收最为严重,形成所谓的吸收边。

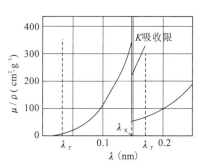

图 1.11 光源的波长(λ_T)与试样吸收谱的关系

由于光电效应而处于激发态的原子还有一种释放能量的方式,即俄歇(Auger)效应。原子中一个 K 层电子被入射光量子击出后,L 层一个电子跃入 K 层填补空位,此时多余的能量不以 X 光量子的方式辐射放出,而是另一个 L 层电子获得能量后跃迁出吸收体,这样一个 K 层空位被两个 L 层空位代替的过程称为俄歇效应(图 1.12)。跃迁出的 L 层电子称俄歇电子,其能量 E_{KLL} 是吸收体元素的特征能量。所以,荧光 X 射线和俄歇电子都是被照射物质化学成分的信号。荧光效应用于重元素($Z > 20$)的成分分析,俄歇效应用于轻元素的分析。

1.1.4.3 X 射线的散射

X 射线在穿过物质后强度衰减,除主要部分是由于真吸收消耗于光电效应和热效应外,还有一部分是偏离原来的方向,即发生了散射。在散射波中有与原波长相同的相干散射及与原波长不同的非相干散射。

1. 相干散射（弹性散射）

当入射线与原子内受原子核束缚较紧的电子相遇，光量子能量不足以使原子电离，但电子可在 X 射线交变电场作用下发生受迫振动，这样电子就成为了一个电磁波的发射源，向周围辐射与入射 X 射线波长相同的辐射，因各电子所散射的波长相同，有可能相互干涉，故称为相干散射。汤姆逊（J. J. Thomson）用经典方法研究了此现象，推导出了表明相干散射强度的汤姆逊散射公式：

$$I_e = I_0 \frac{e^4}{R^2 m^2 c^4}\left(\frac{1+\cos^2 2\theta}{2}\right)$$

$$f_e = \frac{e^2}{mc^2} \tag{1-23}$$

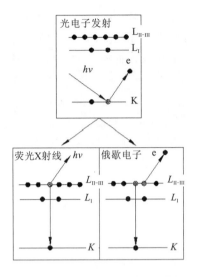

图 1.12 荧光 X 射线及俄歇效应

式中，f_e 为一常数项，称为电子散射因子，f_e 是个很小的数（$f_e^2 = 7.94 \times 10^{-30}\,\text{m}^2$），说明一个电子的相干散射强度是很弱的；$\frac{1+\cos^2 2\theta}{2}$ 称为偏振因子，表明当入射线非偏振时，相干散射线的强度随 2θ 变化，是偏振的。

2. 非相干散射（非弹性碰撞）

在偏离原入射线方向上，不仅与原入射线波长相同的相干散射波，也有波长发生改变的非相干散射波。这一现象是美国物理学家康普顿（A. H. Compton）在 1923 年发现的，当能量为 $h\nu$ 的光电子与自由电子或受核束缚不紧的电子碰撞，将一部分能量给予电子，使其动量提高，成为反冲电子，光电子损失了能量，并改变运动的方向，能量减少为 $h\nu'$，显然 $\nu' < \nu$，这就是非相干散射。根据能量和动量守恒定律，推导非相干散射波长变化 $\Delta\lambda$ 为：

$$\Delta\lambda = \lambda' - \lambda \approx 0.0024(1 - \cos 2\theta) \tag{1-24}$$

非相干散射波分布在各个方向上，强度很低且随 $\sin\theta/\lambda$ 的增加而增大，它随入射线波长变短，散射角 2θ 的增大而增强。

非相干散射不能参与衍射，但无法避免，从而使衍射图像背景底色变黑，给衍射精度带来了不利的影响。

1.1.5 吸收限的应用

1.1.5.1 滤波片的选择

X射线衍射分析中,大多数情况下都希望利用接近于"单色"即波长较单一的X射线。如 K 系辐射包括 K_α 和 K_β 谱线,它们会在晶体衍射中同时产生两套衍射形态,使分析工作受到干扰。因此,希望除去强度较低的 K_β 谱线及连续谱。为此,可以选择一种材料制成滤波片放置在光路上,此材料的 K 吸收限 λ_K 处于光源的 λ_{K_α} 和 λ_{K_β} 之间,即 λ_{K_β}(光源)$<\lambda_K$(滤波片)$<\lambda_{K_\alpha}$(光源),此时滤波片对光源的 K_β 线吸收很强烈,而对 K_α 线吸收很少,经过滤波片后发射光谱变成如图1.13所示的形态。

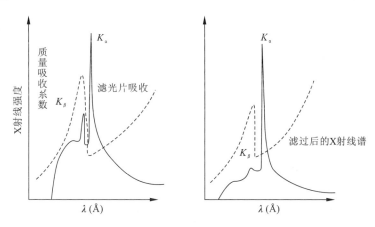

图 1.13 滤波片原理示意图

实验证明:K_α 线的强度被吸收到原来的一半时,K_α 和 K_β 的强度比将由滤波前的 5/1 提高为 500/1 左右,可满足一般的衍射工作。

选定滤波片材料后,其厚度可利用下式计算:

$$I_x = I_0 e^{-\mu_m \rho x}$$

滤波片材料可根据靶元素确定(表1.2):$Z_{靶}<40$ 时,$Z_{片}=Z_{靶}-1$;$Z_{靶}>40$ 时,$Z_{片}=Z_{靶}-2$。

1.1.5.2 阳极靶的选择

元素吸收谱还可作为选择X射线管靶材的主要依据。在进行衍射分析时,总希望试样尽可能少地被X射线吸收,获得高的衍射强度和低的背底。若试样的 K 系吸收限为 λ_K,应选择靶的 K_α 波长稍大于 λ_K,并尽量靠近 λ_K,这样不产生 K 系荧光,且吸收又最小。

表 1.2　几种常用 X 射线光管及其配用的滤波片

阳极靶				滤波片				I/I_0
元素	Z	λ_{K_α}(Å)	λ_{K_β}(Å)	元素	Z	λ_K(Å)	厚度/mm	
Cr	24	2.291 00	2.084 87	V	23	2.2691	0.016	0.5
Fe	26	1.937 355	1.756 61	Mn	25	1.896 43	0.016	0.46
Co	27	1.790 260	1.620 79	Fe	26	1.743 46	0.018	0.44
Ni	28	1.659 189	1.500 135	Co	27	1.608 15	0.018	0.53
Cu	29	1.541 838	1.392 218	Ni	28	1.488 07	0.021	0.40
Mo	42	0.710 730	0.632 288	Zr	40	0.688 83	0.108	0.31

阳极靶的选择规则为：$Z_{靶} \leqslant Z_{试样} + 1$，如分析 Fe 试样时，应用 Fe 或 Co 作靶。

1.2　倒易点阵

随着晶体学的发展，为了更清楚地说明晶体衍射现象和晶体物理学方面的某些问题，埃瓦尔德(P. P. Ewald)在 1921 年首先引入倒易点阵的概念。倒易点阵是一种虚点阵，它是由晶体内部的点阵按照一定的规则转换而来的。倒易点阵的概念已发展成为解释各种 X 射线和电子衍射问题的有力工具，也是现代晶体学的重要组成部分。

1.2.1　倒易点阵的定义

设有一正点阵 S，它由 3 个点基矢 a,b,c 来描述，写成 $S=S(a,b,c)$。现引入 3 个新基矢 a^*,b^*,c^*，由它决定另一套点阵 $S^*=S^*(a^*,b^*,c^*)$。正点阵基矢 a^*,b^*,c^* 与新基矢 a^*,b^*,c^* 的关系定义如下：

$$\begin{aligned} a^* \cdot a &= 1 & a^* \cdot b &= 0 & a^* \cdot c &= 0 \\ b^* \cdot a &= 0 & b^* \cdot b &= 1 & b^* \cdot c &= 0 \\ c^* \cdot a &= 0 & c^* \cdot b &= 0 & c^* \cdot c &= 1 \end{aligned} \quad (1-25)$$

由新基矢决定的新点阵 S^* 称作正点阵 S 的倒易点阵。式(1-25)中等于 1 的 3 个式子决定了 a^*,b^*,c^* 的长度，而另外 6 个式子决定了 a^*,b^*,c^* 的方向。亦即 a^* 与 $b、c$ 垂直，b^* 与 $a、c$ 垂直，而 c^* 与 $a、b$ 垂直。由此可以写出下列 3 个方程：

$$a^* = K_1(b \times c)$$
$$b^* = K_2(c \times a)$$
$$c^* = K_3(a \times b) \qquad (1-26)$$

式中，K_1、K_2、K_3 为 3 个比例常数。将上述 3 式左右分别点乘 a、b、c，如：

$$a \cdot a^* = K_1(b \times c) \cdot a$$

由于 $a \cdot a^* = 1$，$(b \times c) \cdot a = V$，V 为单位体积。则：

$$K_1 = \frac{1}{V}$$

同理可得，$K_2 = \frac{1}{V}$，$K_3 = \frac{1}{V}$。前 3 式转变为：

$$a^* = \frac{1}{V}(b \times c)$$
$$b^* = \frac{1}{V}(c \times a)$$
$$c^* = \frac{1}{V}(a \times b) \qquad (1-27)$$

倒易关系不仅存在于矢量之间，它们的单位体积也互为倒易，即：

$$V = \frac{1}{V^*} \qquad (1-28)$$

$$V = abc\sqrt{1 - \cos^2\alpha - \cos^2\beta - \cos^2\gamma + 2\cos\alpha\cos\beta\cos\gamma} \qquad (1-29)$$

$a^* = \frac{1}{V}(b \times c) = \frac{1}{V}(bc\sin\alpha)n$，$n$ 为垂直 $b \times c$ 方向的单位矢量。

故 a^* 之长度为：

$$a^* = \frac{bc\sin\alpha}{V} \qquad (1-30-1)$$

同理，

$$b^* = \frac{ca\sin\beta}{V} \qquad (1-30-2)$$

$$c^* = \frac{ab\sin\gamma}{V} \qquad (1-30-3)$$

按向量计算公式，可有：

$$b^* \cdot c^* = b^* c^* \cos\alpha^*$$

$$\cos\alpha^* = \frac{b^* \cdot c^*}{b^* c^*} \qquad (1-31)$$

将式(1-30-2)和式(1-30-3)代入式(1-31)并作一定的矢量运算：

$$\cos\alpha^* = \frac{1}{b^*c^*}\left[\frac{1}{V}(\boldsymbol{c}\times\boldsymbol{a})\cdot\frac{1}{V}(\boldsymbol{a}\times\boldsymbol{b})\right]$$

$$= \frac{1}{V^2 b^* c^*}\left[(\boldsymbol{c}\cdot\boldsymbol{a})(\boldsymbol{a}\cdot\boldsymbol{b})-(\boldsymbol{c}\cdot\boldsymbol{b})(\boldsymbol{a}\cdot\boldsymbol{a})\right]$$

$$= \frac{\cos\beta\cos\gamma - \cos\alpha}{\sin\beta\sin\gamma}$$

同理，
$$\cos\beta^* = \frac{\cos\gamma\cos\alpha - \cos\beta}{\sin\gamma\sin\alpha} \tag{1-32}$$

$$\cos\gamma^* = \frac{\cos\alpha\cos\beta - \cos\gamma}{\sin\alpha\sin\beta}$$

由于正、倒点阵是互为倒易的，可用式(1-30)和式(1-32)相同形式的公式，从倒易点阵的点阵参数求正点阵的点阵参数。

1.2.2 倒易点阵的性质

(1)倒易点阵矢量和相应正点阵中同指数晶面相互垂直，并且它的长度等于该平面族面间距的倒数。

若用 $\boldsymbol{R}^*_{HKL}$ 表示从倒易点阵原点到坐标为 H、K、L 的倒易点的倒易点阵矢量，则有：

$$\boldsymbol{R}^*_{HKL} = H\boldsymbol{a}^* + K\boldsymbol{b}^* + L\boldsymbol{c}^* \tag{1-33}$$

这里的 H、K、L 为衍射面指数，$H=nh$，$K=nk$，$L=nl$，则可认为 (HKL) 平面族与 (hkl) 平面平行，且面间距为其 $\frac{1}{n}$ 的平面族，若用 d_{HKL} 和 d_{hkl} 分别表示 (HKL) 和 (hkl) 平面族的面间距，则有：

$$d_{HKL} = \frac{d_{hkl}}{n}$$

$$\boldsymbol{R}^*_{HKL} = H\boldsymbol{a}^* + K\boldsymbol{b}^* + L\boldsymbol{c}^* = n(h\boldsymbol{a}^* + k\boldsymbol{b}^* + l\boldsymbol{c}^*) = n\boldsymbol{R}^*_{hkl}$$

证明：

从结晶学可知，简单点阵中指数为 (hkl) 的平面族中距原点最近的面网与三晶轴的截距 OA、OB 和 OC（图1.14）分别等于：

$$OA = \frac{a}{h}, OB = \frac{b}{k}, OC = \frac{c}{l}$$

根据矢量运算法则，有：

$$\boldsymbol{AB} = \boldsymbol{OB} - \boldsymbol{OA} = \frac{\boldsymbol{b}}{k} - \frac{\boldsymbol{a}}{h}$$

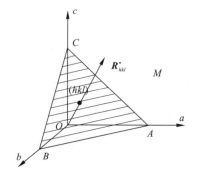

图 1.14 倒矢量 $\boldsymbol{R}^*_{hkl}$ 垂直于晶面 (hkl)

$$BC = OC - OB = \frac{c}{l} - \frac{b}{k}$$

由此得：

$$\boldsymbol{R}^*_{hkl} \cdot \boldsymbol{AB} = (h\boldsymbol{a}^* + k\boldsymbol{b}^* + l\boldsymbol{c}^*) \cdot \left(\frac{\boldsymbol{b}}{k} - \frac{\boldsymbol{a}}{h}\right) = 0$$

这说明 $\boldsymbol{R}^*_{hkl}$ 垂直于 $\boldsymbol{AB}$。

同理，

$$\boldsymbol{R}^*_{hkl} \cdot \boldsymbol{BC} = (h\boldsymbol{a}^* + k\boldsymbol{b}^* + l\boldsymbol{c}^*) \cdot \left(\frac{\boldsymbol{c}}{l} - \frac{\boldsymbol{b}}{k}\right) = 0$$

即 $\boldsymbol{R}^*_{hkl}$ 也垂直于 $\boldsymbol{BC}$，由于 $\boldsymbol{R}^*_{hkl}$ 同时垂直于 $\boldsymbol{AB}$ 和 $\boldsymbol{BC}$，所以也必定垂直于 $\boldsymbol{AB}$ 和 $\boldsymbol{BC}$ 所在的 (hkl) 平面族，即 $\boldsymbol{R}^*_{hkl} \perp (hkl)$。

面间距 d_{hkl} 就是 $\boldsymbol{OA}$ 或 $\boldsymbol{OB}$ 在法线方向上的投影，法线方向就是 $\boldsymbol{R}^*_{hkl}$ 的方向。

$$d_{hkl} = \boldsymbol{OA} \cdot \frac{\boldsymbol{R}^*_{hkl}}{|\boldsymbol{R}^*_{hkl}|} = \frac{\boldsymbol{a}}{h} \cdot \frac{h\boldsymbol{a}^* + k\boldsymbol{b}^* + l\boldsymbol{c}^*}{|\boldsymbol{R}^*_{hkl}|}$$

$$= \frac{1}{|\boldsymbol{R}^*_{hkl}|} \tag{1-34}$$

由上可知，倒易点阵中的每一个倒结点代表了正点阵中一个同指数的晶面，此晶面的法线就是该倒结点矢量，面间距就是此矢量模的倒数。

(2) 倒易点阵矢量与正点阵矢量的标积必为整数。

若以 $\boldsymbol{R}_{lmn}$ 代表正点阵原点至 (l,m,n) 结点的矢量，而以 $\boldsymbol{R}^*_{HKL}$ 代表倒易点阵原点到 (H,K,L) 终点的矢量，则有：

$$\boldsymbol{R}_{lmn} \cdot \boldsymbol{R}^*_{HKL} = (l\boldsymbol{a} + m\boldsymbol{b} + l\boldsymbol{c}) \cdot (H\boldsymbol{a}^* + K\boldsymbol{b}^* + L\boldsymbol{c}^*)$$

$$= lH + mK + nL \tag{1-35}$$

因 l、m、n 和 H、K、L 均为整数，所以上式必为整数。

1.2.3 晶面间距与晶面夹角的计算

利用倒易点阵可以方便地导出晶面间距与晶面夹角的计算公式。

根据式 (1-34)，晶面 (hkl) 的面间距 d_{hkl} 与倒易点阵矢量 $\boldsymbol{R}^*_{hkl}$ 存在下列关系：

$$\frac{1}{d^2_{hkl}} = \boldsymbol{R}^*_{hkl} \cdot \boldsymbol{R}^*_{hkl} = (h\boldsymbol{a}^* + k\boldsymbol{b}^* + l\boldsymbol{c}^*) \cdot (h\boldsymbol{a}^* + k\boldsymbol{b}^* + l\boldsymbol{c}^*)$$

$$= h^2\boldsymbol{a}^{*2} + k^2\boldsymbol{b}^{*2} + l^2\boldsymbol{c}^{*2} + 2hk\boldsymbol{a}^*\boldsymbol{b}^*\cos\gamma^* + 2kl\boldsymbol{b}^*\boldsymbol{c}^*\cos\alpha^*$$

$$+ 2lh\boldsymbol{c}^*\boldsymbol{a}^*\cos\beta^* \tag{1-36}$$

将式 (1-30)、式 (1-32) 代入式 (1-36)，经适当运算后，即得到适用于任何晶系的晶面间距表达式：

$$d_{hkl} = \left[\frac{\begin{vmatrix} \frac{h}{a} & \cos\gamma & \cos\beta \\ \frac{k}{b} & 1 & \cos\alpha \\ \frac{l}{c} & \cos\alpha & 1 \end{vmatrix} + \begin{vmatrix} 1 & \frac{h}{a} & \cos\beta \\ \cos\gamma & \frac{k}{b} & \cos\alpha \\ \cos\beta & \frac{l}{c} & 1 \end{vmatrix} + \begin{vmatrix} 1 & \cos\gamma & \frac{h}{a} \\ \cos\gamma & 1 & \frac{k}{b} \\ \cos\beta & \cos\alpha & \frac{l}{c} \end{vmatrix}}{\begin{vmatrix} 1 & \cos\gamma & \cos\beta \\ \cos\gamma & 1 & \cos\alpha \\ \cos\beta & \cos\alpha & 1 \end{vmatrix}} \right]^{-\frac{1}{2}}$$

(1-37)

立方晶系：$d_{hkl} = \dfrac{a}{\sqrt{h^2 + k^2 + l^2}}$ （1-38）

四方晶系：$d_{hkl} = \dfrac{1}{\sqrt{\dfrac{h^2 + k^2}{a^2} + \dfrac{l^2}{c^2}}}$ （1-39）

六方晶系：$d_{hkl} = \dfrac{1}{\sqrt{\dfrac{4(h^2 + hk + k^2)}{3a^2} + \dfrac{l^2}{c^2}}}$ （1-40）

晶面之间交角的计算公式也可用相似方法求得。由于晶面$(h_1k_1l_1)$和$(h_2k_2l_2)$之间的夹角φ等于相应的倒易点阵$\boldsymbol{R}^*_{h_1k_1l_1}$和$\boldsymbol{R}^*_{h_2k_2l_2}$之间的夹角，所以有：

$$\cos\varphi = \frac{\boldsymbol{R}^*_{h_1k_1l_1} \cdot \boldsymbol{R}^*_{h_2k_2l_2}}{|\boldsymbol{R}^*_{h_1k_1l_1}| \ |\boldsymbol{R}^*_{h_2k_2l_2}|}$$ （1-41）

将式(1-30)、式(1-32)代入式(1-41)，经运算得到适用于各晶系的晶面夹角公式，但较为复杂，在此处仅列出立方、四方、六方晶系的晶面夹角计算公式。

立方晶系：$\cos\varphi = \dfrac{h_1h_2 + k_1k_2 + l_1l_2}{\sqrt{(h_1^2 + k_1^2 + l_1^2)(h_2^2 + k_2^2 + l_2^2)}}$ （1-42）

四方晶系：$\cos\varphi = \dfrac{\dfrac{h_1h_2 + k_1k_2}{a^2} + \dfrac{l_1l_2}{c^2}}{\sqrt{\left(\dfrac{h_1^2 + k_1^2}{a^2} + \dfrac{l_1^2}{c^2}\right)\left(\dfrac{h_2^2 + k_2^2}{a^2} + \dfrac{l_2^2}{c^2}\right)}}$ （1-43）

六方晶系：$\cos\varphi = \dfrac{h_1h_2 + k_1k_2 + \dfrac{1}{2}(h_1k_2 + h_2k_1) + \dfrac{3a^2}{4c^2}l_1l_2}{\sqrt{\left(h_1^2 + k_1^2 + h_1k_1 + \dfrac{3a^2}{4c^2}l_1^2\right)\left(h_2^2 + k_2^2 + h_2k_2 + \dfrac{3a^2}{4c^2}l_2^2\right)}}$

（1-44）

1.3 X射线运动学衍射理论

X射线投射到晶体中时,会受到晶体中原子的散射,而散射波就好像是从原子中心发出,每一个原子中心发出的散射波又好比一个源球面波。由于原子在晶体中是周期排列的,这些散射球面波之间存在着固定的位相关系,它们之间会在空间产生干涉,结果导致在某些散射方向的球面波相互加强,而在某些方向上相互抵消,从而也就出现如图1.15所示的衍射现象,即在偏离原入射线方向上,只有在特定的方向上出现散射线加强而存在衍射斑点,其余方向则无衍射斑点。

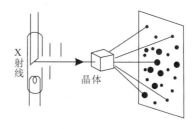

图 1.15 X射线穿过晶体产生衍射

1.3.1 X射线衍射方向

1.3.1.1 布拉格方程

由于晶体结构的周期性,可将晶体视为由许多相互平行且晶面间距相等的原子面组成,即认为晶体是由晶面指数为(hkl)的一组平行面网 1,2,3,… 堆垛而成,晶面间距为 d(图1.16)。设一束平行的入射X射线 S_0(波长为 λ)沿着与面网成 θ 角(掠射角)的方向射入,与 S_1 方向上的散射线满足"光学镜面反射"条件(散射线、入射线与原子面法线共面)时,各原子的散射波将具有相同的位相,干涉结果产生加强,相邻两原子 A 和 B 的散射波光程差为零,相邻面网的"反射线"光程差为入射波长 λ 的整数倍:

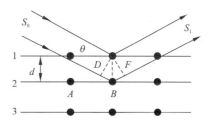

图 1.16 面网"反射"X射线的条件

$$\delta = DB + BF = n\lambda \tag{1-45}$$

$$2d\sin\theta = n\lambda \tag{1-46}$$

式(1-46)即为著名的布拉格方程,式中 n 为整数,d 为晶面间距,λ 为入射X射线波长,θ 称为布拉格角或掠射角,又称半衍射角,实验中所测得的 2θ 角则称为衍射角。

布拉格方程的讨论

1. 衍射级数

布拉格方程中，n 被称为衍射级数（反射级数）。由相邻两个平行晶面反射出的 X 射线束，其波程差用波长去量度所得的整份数在数值上就等于 n。在使用布拉格方程时，并不直接赋予 n 以 1、2、3 等数值，而是将晶面族 (hkl) 的 n 级衍射作为设想的晶面族 (nh,nk,nl) 的一级衍射来考虑：

$$2d\sin\theta = n\lambda$$

$$2\left(\frac{d_{hkl}}{n}\right)\sin\theta = \lambda \tag{1-47}$$

(nh,nk,nl) 晶面与 (hkl) 面平行且面间距为 $\frac{d_{hkl}}{n}$。

$$2d_{nh,nk,nl}\sin\theta = \lambda \tag{1-48}$$

这种形式的布拉格方程，使用极为方便，它可以认为反射级数永远等于 1，因为级数 n 实际已包含在 d 之中。也就是 (hkl) 的 n 级反射可以看成来自某种虚拟晶面的 1 级反射。

2. 干涉面指数

晶面 (hkl) 的 n 级反射面 (nh,nk,nl)，用符号 (HKL) 表示，称为反射面或干涉面，其中 $H=nh,K=nk,L=nl$。(hkl) 是晶体中实际存在的晶面，(HKL) 只是为了使问题简化而引入的虚拟晶面。干涉面的面指数称为干涉指数，一般有公约数 n。当 $n=1$ 时，干涉指数即变为晶面指数。在 X 射线衍射分析中，如无特别声明，所用的面间距一般是指干涉面间距。

3. 掠射角

掠射角 θ 是入射线（或反射线）与晶面的夹角，可表征衍射的方向。

从布拉格方程可得 $\sin\theta=\lambda/2d$。由此可导出两个概念：其一，当 λ 一定时，d 相同的晶面，必然在 θ 相同的情况下才能获得反射。当用单色 X 射线照射多晶体时，各晶粒中 d 值相同的晶面（包括等同晶面），其反射线之间将有确定的关系。其二，当 λ 一定时，d 值减小，θ 就会增大，说明晶面间距小的晶面其掠射角必须较大，否则它的反射线就无法得到加强。

4. 衍射极限条件

掠射角的极限范围为 $0°\sim 90°$，过大或过小都会造成衍射的探测困难。由于 $|\sin\theta|\leqslant 1$，使得在衍射中反射级数 n 或干涉面间距 d 都要受到限制。

因 $n=\dfrac{2d}{\lambda}\sin\theta$，所以 $n\leqslant 2d/\lambda$。当 d 一定时，λ 减少，n 可增大，说明对同一种晶

面,当采用短波 X 射线照射时,可获得较多级次的反射,即衍射花样比较复杂。在晶体中,干涉面的划取是无限的,但并非所有干涉面均能参与衍射,因存在 $d\sin\theta = \lambda/2$,即 $d \geqslant \lambda/2$,说明只有晶面间距大于或等于 X 射线半波长的那些干涉面才能参与反射。

5. 布拉格方程的应用

布拉格方程是衍射分析中最重要的基础公式,它简单明确地阐明了衍射的基本条件,应用十分广泛。归结起来,主要有两个方面的应用:

(1) 已知波长 λ 的 X 射线,测定 θ 角,计算晶体的晶面间距 d,从而揭示晶体的结构,这就是结构分析。

(2) 已知晶体的晶面间距,测定 θ 角,计算 X 射线的波长,这就是 X 射线光谱学。此法可确定试样的组成元素,电子探针就是按照这一原理设计的。

1.3.1.2 倒易空间与衍射条件

图 1.17 中,O 为晶体原点上的原子,A 为该晶体中另一任意原子,其位置用矢量 $\boldsymbol{OA}$ 表示:

$$\boldsymbol{OA} = l\boldsymbol{a} + m\boldsymbol{b} + n\boldsymbol{c}$$

l、m、n 为 3 个任意整数,$\boldsymbol{a}$、$\boldsymbol{b}$、$\boldsymbol{c}$ 为点阵的 3 个基矢。

一束波长 λ 的 X 射线,以单位矢量 $\boldsymbol{S}_0$ 的方向照射到晶体上,$\boldsymbol{S}$ 为衍射方向。则经过 O、A 散射波的光程差为:

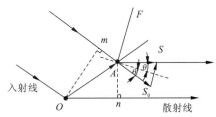

图 1.17 光程差的计算

$$\delta = Om - An = \boldsymbol{OA} \cdot \boldsymbol{S} - \boldsymbol{OA} \cdot \boldsymbol{S}_0 = \boldsymbol{OA}(\boldsymbol{S} - \boldsymbol{S}_0)$$

位相差 $$\varphi = \frac{2\pi\delta}{\lambda} = 2\pi\left(\frac{\boldsymbol{S} - \boldsymbol{S}_0}{\lambda}\right) \cdot \boldsymbol{OA}$$

如果将矢量 $\dfrac{\boldsymbol{S} - \boldsymbol{S}_0}{\lambda}$ 表示在倒易空间,则 $\dfrac{\boldsymbol{S} - \boldsymbol{S}_0}{\lambda} = \boldsymbol{R}^*_{HKL} = H\boldsymbol{a}^* + K\boldsymbol{b}^* + L\boldsymbol{c}^*$

因此,
$$\boldsymbol{OA} \cdot \left(\frac{\boldsymbol{S} - \boldsymbol{S}_0}{\lambda}\right) = (l\boldsymbol{a} + m\boldsymbol{b} + n\boldsymbol{c}) \cdot (H\boldsymbol{a}^* + K\boldsymbol{b}^* + L\boldsymbol{c}^*)$$
$$= lH + mK + nL = \mu$$

说明位相差 $\varphi = 2\pi\mu$ ($\mu = 0, \pm 1, \pm 2, \cdots$)

令 $$\boldsymbol{K} = \frac{\boldsymbol{S}}{\lambda}, \boldsymbol{K}_0 = \frac{\boldsymbol{S}_0}{\lambda}$$

则 $$\boldsymbol{K} - \boldsymbol{K}_0 = \boldsymbol{R}^*_{HKL} \tag{1-49}$$

这就是一个衍射条件的波矢量方程,亦就是倒易空间衍射条件方程,它的物理意义是:当衍射波矢相差一个倒格矢时,衍射才能产生。

方程(1-49)所表示的衍射条件,还可以用图解方法表示。这种图解方法是德国物理学家厄瓦尔德首先提出的。用这种图解方法可以更形象地理解产生衍射的条件,对于X射线衍射图象成因的解释方便而有效。以下对厄瓦尔德图解法作简单介绍。

如图1.18所示,作一长度等于$1/\lambda$的矢量K_0,使它平行于入射光束,并取该矢量的端点O作为倒易点阵的原点。然后用与矢量K_0相同的比例尺作倒易点阵。以矢量K_0的起始点C为圆心,以$1/\lambda$为半径作一球,则从(HKL)面上产生衍射的条件是对应的倒结点HKL(图1.18中P点)必须处于此球面上,而衍射线束的方向是C至P点连线方向,即图中矢量K的方向。当上述条件满足时,矢量$(K-K_0)$就是倒易点阵原点O至倒结点$P(HKL)$的联结矢量OP,即倒格矢R^*_{HKL}。于是衍射方程(1-49)得到满足。以C为圆心,$1/\lambda$为半径所作的球称之为反射球,这是因为只有在这个球面上的倒结点所对应的晶面才能产生衍射(反射)。有时也称此球为干涉球。

以O为圆心,$2/\lambda$为半径的球称之为极限球,如图1.19所示。当入射线波长取定后,不论晶体相对于入射线如何旋转,可能与反射球相遇的倒结点都局限在此球体内。实际上凡是在极限球之外的倒结点,它们对应的晶面间距都小于$\lambda/2$,因此不可能产生衍射。

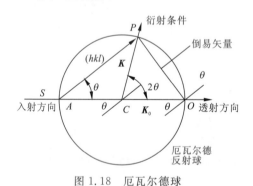

图1.18 厄瓦尔德球　　　　图1.19 极限球

1.3.2 X射线衍射束的强度

衍射强度理论包括运动学理论和动力学理论,前者只考虑入射波的一次散射,后者考虑入射波的多次散射。此处仅介绍有关衍射强度运动学理论的内容。X射线与电子波及与原子作用时相干散射的机制略有不同,二者衍射强度理论却大致相同,以下理论除特殊表明以外,对二者都适用。

衍射强度涉及因素较多,问题比较复杂。一般从基元散射,即单电子对入射波的(相干)散射强度开始,首先计算一个电子对入射波的散射强度(涉及偏振因子);将原子内所有电子的散射波合成,得到一个原子对入射波的散射强度(涉及原子散射因子);将一个晶胞内所有原子的散射波合成,得到晶胞的衍射强度(涉及结构因子);将一个晶粒内所有晶胞的散射波合成,得到晶粒的衍射强度(涉及干涉函数);将多晶体内所有晶粒的散射波合成,得到多晶体的衍射强度。在实际测试条件下,多晶体的衍射强度还涉及温度、吸收、等同晶面因素对衍射强度的影响。相应地,在衍射强度公式中引入温度因子、吸收因子和多重性因子,从而获得完整的衍射强度公式。

衍射强度主要有峰高强度和积分强度两种:峰高强度一般是指减去背景后的峰顶高度,通常是在同一实验条件下比较衍射线的高度来定性分析峰强(图 1.20);积分强度法是表示衍射强度的精确方法,它以整个衍射峰背景线以上部分的面积来表示衍射峰的累积强度(积分面积)(图 1.21)。

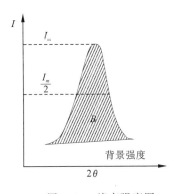

图 1.20 峰高强度图

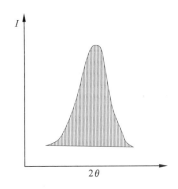

图 1.21 累积积分强度

1.3.2.1 结构因子

晶胞内原子位置的不同,X 射线衍射强度将发生变化。从图 1.22 所示的两种不同晶胞看出,这两种晶胞都具有两个同种原子的晶胞,它们的区别仅在于其中有一个原子向上移动了向量 $c/2$ 的距离。

现考虑底心斜方晶胞(001)面的衍射情况。如图 1.23(a)所示,如果散射波 $1'$ 和 $2'$ 的光程差 $AB+BC=\lambda$,则在 θ 角方向上产生衍射束。对于体心斜方晶胞的(001)面,如图 1.23(b)所示,与底心晶胞相比,中间多了一个(002)原子面,(002)面上的原子反射线 $3'$ 与 $1'$ 的光程差 $DE+EF=\lambda/2$,故产生相消干涉面互相抵消,同理,由于晶面的重复性还会有衍射线 $2'$ 和 $4'$ 相消。如果考虑到晶体[001]方向足够厚,这种相消干涉可以持续下去,直至 001 反射强度变为零。

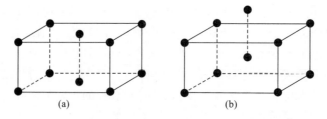

图 1.22 底心(a)与体心(b)斜方晶胞的比较

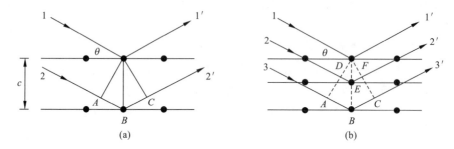

图 1.23 底心晶胞(a)与体心(b)斜方晶胞(001)面的反射

可以发现,晶体中的原子仅仅改变了一点排列方式,就使原有的衍射线束消失了。一般地说,晶胞内原子位置发生改变,将使衍射强度减弱甚至消失,证明布拉格方程是反射的必要条件,而不是充分条件。

事实上,若 A 原子换为另一种 B 原子,由于 A、B 原子种类不同,而 X 射线散射的波振幅也不同,所以,干涉后强度也要改变,在某些情况下甚至衍射强度为零,衍射线消失。因此,把因原子在晶体中位置不同或原子种类不同而引起的某些方向上的衍射线消失的现象称作"系统消光"。据系统消光的结果以及通过测定衍射线强度的变化,就可以推断出原子在晶体中的位置。

定量表征原子排布以及原子种类对衍射强度影响规律的参数称为结构因子,即晶体结构对衍射强度的影响因子。对结构因子本质上的理解可以按下列层次逐步分析:X 射线在一个电子上的散射强度,在一个原子上的散射强度以及在一个晶胞上的散射强度。

1. 一个电子对 X 射线的散射

汤姆逊(J. J. Thomson)首先用经典电动力学方法研究相干散射现象,发现强度为 I_0 的偏振光(其光矢量 E_0 只沿一个固定方向振动)照射在一个电子上时,沿空间某方向散射波的强度:

$$I_e = I_0 \frac{e^4}{m^2 c^4 R^2} \sin^2 \varphi \tag{1-50}$$

式中，e、m 为电子的电荷与质量，c 为光速，R 为散射线上任意点（观测点）与电子的距离，φ 为散射线方向与 E_0 的夹角。

多晶衍射分析工作中，通常采用非偏振入射光，对此，可将其分解为互相垂直的两束偏振光（光矢量分别为 E_{0z} 和 E_{0x}），如图 1.24 所示，问题转化为求解两束偏振光与电子相互作用后，在散射方向（OP）上的散射波强度。

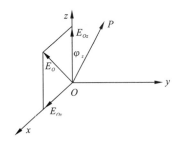

图 1.24 单电子对入射波的散射

为简化计算，设 E_{0z} 与入射光传播方向（Oy）及所考察散射线（OP）在同一平面内。光矢量的分解遵从平行四边形法则，即有：

$$E_0^2 = E_{0x}^2 + E_{0z}^2 \tag{1-51}$$

由于完全非偏振光 E_0 指向各个方向的概率相同，故：

$$E_{0z} = E_{0x}$$

因而有 $E_{0z}^2 = E_{0x}^2 = \frac{1}{2} E_0^2$，光强度（$I$）正比于光矢量振幅的平方。衍射中，只考虑相对强度，设 $I = E^2$，故有：

$$I_{0z} = I_{0x} = \frac{1}{2} I_0 \tag{1-52}$$

由图 1.24 可知，对于光矢量为 E_{0z} 的偏振光入射，按式（1-52），电子散射强度为：

$$I_{ez} = I_{0z} \frac{e^4}{m^2 c^4 R^2} \sin^2 \varphi_z$$

$\varphi_z = 90° - 2\theta$（$2\theta$ 为入射线与散射线方向的夹角），故：

$$I_{ez} = \frac{I_0}{2} \frac{e^4}{m^2 c^4 R^2} \cos^2 2\theta \tag{1-53}$$

对于光矢量为 E_{0x} 的偏振光入射，电子散射强度为：

$$I_{ex} = I_{0x} \frac{e^4}{m^2 c^4 R^2} \sin^2 \varphi_x$$

φ_x 为 E_{0x} 与 OP 的夹角，$E_{0x} \perp OP$，故：

$$I_{ex} = \frac{I_0}{2} \frac{e^4}{m^2 c^4 R^2} \tag{1-54}$$

按光合成的平行四边形法则，$I_e = I_{ex} + I_{ez}$ 则为电子对光矢量为 E_0 非偏振光的散射强度，由式（1-53）、式（1-54），可得：

$$I_e = I_0 \frac{e^4}{m^2 c^4 R^2} \left(\frac{1 + \cos^2 2\theta}{2} \right) \tag{1-55}$$

分析上式可以看出,电子对 X 射线散射的特点是:

(1)散射线强度很弱,约为入射强度的几十分之一。

(2)散射线强度与到观测点距离的平方成反比,可以算出在距离电子1cm处,I_e/I_0 仅为 7.94×10^{-26}。

(3)在 $2\theta=0°$ 处,$\frac{1+\cos^2 2\theta}{2}=1$,散射强度最强,说明只有这些波才符合相干散射条件;在 $2\theta \neq 0°$ 时散射线的强度减弱;在 $2\theta=90°$ 时,$\frac{1+\cos^2 2\theta}{2}=\frac{1}{2}$。所以在与入射线垂直的方向上散射强度减弱得最多,为 $2\theta=0°$ 方向上的一半。这个结果表明,一束非偏振的 X 射线经过电子散射后其散射强度在空间的各个方向变得不相同,被偏振化了,偏振化的程度取决于 2θ 角,所以称 $\frac{1+\cos^2 2\theta}{2}$ 为偏振因子,也叫极化因子。

2. 一个原子对 X 射线的散射

一个原子对入射波的散射,实际上主要是原子中电子的散射波的叠加,由于原子中电子云的分布范围与 X 射线波长具相同的数量级,因此,在考虑原子中各电子散射波的叠加时,必须同时考虑振幅和位相差两方面的因素。

首先考虑一种"理想"的情况,即设原子中 Z 个电子集中在一点,则所有电子散射波间无位相差($\varphi=0$)。此时,原子散射波振幅(E_a)即为单个电子散射波振幅(E_e)的 Z 倍,即 $E_a=E_e$,而原子散射强度 $I_a=E_a^2$,故有:

$$I_a = Z^2 E_a^2 = Z^2 I_e \qquad (1-56)$$

原子中的电子分布在核外各电子层上,如图 1.25 所示,任意两个电子(如 A 与 B)沿空间某方向散射线间的位相差 $\varphi=\frac{2\pi}{\lambda}\delta=\frac{2\pi}{\lambda}(BC-AD)$,而:

$$\begin{aligned} BC-AD &= BC-(AE-EO)\cos 2\theta \\ &= BC-(BC-BE\tan 2\theta)\cos 2\theta \\ &= BC(1-\cos 2\theta)+BE\sin 2\theta \end{aligned}$$

可见,位相差 φ 随 2θ 的增加而增加。对于与入射线同方向的各电子散射线间,因 $2\theta=0°$,故 $\varphi=0°$;又当入射线波长远大于原子半径时,$\delta=BC-AD$ 远小于 λ,此时亦可认为 $\varphi \approx 0°$。以上两种特殊情况即相当于原子中 Z 个电子集中在一点的情形,即有 $I_a=Z^2 I_e$。

一般情况下,任意方向($2\theta \neq 0°$)上原子散射强度 I_a 因各电子散射线间的干涉作用而小于 $Z^2 I_e$。据此,引入因子 f,其物理意义为:一个原子散射波振幅与一个电子散射波振幅之比,即:

$$f = \frac{E_a}{E_e}$$

一般说来，f 也是 $\frac{\sin\theta}{\lambda}$ 的函数（图 1.26），θ 增加，λ 变小，都会使位相差增加，使振幅抵消更多。在 $\theta=0°$ 时，即直射方向，$f=Z$，而其他情况下，$f<Z$。

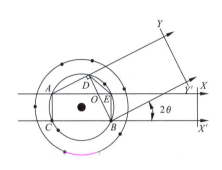
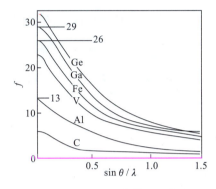

图 1.25　X 射线受一个原子的散射　　图 1.26　原子散射因子曲线

假设该原子的原子序数为 Z，则其中包含 Z 个电子，整个原子的散射振幅 E_a 为这 Z 个电子散射振幅的矢量相加，用数学方法表示为：

$$E_a = E_e e^{i\varphi_1} + E_e e^{i\varphi_2} + \cdots + E_e e^{i\varphi_n} = E_e \sum_{j=1}^{n} e^{i\varphi_j}$$

3. 一个晶胞对 X 射线的散射

如果单位晶胞的原子 $1,2,\cdots,n$ 的坐标为 $u_1v_1w_1, u_2v_2w_2, \cdots, u_nv_nw_n$，原子散射因子分别为 $f_1, f_2, \cdots, f_n$，各原子的散射波与入射波的位相差分别为 $\varphi_1, \varphi_2, \cdots, \varphi_n$，则晶胞中所有原子相干散射波的合成振幅 A_b 为：

$$A_b = A_e(f_1 e^{i\varphi_1} + f_2 e^{i\varphi_2} + \cdots + f_n e^{i\varphi_n}) = A_e \sum_{j=1}^{n} f_j e^{i\varphi_n} \tag{1-57}$$

单位晶胞中所有原子散射波叠加的波即为结构因子，用 F 表示。

$$F_{hkl} = \frac{A_b}{A_e} = \frac{\text{一个晶胞内全部原子散射的相干散射波振幅}}{\text{一个电子散射的相干散射波振幅}}$$

$$F_{hkl} = \frac{A_b}{A_e} = \sum_{j=1}^{n} f_j e^{i\varphi_j} \tag{1-58}$$

可以证明，第 j 个原子与原点处原子散射波的位相差 φ_j 为：

$$\varphi_j = \frac{2\pi}{\lambda} \boldsymbol{r}_j (\boldsymbol{S} - \boldsymbol{S}_0)$$

对某 (hkl) 衍射：$\frac{\boldsymbol{S} - \boldsymbol{S}_0}{\lambda} = \boldsymbol{R}_{hkl}^* = h\boldsymbol{a}^* + k\boldsymbol{b}^* + l\boldsymbol{c}^*$，而 $\boldsymbol{r}_j = x_j \boldsymbol{a} + y_j \boldsymbol{b} + z_j \boldsymbol{c}$（$x_j, y_j,$

z_j)为第 j 个原子的坐标。

因此，$\quad \varphi_j = 2\pi \boldsymbol{r}_j \cdot \boldsymbol{R}_{hkl}^* = 2\pi(hx_j + ky_j + lz_j)$ （1-59）

此式适用于任何晶系，将式（1-59）代入式（1-58）得：

$$F_{hkl} = \sum_{j=1}^{n} f_j e^{2\pi i(hu_j + kv_j + lw_j)} \quad (1-60)$$

根据欧拉公式 $e^{i\varphi} = \cos\varphi + i\sin\varphi$，则

$$F_{hkl} = \sum_{j=1}^{n} f_j [\cos 2\pi(hx_j + ky_j + lz_j) + i\sin 2\pi(hx_j + ky_j + lz_j)] \quad (1-61)$$

由于晶胞的散射强度及衍射线的强度都与结构因子的绝对值（复数的模）的平方成正比，因此必须求出 $|F_{hkl}|^2$。

$$|F_{hkl}|^2 = FF^* = \sum_{j=1}^{n} f_j e^{2\pi i(hx_j + ky_j + lz_j)} \sum_{j=1}^{n} f_j e^{-2\pi i(hx_j + ky_j + lz_j)} \quad (1-62)$$

可见，一个晶胞对某（hkl）衍射的强度取决于各原子的 f_j、原子的坐标及衍射面的指数。

下面列举一些简单晶体的结构因子计算讨论。

1）简单晶胞的结构因子

晶胞内只有一个原子（000）：
$$F = fe^{2\pi i(0)} = f$$
$$F^2 = f^2$$

或 $\quad |F|^2 = [f\cos 2\pi(0)]^2 + [f\sin 2\pi(0)]^2 = f^2$

该种点阵其结构因子与 hkl 无关，即 hkl 为任意整数时均能产生衍射，例如（100）、（110）、（111）、（200）、（210）、…。能够出现的衍射面指数平方和之比是 $(h_1^2 + k_1^2 + l_1^2) : (h_2^2 + k_2^2 + l_2^2) : (h_3^2 + k_3^2 + l_3^2) : (h_4^2 + k_4^2 + l_4^2) : (h_5^2 + k_5^2 + l_5^2) : \cdots = 1 : 2 : 3 : 4 : 5 : \cdots$。

2）底心晶胞的结构因子

晶胞内有两个同种原子（000）、$(\frac{1}{2}, \frac{1}{2}, 0)$。

$$F = fe^{2\pi i(0)} + fe^{2\pi i(\frac{h}{2} + \frac{k}{2})} = f[1 + e^{\pi i(h+k)}]$$

或
$$|F|^2 = \left[f\cos 2\pi(0) + f\cos 2\pi\left(\frac{h}{2} + \frac{k}{2}\right)\right]^2 + \left[f\sin 2\pi(0) + f\sin 2\pi\left(\frac{h}{2} + \frac{k}{2}\right)\right]^2$$

若 h 和 k 都是偶数或奇数（同性数），其和必为偶数：
$$e^{\pi i(h+k)} = 1$$
$$F = 2f \qquad F^2 = 4f^2$$

h 和 k 为异性数时：
$$e^{\pi i(h+k)} = -1$$
$$F = 0 \qquad F^2 = 0$$

指数 l 的取值不对结构因子产生影响。例如(111)、(112)、(113)、(021)、(022)、(023)等反射的 F 值均相同,等于 $2f$。而(011)、(012)、(013)、(101)、(102)、(103)等反射的 F 值为0。

3) 体心晶胞的结构因子

一个晶胞内有两个同种原子(000)、$(\frac{1}{2}, \frac{1}{2}, \frac{1}{2})$。

$$F = fe^{2\pi i(0)} + fe^{2\pi i(\frac{h}{2}+\frac{k}{2}+\frac{l}{2})} = f[1 + e^{\pi i(h+k+l)}]$$

或

$$|F|^2 = \left[f\cos2\pi(0) + f\cos2\pi(\frac{h}{2}+\frac{k}{2}+\frac{l}{2})\right]^2 + \left[f\sin2\pi(0) + f\sin2\pi(\frac{h}{2}+\frac{k}{2}+\frac{l}{2})\right]^2$$

$(h+k+l)$ 为奇数时,$F=0, F^2=0$,如(100)、(111)、(200)。

$(h+k+l)$ 为偶数时,$F=0, F^2=4f^2$,可以产生衍射。如(110)、(200)、(211)、(220)、(310)、…这些晶面的指数平方和之比: $(1^2+1^2+0^2):(2^2+0^2+0^2):(2^2+1^2+1^2):(2^2+2^2+0^2):(3^2+1^2+0^2):\cdots = 2:4:6:8:10:\cdots$

4) 面心晶胞的结构因子

单胞中有4种原子,坐标为(000),$(0\ \frac{1}{2}\ \frac{1}{2})$,$(\frac{1}{2}\ \frac{1}{2}\ 0)$,$(\frac{1}{2}\ 0\ \frac{1}{2})$,其原子室内设计因子均为 f。

$$F = fe^{2\pi i(0)} + fe^{2\pi i(\frac{h}{2}+\frac{k}{2})} + fe^{2\pi i(\frac{k}{2}+\frac{l}{2})} + fe^{2\pi i(\frac{l}{2}+\frac{h}{2})}$$
$$= f[1 + e^{\pi i(h+k)} + e^{\pi i(k+l)} + e^{\pi i(l+h)}]$$

或 $|F|^2 = \left[f\cos2\pi(0) + f\cos2\pi(\frac{h}{2}+\frac{k}{2}) + f\cos2\pi(\frac{k}{2}+\frac{l}{2}) + f\cos2\pi(\frac{l}{2}+\frac{h}{2})\right]^2$
$$+ \left[f\sin2\pi(0) + f\sin2\pi(\frac{h}{2}+\frac{k}{2}) + f\sin2\pi(\frac{k}{2}+\frac{l}{2}) + f\sin2\pi(\frac{l}{2}+\frac{h}{2})\right]^2$$

当 h、k、l 全为奇数或全为偶数时,
$$F^2 = f^2(1+1+1+1)^2 = 16f^2$$

当 h、k、l 为奇偶混杂时(2个奇数1个偶数或2个偶数1个奇数):
$$F^2 = 0$$

即面心晶胞只有指数为全奇或全偶的晶面时才能产生衍射,例如(111)、(200)、(220)、(311)、(222)、(400)、…,能够出现的衍射线,其指数平方和之比是: $(1^2+1^2+1^2):(2^2+0^2+0^2):(2^2+2^2+0^2):(3^2+1^2+1^2):(2^2+2^2+2^2):$

$(4^2+0^2+0^2):\cdots=3:4:8:11:12:16:\cdots=1:1.33:2.67:3.67:4:5.33:\cdots$

从结构因子的表达式(1-60)可以看出,点阵常数并没有参与结构因子的计算公式。这说明结构因子只与原子在晶胞中的位置有关,而不受晶胞的形状和大小的影响。例如,对体心晶胞,不论是立方晶系、正交晶系还是斜方晶系的体心晶胞的系统消光规律都是相同的。由此可见,系统消光规律的适用性是较广泛的。

表1.3是最基本的由同类原子组成的晶体的系统消光规律,对于那些晶胞中原子数目较多的晶体以及异类原子所组成的晶体,还要引入其他附加的系统消光条件。

表1.3 几种基本点阵的系统消光规则

点阵类型	点阵符号	系统消光条件
简单点阵	P	无
体心点阵	I	$h+k+l=2n+1$
面心点阵	F	h、k、l 奇偶混杂
底心点阵(A心)	A	$k+l=2n+1$
底心点阵(B心)	B	$h+l=2n+1$
底心点阵(C心)	C	$h+k=2n+1$
三方点阵	R	$-h+k+l=3n$

1.3.2.2 多重性因子

在晶体学中,把晶面间距相同、晶面上原子排列规律相同的晶面称为等同晶面。

例如对立方晶系{100}晶面族有(100)、(010)、(001)、($\bar{1}$00)、(0$\bar{1}$0)、(00$\bar{1}$)6个等同晶面。布拉格条件下,等同晶面中所有成员都可以同时参与衍射,形成同一个衍射圆锥。这样,一个晶面族中,等同晶面越多,参加衍射的概率就越大,这个晶面族对衍射强度的贡献也就越大。{111}有8个等同晶面,故{111}面满足布拉格方程的几率为{100}面的8/6=4/3倍。

将等同晶面个数对衍射强度的影响因子叫多重性因子,用 P 来表示。

1.3.2.3 角因子(极化因子和洛伦兹因子)

在多晶衍射分析中,通常要考察衍射圆环上单位弧长的积分强度。洛伦兹因子可说明衍射的几何条件对衍射强度的影响,它是考虑了以下3个衍射几何条件而得出的。

1. 衍射的积分强度

每个衍射圆锥是由数目巨大的微晶体反射 X 射线形成,从横断面去考察一根衍射线(相当于察看圆锥面的厚度),得知其强度近似呈几率分布,如图 1.23 所示。分布曲线所围成的面积(扣除背景强度后)称为衍射积分强度。

衍射积分强度近似等于 $I_m B$,其中 I_m 为峰高强度,B 为 $I_m/2$ 的衍射线宽度。

(1) 晶粒大小的影响,B 与晶体大小有关,可以推导出:

$$B = \frac{K\lambda}{D\cos\theta} \tag{1-63}$$

(2) 在晶体另外二维方向也很小时的衍射强度。

晶体不仅很薄,在二维方向上也很小时,衍射强度也会发生一些变化。当晶体转过一个很小的角度,为 $\theta_B + \Delta\theta$ 时,衍射强度依然存在。设研究的是基卡 $\vec{a}$ 方向,原子间距是 a,晶块在这方向上的长度为 N_a。反射晶面与入射线夹角是 $\theta + \Delta\theta$,而与衍射线的夹角应是 $\theta - \Delta\theta$,则可以推导出衍射线消失的条件为:

$$\delta_{1'2'} = a\cos\theta_2 - a\cos\theta_1 = a[\cos(\theta - \Delta\theta) - \cos(\theta + \Delta\theta)]$$

由于 $\Delta\theta$ 很小,可视为 $\sin\Delta\theta = \Delta\theta$,这样展开余弦项后,整理可得:

$$\delta_{1'2'} = 2a\Delta\theta\sin\theta$$

$$\Delta\theta = \frac{\lambda}{2N_a\sin\theta} \tag{1-64}$$

$\Delta\theta$ 还要受到反射晶面另一维尺度 N_b 的制约。因此,可推导出整个反射晶面尺寸对折射峰宽的影响。可见

$$峰宽 \propto \frac{\lambda^2}{N_a N_b \sin\theta} \tag{1-65}$$

那么,一个小晶体在三维方向上的衍射积分强度是上述式(1-63)、式(1-64)、式(1-65)的乘积。

$$I \propto \frac{\lambda}{D\cos\theta} \times \frac{\lambda^2}{N_a N_b \sin\theta}$$

因
$$D \times N_a \times N_b = V_c$$

所以,
$$I \propto \frac{\lambda^3}{V_c \sin 2\theta} \tag{1-66}$$

2. 参加衍射晶粒的数目

在粉末照相法中衍射线强度还取决于参与衍射的晶粒数,这个关系可借助图 1.27 求出。理想情况下,多晶试样中各晶粒的取向是无规则的。如图 1.27 所示,被照射的全部晶粒,其 (hkl) 的投影将均匀分布在倒易球面上。能参与形成衍射环

的晶面,在倒易球面的投影只是有影线的环带部分(理论上,只有与入射线成严格 θ 角的晶面可参与衍射,实际上衍射可发生在小角度 $\Delta\theta$ 范围内)。环带面积与倒易球面积之比,即为参加衍射的晶粒分数。

$$\frac{\Delta S}{S} = \frac{r\Delta\theta \cdot 2\pi r\sin(90° - \theta_B)}{4\pi r^2}$$

$$= \frac{\Delta\theta\cos\theta_B}{2}$$

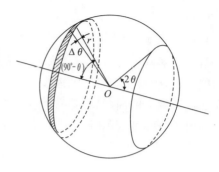

图 1.27 某反射圆锥的晶面法线分布

式中,r 为倒易球半径,$r\Delta\theta$ 表示环带宽。

因此,多晶体的衍射强度与衍射角有关,即:

$$I \propto \cos\theta \tag{1-67}$$

3. 单位弧长的衍射强度

在粉末衍射中,所有满足布拉格方程的晶面产生的衍射线构成一个衍射环,衍射强度均匀分布在整个衍射环上。这样,当衍射环越大时,单位弧长上的能量密度就越小,衍射强度就越弱。可见当 2θ 角在 90°附近时密度最小。粉末衍射分析时,仪器所测得的不是整个衍射环的总强度,而是这个单位弧长的衍射强度。图 1.28 表明,衍射角为 2θ 的衍射环,其上某点至试样的距离若为 R,则衍射环的半径为 $R\sin2\theta$,衍射环的周长为 $2\pi R\sin2\theta$,可见单位弧长的衍射强度反比于 $\sin2\theta$。

$$I \propto \frac{1}{\sin2\theta} \tag{1-68}$$

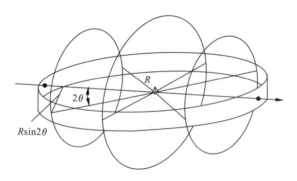

图 1.28 德拜法中衍射圆锥和底片的交线

综合上述 3 种衍射几何式(1-66)、式(1-67)、式(1-68)可得洛伦兹因子:

$$\left(\frac{1}{\sin 2\theta}\right)(\cos\theta)\left(\frac{1}{\sin 2\theta}\right) = \frac{\cos\theta}{\sin^2 2\theta} = \frac{1}{4\sin^2\theta\cos\theta} \tag{1-69}$$

把洛伦兹因子与极化因子合并,得到一个与掠射角 θ 有关的函数,称为角因子:

$$\frac{(1+\cos^2 2\theta)}{\sin^2\theta \cdot \cos\theta} = \varphi(\theta) \tag{1-70}$$

1.3.2.4 吸收因子

由于试样本身对 X 射线的吸收,使衍射强度的实测值与计算值不符。为修正这一影响,需用强度公式乘以吸收因子 $A(\theta)$。吸收因子与试样的现状、大小、组成以及衍射角有关。

在德拜照相法中[图 1.29(a)],X 射线在试样中经过的路程随衍射角的增大而减少,伴随吸收系数的增加,其计算比较困难,然而吸收系数与温度因子随衍射角变化方向相反,在比较 θ 值相近线条的衍射强度时,可将这两者效应均略去。

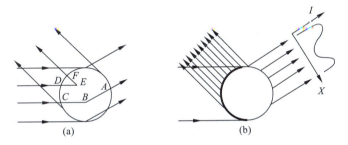

图 1.29 圆柱样品对 X 射线的吸收情况

而用衍射仪法测定强度时[图 1.29(b)],在对称衍射条件下,其吸收因子的表达式如下:

$$A(\theta) = \frac{1}{V}\int e^{-\mu_l (x_1+x_2)} dV$$

式中,V 为被照射体积,μ_l 为线性吸收系数,$x_1 = x_2 = \dfrac{x}{\sin\theta}$,$dV = \dfrac{S_0 dx}{\sin\theta}$,$S_0$ 为入射线束的截面积。

积分后:

$$A(\theta) = \frac{1}{V}\int e^{-\mu_l(2x/\sin\theta)} \frac{S_0}{\sin\theta} dx = \frac{S_0}{2\mu_l V} \tag{1-71}$$

式中,S_0,μ_l,V 均为常数。可见,在衍射仪法中使用平板状试样,其吸收因子与衍射角无关,与 μ_l 成反比,其关系式为:

$$A(\theta) = \frac{1}{2\mu_l}$$

1.3.2.5 温度因子

在上述衍射强度影响因子的讨论中,一直将晶体中的原子看作是固定不动的。实际上晶体中的原子始终围绕其平衡位置振动,这种振动即使在绝对零度时仍然存在,并随温度升高而增大,有时相当显著。

原子热振动使晶体点阵原子排列的周期性受到破坏,使得原来严格满足布拉格条件的相干散射产生附加的相差,从而使衍射强度减弱。为修正温度给衍射强度带来的影响,需在衍射强度公式中引入温度因子 e^{-2M}。

$$温度因子 = \frac{有热振动影响时的衍射强度}{无热振动理想情况下的衍射强度}$$

$$= \frac{I_T}{I} = e^{-2M} \tag{1-72}$$

或

$$\frac{f}{f_0} = e^{-M}$$

式中,f_0 为绝对零度时的原子散射因子。

温度升高之所以会使 F 或 f 变小,是因为温度升高使原子的热振动增加,振幅变大,可以认为"原子变大"了,因而增加了原子内各电子散射间的相位差。相位差大了,干涉也大了,故 F 或 f 要减少。

德拜从理论上推导出 M 的表达式为:

$$M = \frac{6h^2}{m_0 k \Theta}\left[\frac{\varphi(x)}{x} + \frac{1}{4}\right]\frac{\sin^2\theta}{\lambda^2}$$

式中,h 为普朗克常量;m_0 为原子的质量;k 为玻耳兹曼常数;Θ 为以热力学温度表示的晶体的特征温度平均值,$\Theta = \frac{h\gamma_m}{k}$($\gamma_m$ 为固体弹性振动最大频率);x 为 Θ/T,其中 T 为试样的热力学温度;$\varphi(x)$ 为德拜函数,$\varphi(x) = \frac{1}{x}\int\frac{\xi}{e^\xi - 1}\mathrm{d}\xi$,$\xi = \frac{h\gamma}{kT}$($\gamma$ 为固体弹性振动频率);θ 为掠射角;λ 为 X 射线波长。

由上式可见,θ 一定时,温度 T 越高,M 越大,e^{-M} 越小,衍射强度 I 随之减小;T 一定时,衍射角 θ 越大,M 越大,e^{-M} 越小,衍射强度 I 随之减小。

1.3.2.6 衍射线积分强度

综上所述,将多晶体衍射的积分强度总结如下:

若以波长为 λ,强度为 I_0 的 X 射线,照射到单位晶胞体积为 V_0 的多晶体试样上,被照射晶体的体积为 V,在与入射线夹角为 2θ 的方向上产生了指数为 (HKL) 晶面的衍射,在距试样为 R 处记录到衍射线单位长度上的积分强度为:

$$I = I_0 \frac{\lambda^3}{32\pi R}\left(\frac{e^2}{mc^2}\right)^2 \frac{V}{V_C^2} P\ |F|^2 \varphi(\theta) A(\theta) e^{-2M} \qquad (1-73)$$

式(1-73)给出的是绝对积分强度。实际工作中一般只考虑强度的相对值,对同一衍射花样中同一物相的各条衍射线,其 $I_0 \frac{\lambda^3}{32\pi R}\left(\frac{e^2}{mc^2}\right)^2 \frac{V}{V_0^2}$ 的值相同,故比较它们之间的相对积分强度仅需考虑

$$I_{相对} = P\ |F_{HKL}|^2 \frac{1+\cos^2 2\theta}{\sin^2\theta\cos\theta} A(\theta) e^{-2M} \qquad (1-74)$$

若比较同一衍射花样中不同物相的衍射,尚需考虑各物相的被照射体积和各自的单位晶胞体积。

1.4 X 射线衍射方法

X 射线衍射仪是采用衍射光子探测器和测角仪来记录衍射线位置及强度的分析仪器,并通过一系列的计数处理能准确地测量衍射线强度和线形。自 20 世纪 50 年代开始发展此项技术,到目前已日臻成熟,并广泛应用于科学研究和工业生产控制中。就衍射仪的分析用途而言,有多种形式,有测定多晶粉末试样的粉末衍射仪、测定单晶结构的四圆衍射仪,用于特殊用途的微区衍射仪和表层衍射仪等,其中粉末衍射仪应用最为广泛,由于其检测快速、操作简单、数据处理方便,已成为物相分析的通用测试仪器。

1.4.1 粉末衍射仪的主要构成及衍射几何光学布置

常用粉末衍射仪主要由 X 射线发生系统、测角及探测控制系统、记录和数据处理系统三大部分组成。

1.4.1.1 测角仪及几何光学布置

粉末衍射仪的核心部件是测角仪(图 1.30)。测角仪由两个同轴转盘 G、H 构成,小转盘 H 中心装有样品支架,大转盘 G 支架(摇臂)上装有辐射探测器 D 及前端接收狭缝 RS,目前最常用的辐射探测器为正比计数器和闪烁探测器 2 种。X 射线源 S 固定在仪器支架上,它与接收狭缝 RS 均位于以 O 为圆心的圆周上,此圆称为衍射仪圆,一般半径是

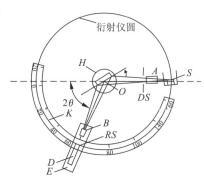

图 1.30 衍射仪测角仪示意图

185mm。当试样围绕轴 O 转动时,接收狭缝和探测器则以试样转动速度的两倍绕 O 轴转动,转动角可从转动角度读数器或控制仪上读出,这种衍射光学的几何布置被称为 Bragg-Brentano 光路布置,简称 B-B 光路布置。

在 B-B 光路布置的粉末衍射仪中,通常使用线焦 X 射线,线焦应与测角仪转动轴平行,而且,线焦到衍射仪转动轴 O 的距离与该轴到接收狭缝 RS 的距离相等,平板试样的表面必须经过测角仪的轴线。按照这样的几何布置,当试样的转动角速度为探测器(接收狭缝)角速度的 1/2 时,无论在何角度,线焦点 S、试样和接收狭缝 RS 都处在一个半径 r 改变的圆上,而且试样被照射面总与该圆相切,此圆则称为聚焦圆,如图 1.31 所示。

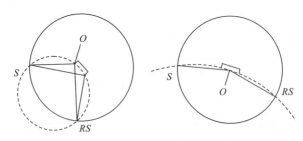

图 1.31 衍射仪的聚焦原理

按聚焦条件要求,试样表面应永远保持与聚焦圆有相同的曲率。但是聚焦圆的曲率半径在测量过程中是不断变化的,而试样表面却难以实现这一点。因此只能采用平面试样"半聚焦"方法,那么衍射线就不能被完全聚焦,出现宽化,特别是入射光束水平发散增大时更为明显。而且入射线和衍射线还存在着垂直发散。为减小 X 射线的发散,提高分辨率,在入射和衍射光路中,采取了多种措施。如图 1.32 所示,在光路中设置各种狭缝,减少因辐射宽化和发散造成的测试误差。图 1.32 中,S_1 和 S_2 称为索拉狭缝,由一组平行的金属薄片组成,用以防止线束的

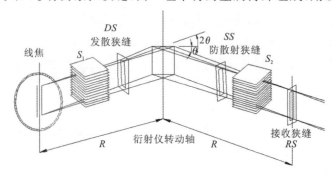

图 1.32 狭缝系统示意图

垂直发散;发散狭缝(DS)、防发散狭缝(SS)、接收狭缝(RS)主要用来防止线束的水平发散。

1.4.1.2 探测与记录系统

衍射仪的X射线探测元件为计数管,计数管及其附属电路称为计数器。目前使用最为普遍的是正比计数器及闪烁计数器。近年又有一些新的探测器出现。

1. 探测器

1)正比计数器(PC)

图1.33为正比计数管及其基本电路。计数管有玻璃外壳,内充惰性气体。阴极为一金属圆筒,阳极为共轴的金属丝。X射线进入处称为窗口,由铍或云母等低吸收系数材料制成。在阴阳极之间加有600~900V的直流电压。

进入计数管的X射线光子将使惰性气体电离,所产生的电子在电场作用下向阳极加速运动。高速电子足以再使气体电离,于是出现电离过程的连锁反应——雪崩。在极短的时间内产生大量电子涌向阳极,将出现一个可探测到的电流,计数器将有一个电压脉冲输出。

正比计数器所给出的脉冲峰值与所吸收的光子能量成正比,故用作衍射线强度测定比较可靠。正比计数器的反应快,

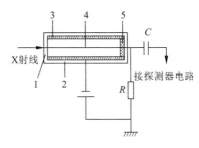

图1.33 正比计数器结构示意图
1.窗口;2.玻璃壳(充惰性气体);3.阴极(金属圆筒);4.阳极(金属丝);5.绝缘体

对两个到来的脉冲的分辨时间只需 10^{-6} s。它性能稳定,能量分辨率高,背底脉冲低,光子计数效率较高。其缺点为对温度较敏感,对电压稳定度要求较高,并需要较强大的电压放大设备。

2)闪烁计数器(SC)

闪烁计数器利用X射线激发磷光体发射可见荧光,并通过光电管进行测量。图1.34为其构造示意图。磷光体为加入约0.5%的铊活化的碘化钠(NaI)单晶体,它经X射线照射后可发射蓝光。晶体吸收一个X射线光子后,便产生一个闪光,并从光电倍增管的光敏阴极上撞出许多电子。光电倍增管内一般有10个联极,每个联极递增100V正电压,最后一个联极可倍增到 10^6~10^7 个电子,从而产生电压脉冲。闪烁计数器分辨时间短(10^{-5}s),计数效率高。其缺点是背底脉冲较高,且晶体易受潮而失效。

3)其他计数器

目前用作X射线探测器的还有半导体探测器,如硅(锂)探测器、碘化汞探测

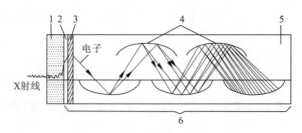

图 1.34　闪烁计数器的构造示意图
1.磷光体；2.玻璃；3.光敏阴极；4.联极；5.真空；6.光电倍增管

器等。半导体探测器利用 X 射线能在半导体中激发产生电子-空穴对的原理制成，使产生的电子-空穴对在外电场或内电场作用下定向流到收集电极，就可得到与 X 射线强度有关的电流信号。半导体探测器的突出优点是对入射光子的能量分辨率高，分析速度快，并且没有什么损失，它的缺点是室温时热振动的影响严重，噪声大，必须在低温（液氮温度）下使用，表面对污染十分敏感，所以需保持高真空的环境。

位敏正比计数器（PSPC），分单丝与多丝两种。它能同时确定 X 射线光子的数目及其在计数器上被吸收的位置，故在计数器并不扫描的情况下即可记录全部衍射花样。因此，要获得一张衍射图样通常只需几分钟时间。多丝的 PSPC 可给出衍射的（二维）平面信息。在研究生物大分子、高聚物的形变、结晶过程等动态结构变化上，PSPC 有着突出的优越性。

2. 计数电路

计数器的主要功能是将 X 射线的能量转化成电脉冲信号。为确保能在最佳状态下工作，必须提供重复性好、稳定性高的电源。此外还要将所输出的电脉冲信号转变成操作者能直接读取或记录的数值。计数测量电路就是指为完成上述转换所需的电子学电路，图 1.35 给出的是计数测量电路的框图。下面简要介绍其主要部分——脉冲高度分析器、定标器及计数率仪的工作原理。

1）脉冲高度分析器

在衍射测量时，进入计数器的除了试样衍射的特征 X 射线外，尚有连续 X 射线、荧光 X 射线等干扰脉冲。脉冲高度分析器可以剔除那些对衍射分析不需要的干扰脉冲，从而达到降低背底和提高峰背比的作用。

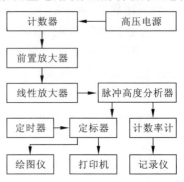

图 1.35　计数测量电路示意图

脉冲高度分析器由线性放大器、下限甄别电路、上限甄别电路和反符合电路组成,图 1.36 是其框图。由计数器产生的脉冲经线性放大器后进入甄别电路。低于下限值的脉冲不能进入下限甄别器,高于上限值的脉冲虽可通过下限、上限甄别器,但只有当脉冲高度介于上、下限甄别器之间的脉冲才能通过反符合电路,并将信号输出至后续的计数电路。甄别器的下限值称为基线,上、下限值之间的宽度称为道宽。基线和道宽均可由操作者根据实际要求设定。

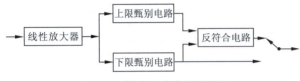

图 1.36　脉冲高度分析器框图

2) 定标器

定标器是对设定时间内的输入脉冲进行计数的电路。由脉冲高度分析器传来的信号,以二进制或十进制的形式将脉冲适当衰减后进入定标器。定标器有定时计数和定数计时两种测量方式,测量的准确度服从统计误差理论,即测量脉冲总数越大,测量误差越小。按此,进行强度比较时以采用定数计时比较合理,但为节约时间和使用方便,测量仍以定时计数为多。

3) 计数率仪

计数率仪的功能是把脉冲高度分析器传来的脉冲信号转换成与单位时间脉冲数成正比的直流电压值输出。它由脉冲整形电路、RC 积分电路和电压测量电路组成。经整形后形成具有一定高度和宽度的矩形脉冲,输送到 RC 积分电路,使平均脉冲数转变为平均直流电压值,再由电子电位差计绘出平均强度随衍射角度变化的曲线,即衍射图。

计数率仪的核心部件是 RC 积分电路(图 1.37)。当一个脉冲到达时就给电容器充电并通过电阻放电。充电和放电有一个时间滞后,这取决于电阻 R 和电容 C 的乘积。RC 的量纲是秒,故乘积 RC 称为积分电路的时间常数。时间常数愈大,计数率仪对衍射强度的变化愈不敏感,表现为衍射花样愈显平滑整齐,但滞后也愈严重,即衍射峰的现状位置受到歪曲也愈显著;时间常数过小,由于起伏波动太大将给弱峰的识别造成困难。

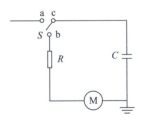

图 1.37　RC 电路

1.4.1.3 X射线衍射仪的常规测量

1. 衍射强度的测量

1)连续扫描

连续扫描能进行峰位、线形、相对强度测定,主要用于物相的定性分析工作。

连续扫描就是让试样和探测器以1∶2的角速度作匀速圆周运动,在转动过程中同时将探测器依次所接收到的各晶面衍射信号输入到记录系统或数据处理系统,从而获得衍射图谱。图1.38即为连续扫描图谱。这种工作方式其工作效率高,也具有一定的分辨率、灵敏度和精确度,非常适合于大量的日常物相分析工作。但其测量精度受扫描速度和时间常数的影响,故要合理选定这两个参数。

2)步进扫描

步进扫描又称阶梯扫描。常用于精确测定衍射峰的积分强度、位置,或提供线性分析所需的数据。将计数器与定标器连接。计数器首先固定在起始2θ角位置,按设定时间定时计数(或定数计时)获得平均计数速率(即该2θ处衍射强度);然后将计数器以一定的步进宽度(角度间隔,如$0.02°$)和步进时间(行进一个步进宽度所用时间,如5s)转动,每转动一个角度间隔重复一次上述测量,结果获得两两相隔一个步长的与2θ角对应的衍射强度(图1.39)。步进扫描测量精度高并受步进宽度与步进时间的影响。

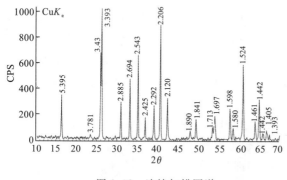

图1.38 连续扫描图谱

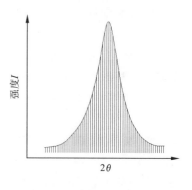

图1.39 步进扫描图形

2. 实验参数的选择

影响实验精度和准确度的一个重要问题是合理地选择实验参数,这是每个实验之前必须进行的一项工作。其中对实验结果影响较大的是狭缝光阑、时间常数、扫描速度等。

1)狭缝光阑的选择

发散狭缝光阑:$1/30°,1/12°,1/6°,1/4°,1/2°,1°,4°$。

接受狭缝光阑:0.05mm,0.1mm,0.2mm,0.4mm,2.0mm。

防散射狭缝光阑:1/30°,1/12°,1/6°,1/4°,1/2°,1°,4°。

发散狭缝光阑是用来限制入射线在与测角仪平面平行方向上的发散角。它决定入射线在试样上的照射面积和强度,对发散光阑的选择,应以入射线的照射面积不超过试样的工作表面为原则。因为在发散光阑尺寸不变的情况下,2θ越小,入射线在试样表面的照射面积就越大,所以发散光阑的宽度应以测量范围内2θ最低的衍射线为依据来选择。

定性:1°;研究低角度时:1/6°,1/2°。

接受狭缝光阑:对衍射峰高度、峰-背比以及峰的积分宽度都有明显的影响。当接受狭缝加大时,虽然可以增加衍射线的积分强度,但也增加了背底强度,降低了峰-背比,这对探测弱的衍射线是不利的。所以,接受狭缝光阑要根据衍射工作的具体目标来选择:若是提高分辨率,则应选择较小的接受狭缝光阑;若主要是为了测量衍射强度,则适当地加大接受狭缝光阑。

定性:0.3mm;研究有机化合物等复杂谱线时:0.15mm。

防散射狭缝光阑:对衍射线本身没有影响,只影响峰-背比,一般选用与发散狭缝光阑相同的角宽度。

2)时间常数的选择

进行连续扫描测量时,时间常数的选择对实验结果的影响较大。增大时间常数,可使衍射峰轮廓及背底变得平滑,但同时将降低其强度和分辨率,并使衍射峰向扫描方向偏移,造成峰的不对称宽化(图1.40)。

3)扫描速度的选择

提高扫描速度,可节约测试时间,但却会导致其强度和分辨率下降,使衍射峰的位置向扫描方向偏移并引起衍射峰的不对称宽化(图1.41)。为提高测量精度,

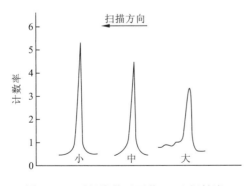

图1.40 时间常数对石英(112)衍射峰形状的影响

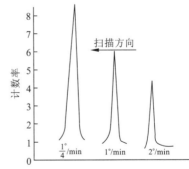

图1.41 扫描速度对石英(100)衍射峰形状的影响

选择尽可能小的扫描速度。

比较好的普遍规律是,时间常数等于接受狭缝光阑的时间宽度(W_t)的一半或更低时,能够记录出分辨能力最佳的强度曲线。

光阑的时间宽度为:
$$W_t = 60r/w \tag{1-75}$$

式中,r 为狭缝的角宽度(°);w 为扫描速度(°/min)。

表 1.4 中列出推荐的实验条件,以供具体实验时参考。

表 1.4 推荐的实验条件

分析目标	发散狭缝(°)	接受狭缝(mm)	扫描速度(°/s)	最大时间常数(s)	狭缝时间宽度(s)
定性分析需要在很大角度范围测量许多衍射线	2	0.1	2	1.5~2.0	3
	2	0.1	1	3	6
精确测量衍射峰的相对积分强度	4	0.05	1/8	12	24
	4	0.10	1/4	12	24
	2	0.05	1/8	12	24
	2	0.10	1/4	12	24
精确测量衍射峰的相对积分强度,但峰背展宽	4	0.01	1/4	12	24
	2	0.02	1/2	12	24
为获得有高度分辨的衍射细节	1	0.02	1/8	5	9.6
	2	0.02	1/8	5	9.6
	2	0.02	1/8	2~3	4.8
测定晶格常数	1	≤0.035	1/8	≤17	8
为鉴定微量成分,在大的角度范围测量衍射花样	4	0.1	2	3	1

3. 实验样品制备

1)晶粒尺寸

对于粉末样品,通常要求其颗粒平均粒径控制在 $5\mu m$ 左右(手摸无颗粒感),亦即通过 320 目的筛子,太大或太小都会影响实验结果。表 1.5 为 4 种不同粒度的衍射强度的重现性。由此可见,粉末尺寸过大会严重影响衍射强度的测量结果,但粒度过小,当小于 $1\mu m$ 时,会引起衍射线的宽化。

制备粉末需根据具体情况采用不同的方法。对于一些软而不便研磨的物质(如有机物),可以用干冰或液态空气冷却至低温,使之变脆,然后研磨;若试样是一些具有不同硬度的混合物质,研磨时较软或易于解离的部分容易被粉化,因此需不断过筛,分出已粉化部分,研磨较硬部分,最后把全部粉末充分混合后制成实验试样。如果试样是块状且由高度无序取向的微晶颗粒组成,如某些岩石、金属、蜡和皂类试样,可以直接使用,不过需加工出一个平面。金属和合金试样常可碾压成平板使用,但在这种冷加工过程中常会引起择优取向,应考虑适当地退火处理。

表1.5 4种不同粒度石英粉末试样的衍射强度的重现性

粉末尺寸(μm)	15~50	5~50	5~15	<5
强度相对标准偏差(%)	24.4	12.6	4.3	1.4

一些试样本身的性质会影响衍射谱图,工作时应予以注意。例如,一些软的晶态物质经长时间研磨后会造成点阵结构的某些破坏,导致衍射线的宽化,此时可采用退火处理;有些试样在空气中不稳定,易发生物理化学变化(如潮解、氧化、挥发等),则需有专门的制样器具和必要的保护措施。

2)试样厚度

理论上的衍射强度认为是无限厚的样品所贡献的,但实际上,入射线和衍射线在穿过试样表面很薄一层以后,其强度即被强烈地衰减,所以只有表面很薄一层物质才对衍射峰做出有效贡献。故把射线的有效穿透深度定义为:当某深度内所贡献的衍射强度是总的衍射强度的95%时,此深度为X射线的有效穿透深度。即当:

$$G_x = \frac{\int_0^x \mathrm{d}I_D}{\int_0^\infty \mathrm{d}I_D} = 1 - \exp\left(\frac{-2\mu x}{\sin\theta}\right) = 95\%$$

$$x = -\frac{\sin\theta}{2\mu}\ln(1-G) \approx 1.5\frac{\sin\theta}{\mu} \tag{1-76}$$

式中,μ是试样的线性吸收系数;θ为布拉格角。可见,当μ很小时,X射线穿透深度很大,若试样制得很薄,将会使衍射强度激烈下降;当μ很大时,即使很薄的试样也会得到很高的强度。

3)平板试样的制备

实验室衍射仪常用的粉末样品形状为平板形。其支承粉末制品的支架有两种,即透过试样板(a)和不透孔试样板(b),如图1.42所示。

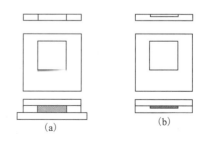

图1.42 粉末样品制样示意图

对于各相异性且在空气中稳定的、很细的试样粉末(手摸无颗粒感),通常采用"压片法"制作试片。先把衍射仪附带制样框用胶带固定在平滑的玻璃片上,然后把粉末试样尽可能均匀撒入制样框的窗口,用小刀的刀口轻轻剁紧,使粉末在窗孔内摊匀堆好,再用盖玻片(或载玻片)把粉末轻轻压紧,最后用刮刀片(或载玻片)把多余凸出的粉末削去,小心把制样框从玻璃平面上拿起,便得到一个很平的粉末试样平面。

"涂片法"所需的试样量最少。把粉末撒在一片大小约为 25mm×35mm×1mm 的显微镜载玻片上(撒粉的位置相当于制样框窗孔位置),然后加上足够量的丙酮或酒精(假如试样在其中不溶解),使粉末成为薄层浆液状,均匀地涂布开来,粉末的量只需能够形成一个单颗粒层的厚度即可,待丙酮或酒精蒸发后,粉末黏附在玻璃片上,可供衍射仪使用。若试片需长期保存,可滴一滴稀的胶黏剂。

4)择优取向

当样品存在择优取向时会使衍射强度发生很大的变化,因此在制备样品时应十分注意这个问题。通常,掺入各向同性的物质(α-Al_2O_3)来降低择优取向的影响,或采用以下两种专门方法。

喷雾法:把粉末筛到一只玻璃杯里,待杯底盖满一薄层粉末后,把塑料胶喷成雾珠落在粉末上,塑料雾珠便会把粉末颗粒敛集成微细的团粒,待干燥后,分离出细于 115 目的团粒用于制作试片,试片的制作类似上述的涂片法,把制得的细团粒撒在一张涂有胶黏剂的载玻片上,待胶干后,倾倒掉多余颗粒。用喷雾法制得的粉末细团粒也可以用常规的压片法制成试片,或者直接把试样粉末喷落在倾斜放置的涂了胶黏剂的载玻片上,得到的试片也能大大克服择优取向,喷雾法粉末取向的无序度要比常规涂片法好得多。

塑合法:把试样粉末和可溶性硬塑料混合,用适当的溶剂溶解后,使其干涸,然后再磨碎成粉末,所得粉末可按常规的压片法和涂片法制成试片。

总之,在样品制备过程中,应当注意:

(1)样品颗粒的细度应该严格控制,过粗将导致样品颗粒中能够产生衍射的晶面减少,从而使衍射强度减弱,影响检测的灵敏度;样品颗粒过细,将会破坏晶体结构,同样会影响实验结果。

(2)在制样过程中,由于粉末样品需要制成平板状,因此应避免颗粒发生定向排列,从而影响实验结果。

(3)在加工过程中,应防止由于外加物理或化学因素而影响试样原有的性质。

1.4.2 衍射数据采集和数据处理的自动化

现代 X 射线衍射仪都实现了计算机控制自动化,包括测角仪转动、升降高压电流、数据采集、数据存储、数据处理等一切操作流程。

直接从衍射仪获得的是对应于一系列 2θ 角度位置的 X 射线强度数据。若要了解有关物质结构的信息，必须对这些原始数据进行一些初步处理。原始衍射数据经过这些初步处理之后才能用于进一步的分析计算。例如，物相定性鉴定、物相定量分析、精确测定晶面间距和晶胞参数、晶体颗粒大小及其分布、晶体缺陷以及晶体结构的研究等。

目前，有许多衍射数据处理软件和专用分析软件。下面以最常用的 MDI Jade 为例，介绍衍射数据的一般处理。

图 1.43 是 MDI Jade 常用工具栏中的按钮及其作用。

图 1.43　MDI Jade 常用工具栏按钮

另一个悬挂式工具栏称为手动工具栏或辅助工具栏，它是常用工具栏的补充或手动方式，通常要结合起来使用（图 1.44、图 1.45）。

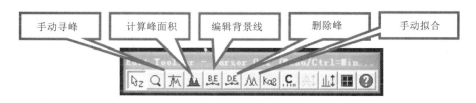

图 1.44　MDI Jade 手动工具栏或辅助工具栏

1.4.2.1　图谱的平滑

原始 X 射线衍射数据中，包含有程度不等的无规则的计数起伏，主要来源于 X 射线强度的测量误差，因此先要进行数据"平滑"去处理这些计数起伏，才能进行扣除背底、辨认弱峰、读出峰顶位置和求取峰的净强度等工作。

实验数据平滑实际上是一个信号估计问题，需要滤去噪声和净化数据（去除异常数据）。每个 2θ 位置上 X 射线强度的"真值"可通过该位置及与其相邻的若干个点的测量值来估计。

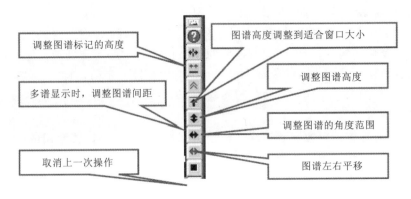

图1.45　MDI Jade辅助工具栏

Jade使用MDI专门改进的Savitzky-Golay最小二乘法滤波器对图谱在角度域内进行平滑。如果用鼠标右键单击"平滑"按钮,就会打开"平滑参数设置"对话框(图1.46)。更改对话框参数后,Jade立即进行平滑操作,然后把平滑后的图谱重叠在缩放窗口中以便比较。可以通过左右滑块在5～99点之间选择滤波器长度。

图1.46　"平滑参数设置"对话框

在保留衍射峰尖角方面,"Quartic Filter"(四次滤波器或四阶多项式)比"Parabolic Filter"(抛物线形滤波器)效果更好。因为图1.46对话框是非模态的,用户可以检查滤波结果而不必关闭对话框。如果左键单击工具栏上的"平滑"按钮,Jade自动进行平滑,并用平滑后的图谱取代原始图谱而不显示图1.46所示的对话框。

每平滑一次,数据就会失真一次,一般采用9～15点平滑为好,而且不要多次平滑。

1.4.2.2　背景的扣除和弱峰的辨认

背景线具有什么特点呢?如果试样是结晶良好的物质,衍射图的背底应该是很平的,只有在接近直射光的极低角度部分才迅速上升;如果试样中含有无定形物质或高度分散的晶体,则会呈现一个或多个很宽的弥散的并且互相重叠的散射晕,这些散射晕的剖面具有近似高斯曲线形状。经过平滑后衍射曲线图的背景线仍然会保留一些小的起伏,主要是由于计数的统计起伏造成的,还有部分是由于光源强度的微小波动引起的。这些起伏对背景的扣除和弱峰的辨认很有妨碍。通常需要先给衍射图确定一条"背景带",然后才能画出背景线和对弱峰进行甄别(图 1.47)。

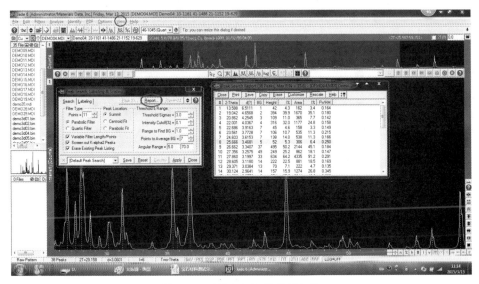

图 1.47　MDI Jade 的背景扣除

利用 MDI Jade 可以方便地扣除背景。单击"BG"按钮一次,显示一条背景线,如果需要调整背景线的位置,可以用手动工具栏中的"BE"按钮来调整背景线的位置,调整好以后,再次单击"BG"按钮,背景线以下的面积将被扣除。

扣除背景的工作经常会加入许多人为因素,也许会导致数据的失真。习惯上,在物相检索前一般不用扣除背景。扣除背景时,可同时扣除 $K_{\alpha 2}$,扣除 $K_{\alpha 2}$ 后,数据也会失真,而且在每个峰的右边会留下一个峰尾巴。因此,除非是一定要扣除它们,否则,还是不扣除为好。在一些操作中,如拟合操作,系统会自动扣除这些因素的影响。

用户可以通过菜单"Analyse/Fit Background…",或右键单击主工具栏上的"BG"按钮弹出"背景拟合"对话框(图 1.48)。在此可选择背景线的线形,线形一般选择 Cubic Spline。在此还可设置是否扣除 $K_{\alpha 2}$ 的成分,如果选择了该项,在扣除背景的同时扣除了 $K_{\alpha 2}$ 的成分。

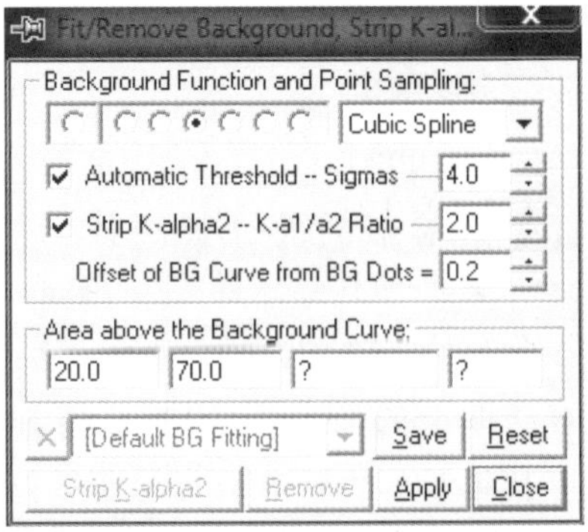

图 1.48　"背景拟合"对话框

1.4.2.3 寻峰和标记

早期 XRD 图谱处理,自动寻峰是定性和定量分析的主要任务。随着计算机技术的不断发展、基于峰形的算法和全谱拟合方法的引进,对于常规 XRD 分析,寻峰几乎变得不必要了。然而,在某些情况下仍有必要进行该项工作。可以通过菜单"Analyse/Find Peaks…"或右键单击主工具栏上的"寻峰"按钮弹出图 1.49 所示的"寻峰、标记、标度"对话框。

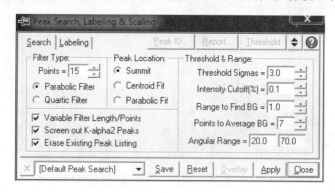

图 1.49 "寻峰、标记、标度"对话框

Jade 的寻峰算法是基于 Savitzky-Golay 二阶导数与强度数据计数统计的结合。下面描述重要的搜索参数。

(1) Filter Type(滤波器类型):滤波器长度是用于计算二阶导数的数据点数目,这些计算使用二阶(抛物线)或四阶(四次)可动多项式的最小二乘法拟合。由于其灵活性,四次滤波器可以更好地寻找出那些几乎不能分辨出的峰。滤波器长度越长,可以寻找更宽的峰。如果选中"Variable Filter Length/Points(可变滤波器长度或点数)",Jade 会根据平均峰宽自动调整滤波器到最佳长度。如果不选中"Erase Exising Peak Listing(删除存在的峰列表)"复选框,则可以把不同滤波器的寻峰结果结合起来。

(2) Peak Threshold(PT 阈值):在二阶导数空间发现的每一个可能的峰还必须通过受阈值限制的计数统计的验证,阈值 PT = BG + TS × SQRT(Peak - Height),这里 BG 为背景,TS 是可以在图 1.49 对话框设置的"Threshold Sigmas"。如果,当前缩放窗口中存在背景曲线,Jade 会使用它计算峰阈值,并且可以通过对话框上的"Threshold"按钮查看阈值曲线。否则,Jade 在"Range to Find BG(寻找背景范围)"参数指定范围内自动扫描衍射峰左右背景点,并从两个背景值的线性拟合计算衍射峰背景,这两个背景值是从一些邻近数据点平均而来,数据点数目如"Points to Average BG(背景平均点)"参数所指定的。因此,如果阈值具有统计意义,则可对原始数据寻峰。

提示:可以通过背景拟合对话框不扣除背景而剥离 $K_{\alpha 2}$ 峰。

注意:"Screen out $K_{\alpha 2}$ Peaks(筛选出 $K_{\alpha 2}$ 峰)"选项并不进行 $K_{\alpha 2}$ 剥离,它只是从最终的衍射峰列表中删除准确确定的 $K_{\alpha 2}$ 峰。

(3)Intensity Cutoff(截断强度):该参数设置相对强度搜索起始阈值以剔除很微弱的衍射峰。如果处理包含占优势的衍射峰的薄膜数据,则应该减低截断强度以寻找微弱衍射峰。

(4)Peak Location(峰位置):衍射峰的"Summit(顶点)"位置由 5 点质心拟合确定,"Centroid(质心)"位置由 N 点搜索滤波器的 N 点质心拟合确定,而"Parabolic(抛物线)"位置则由 N 点搜索滤波器的 N 点抛物线拟合确定。

衍射峰的半高宽(FWHM)通过公式 FWHM＝SF×Area/Height 估算,这里 SF 是与衍射峰峰形有关的常数,默认值为 0.85。可以通过"用户参数"对话框报告页修改 SF 的值。衍射峰面积是在左右背景点之上和之内的数据点净强度之和。与"背景拟合"对话框相似,如果需要,可以不关闭对话框而在"缩放"窗口中查看以及手工修改位置确定的衍射峰。如何手工添加、移动、删除衍射峰请参考"编辑和指针"工具栏。手工添加的衍射峰特性,其确定方法与自动寻峰相同。如果"缩放"窗口中有图谱重叠,可以使用该对话框上的"Overlay"按钮从所有重叠中寻找峰,以及在"峰比较报告"对话框上浏览结果。

可以用一系列数字项在"缩放"窗口标记确定的衍射峰,图 1.50 给出了"寻峰"对话框的标记内容。

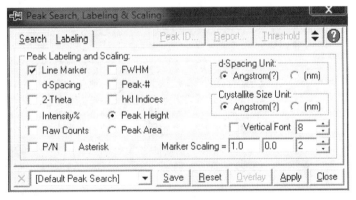

图 1.50 "寻峰"对话框的标记内容

可以在一个衍射峰上标记多项。"P/N"项是峰与噪声之比,在"衍射峰列表"对话框上定义的。如果选中"Asterisk(星号)",除非不选中"Line Marker(线标记)"以外的其他复选框,Jade 才会显示星号。如果不选中"Line Marker",Jade 使用高度相同的短线在 2θ 轴上标记位置确定的衍射峰。但可以升高或降低这些标记,通过调整图 1.50 所示对话框中标记标度(Marker Scaling)的第三个参数(默认值为"缩放"窗口高度的 2%),或通过缩放和扫视工具栏上的"标记、标度"按钮。如果设置该参数为零,则可以让标记完全不可见。标记、标度的第一和第二个参数用于在扫描图谱上打印峰标记。

如果要显示 (hkl) 指数,则这些指数是对位置确定的衍射峰而言。可以通过从 PDF 卡片自动移植,或通过"Report(报告)…"按钮弹出的"衍射峰列表报告"对话框手动设置。在移植 (hkl) 指数时可以使用多个 PDF 卡片。如果"缩放"窗口中存在匹配的 PDF 卡片,"Peak ID(衍射峰 ID)…"按钮可以弹出扩展衍射峰 ID 报告。如果右键单击"Peak ID…"按钮,则弹出简单衍射峰 ID 报告。

1.4.2.4 衍射强度 I 的测量

在衍射仪技术中,所测得的计数或计数率对应的是 2θ 位置上的 X 射线强度,称为实验绝对强度,其单位是计数/秒(c/s),也可使用任意单位。

所谓衍射线的强度,是指被相应晶面族衍射的 X 射线的总能量,为积分强度。在实际工作中,作为一个近似方法,积分强度有时可用峰顶的净高度 (I_P-I_B) 与峰的半高宽 W 的乘积 $(I_P-I_B) \cdot W$ 来计算。

利用 MDI Jade 可以很方便地得到峰高强度和积分强度。可以通过"Jade 寻峰"对话框的"Report"按钮或菜单"View/Reports & File/Peak Search Report…"。图 1.51 给出了一个分析实例。

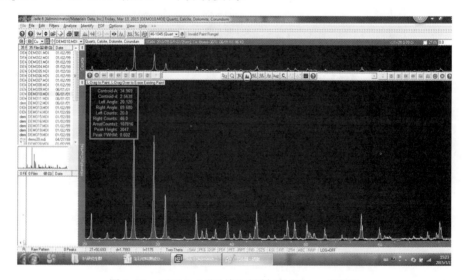

图 1.51 MDI Jade"寻峰"对话框的"Report"按钮

尽管可以通过自动寻峰得到 XRD 衍射峰参数，如 FWHM、积分面积等，然而这些只是定性的而非定量的。当存在衍射峰重叠时，自动寻峰有可能给出错误的结果。可以通过涂峰和峰形拟合得到更精确和可靠的衍射峰数据。Jade 中可以有多种方法实现涂峰和积分衍射峰。

1. 手动涂峰

使用编辑和指针工具栏上的涂峰指针，可以从一点开始沿着衍射峰基线拖出一条直线，到期望的点松开鼠标按钮。Jade 会涂绘线段内的衍射峰，并在图 1.52 所示的信息框中给出结果。

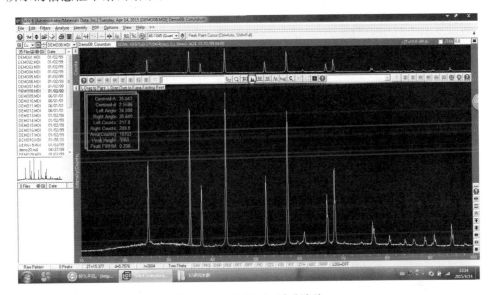

图 1.52　MDI Jade 手动涂峰

显然衍射峰基线也就是积分范围的精确确定取决于使用者。要注意的是，有可能得到正或负的面积，这取决于基线的选取。Jade 会把两个面积相加以获得更加一致的净面积。在涂峰之前可以选择扣除背景、剥离 $K_{\alpha 2}$，可以涂绘任意多的峰，也可以通过在涂绘范围的再次拖动或右键单击"涂峰"信息框而删除已存在的涂绘。

2. 自动涂峰

如果不确定如何选取衍射峰基线并且希望涂峰能够得到一致和可重复的结果，可以让 Jade 自动涂峰。这就是要考虑"全范围"和"自动范围"涂绘的概念。在全范围涂绘时，确定"缩放"窗口积分的精确范围，Jade 确定如何绘制基线；在自动范围绘制时，估计缩放窗口范围，Jade 确定"缩放"窗口中涂绘起始和结束位置同时布置基线。在两种情况下,Jade 在图谱左右尾域数据点进行线性最小二乘法拟合以确定基线。选择"缩放"窗口中衍射区域后,可以通过 3 种方式进行任一种涂峰。

(1)使用指针工具栏"涂峰"按钮:如果按住 Ctrl 键同时单击"涂峰"按钮多次,Jade 进行自动范围涂峰。如果按住 Shift 键,则进行全范围涂峰,其结果在计数统计的不确定范围内是可比的。如果"缩放"窗口中的衍射峰已经被涂绘过,则该操作会删除存在的涂绘。

(2)通过菜单"View/Zoom Window/Point Peaks(Auto)or(Full)":可以获得与上面操作相同的结果。

(3)使用如图 1.53 所示的"自动涂峰的范围和统计"对话框的"涂峰"按钮:如果按住 Ctrl 键,单击该按钮则进行自动范围涂峰。

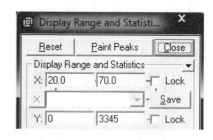

图 1.53　自动涂峰的范围和统计

尽管自动寻峰可以较好地表征衍射峰,但峰形拟合是一种更好的方法。其过程更精细,能给出更准确的峰位、峰宽、峰高和统计估算的面积,更适合晶胞精修和定量分析。因不需要对图谱中所有峰进行分析,通常拟合峰形的方法是在"缩放"窗口选择包含关注的衍射峰区域,单击手动工具栏"拟合"按钮 ⋀⋀。Jade 会在"缩放"窗口插入峰形,并自动对它们进行精修。如果图谱不包含太多的重叠峰以及太复杂的背景,则可以使用"Fit All Peaks"自动拟合,通过按住 Ctrl 键的同时左键单击主工具栏的"峰形"按钮实现。Jade 会根据衍射峰将图谱分成若干个峰形拟合的区域,并逐个精修。自动峰形拟合适用于简单的 XRD 图谱,更复杂的图谱则需要人工干涉。如果用鼠标右键单击手动工具栏"峰形"按钮 ⋀⋀,或选择菜单"Analyze/Fit Peak Profile…",Jade 会弹出如图 1.54 所示的"峰形拟合"对话框。

拟合是一个复杂的数学计算过程,需要较长时间。拟合过程中,放大窗口上部出现一条红线,红线的光滑度表示拟合的好坏。如果红线出现较大起伏,说明拟合不好,需要进一步拟合,可以重新单击"拟合"按钮重新拟合一次。在菜单栏下面显示了拟合的进程。

拟合过程中,有时因窗口中的峰数太多,拟合进行不下去,会出现"Too Many Profiles in Zoom Window!"的提示,此时,需要缩小角度范围,或者进行人工拟合。

可以通过"峰形拟合"对话框"Report"按钮,或选择菜单"View/Report & Files/Peak Profile Report…"弹出如图 1.55 所示的"拟合报告"窗口。

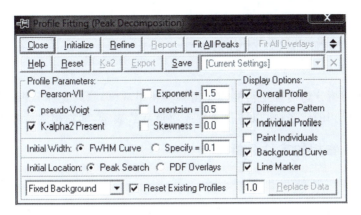

图 1.54 "峰形拟合"对话框

在图 1.55 中,每一行表示一个峰的拟合,包括衍射角、d 值、重心、高度、积分强度(Area)、归一化积分强度、峰形参数、对称性参数、半高宽度(单位为°)、劳厄积分宽度、晶粒尺寸(XS,单位为Å)。衍射角 2θ 列顶上的方框内有个数字"2",表示当一个峰的宽度大于 2°时,标记为非晶峰。结晶度(Crystallinity)就是根据这个峰强度与全部峰强度之比计算出来的。R 表示拟合误差,R 值越小,表示拟合得越好,一般拟合误差需小于 9%,全谱拟合的 R 值可以达到 5%。

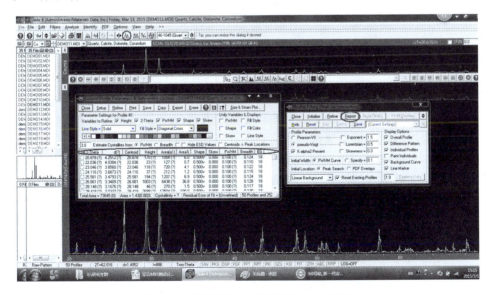

图 1.55 "峰形拟合"对话框"Report"按钮

1.5 X射线物相分析

X射线物相分析可确定待测样品由哪些相组成(即物相定性分析或物相鉴定)和确定各组成相的含量(常以体积分数或质量分数表示,即物相定量分析)。

1.5.1 物相的定性分析

1.5.1.1 定性分析原理

粉末晶体X射线物相定性分析是根据晶体对X射线的衍射特征即衍射线的方向及强度来达到鉴定结晶物质的目的。X射线衍射线的位置取决于晶胞参数(晶胞形状和大小),也即取决于各晶面面间距,而衍射线的相对强度则取决于晶胞内原子的种类、数目及排列方式。

(1)每种结晶物质都有各自独特的化学组成和晶体结构,不会存在两种结晶物质的晶胞大小、质点种类和质点在晶胞中的排列方式完全一致的物质。

(2)每种结晶物质都有自己独特的衍射花样(d、θ和I)。

(3)多种结晶状物质混合或共生,它们的衍射花样也只是简单叠加,互不干扰,相互独立。(混合物物相分析)每一种结晶物质都有其特定的结构参数,包括点阵类型、晶胞大小、晶胞形状、晶胞中原子种类及位置等。

1.5.1.2 PDF卡片

衍射花样可以表明物相中元素的化学结合态,定性分析实质上是信息的采集和查找核对标准花样两件事。

(1)1938年,J. D. Hanawalt等就开始收集并摄取各种已知物质的衍射花样,将这些衍射数据进行科学分析、整理、分类。

(2)1942年,美国材料与试验协会(American Society for Testing and Materials,简称ASTM)整理出版了最早的一套晶体物质衍射数据标准卡,共计1300张,称之为ASTM卡。

(3)1969年,组建了粉末衍射标准联合委员会(The Joint Committee on Powder Diffraction Standards,简称JCPDS),专门负责收集、校订各种物质的衍射数据,并将这些数据统一分类和编号,编制成卡片出版。这些卡片,即被称为PDF卡(The Powder Diffraction File),有时也称为JCPDS卡片(图1.56)。

(4)1978年与国际衍射资料中心联合出版,即JCPDS/ICDD(International Centre for Diffraction Data);1992年后的卡片统一由ICDD出版(图1.57)。

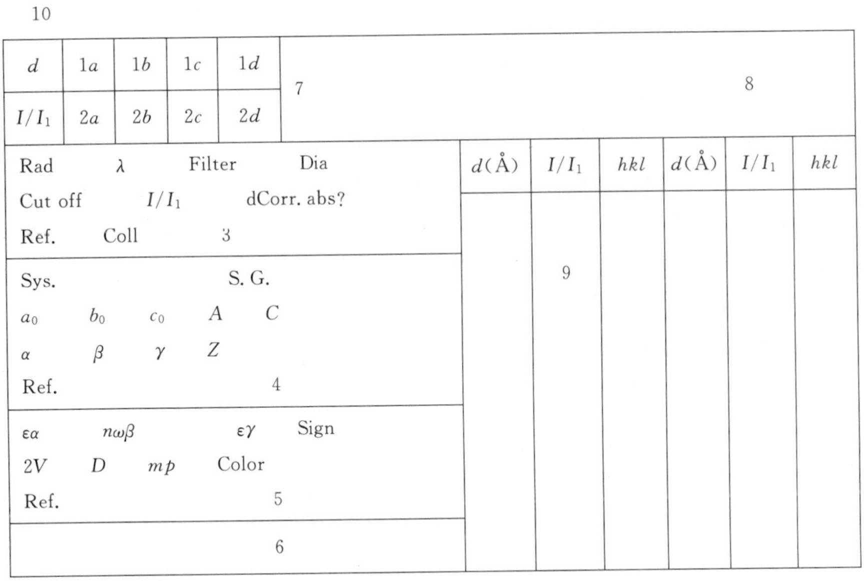

					10					
d	$1a$	$1b$	$1c$	$1d$	7			8		
I/I_1	$2a$	$2b$	$2c$	$2d$						
Rad	λ		Filter	Dia		$d(\text{Å})$	I/I_1	hkl	$d(\text{Å})$	hkl
Cut off		I/I_1		dCorr. abs?						
Ref.	Coll			3		9				
Sys.			S.G.							
a_0	b_0	c_0	A	C						
α	β	γ	Z							
Ref.				4						
$\varepsilon\alpha$		$n\omega\beta$	$\varepsilon\gamma$	Sign						
2V	D	mp		Color						
Ref.				5						
6										

图 1.56 PDF 卡片示意图

(1) $1a$, $1b$, $1c$ 区域为从衍射图的透射区中选出的 3 条最强线的面间距。$1d$ 为衍射图中出现的最大面间距。

(2) $2a$, $2b$, $2c$, $2d$ 区间中所列的是(1)区域中 4 条衍射线的相对强度。最强线为 100，当最强线的强度比其余线小强度高很多时，有时也会将最强线强度定为大于 100。

(3) 实验条件。Rad 为辐射种类(如 CuK_α)；λ 为波长(Å 或 nm)；Filter 为滤波片；Dia 为照相机直径；Cut off 为相机或测角仪所测得的最大面间距；Coll. 为狭缝或光阑尺寸；I/I_1 为衍射强度的测量方法；dCorr. abs? 为所测 d 值是否经过吸收矫正(No 未矫正，Yes 矫正)；Ref. 说明第 3、9 区域中所列资源的出处。

(4) 晶体学数据。sys. 为物相所属晶系；S.G. 为空间群；$a_0, b_0, c_0, \alpha, \beta, \gamma$ 为晶胞常数；$A=a_0/b_0$, $C=c_0/b_0$ 为轴率比；Z 为晶胞中所含物质化学式的分子数；Ref. 为第 4 区域数据的出处。

(5) 晶体光学性质。$\varepsilon\alpha, n\omega\beta, \varepsilon\gamma$ 为晶体折射率；Sign 为晶体光性正负；2V 为晶体光轴夹角；D 为物相密度；mp 为物相熔点；Color 为物相颜色，有时还会给出光泽及硬度；Ref. 为第 5 区域数据的出处。

(6) 物相的其他资料和数据。包括试样来源、化学分析数据、升华点(S-P)、分解温度(D-T)、转变点(T-P)、处理条件以及获得衍射数据时的温度等。

(7) 物相的化学式及英文名称。有时在化学式后附有阿拉伯数字及英文大写字母,其数字表示该物相晶胞中的原子数;而大写英文字母则代表 14 种布拉维点阵:C—简单立方;B—体心立方;F—面心立方;T—简单四方;U—体心四方;R—简单三方;H—简单六方;O—简单正交;P—体心正交;Q—底心正交;S—面心正交;M—简单单斜;N—底心单斜;Z—简单三斜。

(8)物相矿物学名称或俗名。某些有机物还在名称上方列出其结构式或"点"式("dot" formula)。此外,在第 8 区还会有下列标记:★表示数据高度可靠;I 表示已作强度估计并指标化,但数据不如★可靠;O 表示数据可靠程度较低;C 表示数据来自理论计算。

(9)物相所对应晶体晶面间距 $d(Å)$,相对强度 I/I_1 及衍射指标 hkl。在该区间,有时会出现下列意义的字母:b—宽线或漫散线;d—双线;n—并非所有资料来源中均有的线;nc—与晶胞参数不符的线;np—给出的空间群所不允许的指数;ni—用给出的晶胞参数不能指标化的线;β—因 β 线存在或重叠而使强度不可靠的线;tr—痕迹线;t—可能有另外的指数。

(10)卡片编号。若某物相需两张卡片才能列出所有数据,则第二张卡片在序号后加字母 aA 标记。如 21-628,表示为 21 卷第 628 张卡片。

图 1.57 给出 $SmAlO_3$ 样品 PDF 卡片的实例。

46-394

SmAlO₃ Aluminum Samarium Oxide			$d(Å)$	I/I_1	hkl	$d(Å)$	I/I_1	hkl
Rad. Cu K$_{a1}$ λ 1.540 98 Filter Ge Mono. d-sp Guinier Cut			3.737	62	110	1.1822	18	420
			3.345	5	111	1.1677	5	421
Off 3.9 Int. Densitometer $I/I_{cor.}$ 3.44			2.645	100	112	1.1274	15	422
Ref. Wang, P., Shanghai Inst. of Ceramics, Chinese Academy of Sciences, Shanghai, China, ICDD Grant-in-Aid,(1994)			2.4948	4	003	1.1149	2	333
			2.2549	2	211			
			2.1593	46	202			
Sys. Tetragonal S.G.			1.8701	62	220			
a 5.2876(2) b c 7.4858(7) A C 1.4157			1.8149	6	203			
α β γ Z4 mp			1.6727	41	222			
Ref. Ibid.			1.6320	7	311			
D_x 7.153 D_m SS/FOM F19=39(.007,71)			1.5265	49	312			
Integrated intensities, Prepared by heating the compact powder mixture of Sm_2O_3 and Al_2O_3 according to the stoichiometric ratio of SmAlO₃ at 1500°C in molybdenum silicide-resistancein air for 2days. Silicon used as internal standard. To replace 9-82 and 29-83			1.3900	6	115			
			1.3220	33	400			
			1.3025	1	205			
			1.2462	19	330			

图 1.57 $SmAlO_3$ 的 PDF 卡片

1.5.1.3 PDF 卡片索引及检索方法

PDF 卡片的索引主要有 Alphabetical Index,Hanawalt Index,Fink Index 3 种。

1. Alphabetical Index

Alphabetical Index 是按物相英文名称的字母顺序排列。在每种物相名称的后面,列出化学分子式、3 条最强线的 d 值和相对强度数据,以及该物相的粉末衍射 PDF 卡片号。由此,若已知物相的名称或化学式,使用字母顺序索引可以方便地查到该物相的 PDF 卡片号。

2. Hanawalt Index

Hanawalt Index 是按强衍射线的 d 值排列。选择物相的 8 条强线,用最强 3 条线 d 值进行组合排列,同时列出其余 5 条强线的 d 值、相对强度、化学式和 PDF 卡片号。

当检索者完全没有待测样的物相或元素信息时,可以使用此索引。它是一种数字索引,采用 Hanawalt 组合法,即将最前线的面间距 d_1 处于某一范围者归为一组(不同年份出版的索引其分组及条目内容不完全相同)。在每一组中其 d 值排列一般是:第 1 个 d 值按大小排列后,再按大小排列第 2 个 d 值,最后按大小排列第 3 个 d 值。

每一种物相在索引中至少出现 3 次。若某物相最强 3 条线 d 值分别为 d_1、d_2、d_3,其余 5 条为 d_4、d_5、d_6、d_7、d_8,那么该物相在索引中的排列方式如下。

第一次:$d_1 d_2 d_3 d_4 d_5 d_6 d_7 d_8$

第二次:$d_2 d_3 d_1 d_4 d_5 d_6 d_7 d_8$

第三次:$d_3 d_1 d_2 d_4 d_5 d_6 d_7 d_8$

采用这种排列方式,主要是因为 3 条最强线的相对强度常由于一些外在因素(择优取向、吸收等)的影响而发生变化,因此,通过上述排列方式,本索引中仍能检出此物相。

物相 8 条强线的面间距、化学式、卡片号、参比强度值 I/I_c。8 强线下的小角码系表示相应的相对强度:x 表示 100,8 表示约为 80,6 表示约为 60,以此类推。

条目示例如下:

$3.39 \sim 3.32(\pm 0.10)$

QM	Eight Strongest Reflections								Formula	PDF #	I/I_c
	3.35_x	4.28_9	2.97_7	1.91_6	7.61_5	2.21_4	1.63_4	1.38_4	$(Zn,Ca)Al_2P_2H_6O_{12} \cdot 3H_2O$	27~94	
i	3.34_x	4.27_4	3.19_2	2.70_2	7.28_2	4.91_2	1.82_2	3.13_1	$CaAl_2Si_2O_8 \cdot 4H_2O$	20~452	

续上表

QM	Eight Strongest Reflections								Formula	PDF#	I/I_c
i	3.34_x	4.26_7	2.13_6	7.40_6	3.49_5	2.58_5	2.24_6	2.21_5	$Ca_3Ge(SO_4)_2(OH)_6 \cdot 3H_2O$	19~225	
	3.34_x	4.26_8	2.13_8	7.40_6	2.57_6	2.03_6	3.49_4	2.24_4	$Ca_3Mn(SO_4)_2(OH)_6 \cdot 3H_2O$	20~226	
*	3.34_x	4.26_2	1.82_1	1.54_1	2.46_1	2.28_1	1.37_1	1.38_1	SiO_2	33~1161	
o	3.36_x	4.23_6	1.64_5	2.72_4	2.44_3	2.22_3	1.93_3	3.14_2	$Mo_2O_8 \cdot xH_2O$	21~574	
	3.34_x	4.14_x	3.27_7	7.45_6	6.70_6	2.64_6	2.54_6	2.77_3	$ThCs_2Si_6O_{20}$	35~532	
i	3.33_8	4.04_8	2.57_8	5.18_6	3.15_6	2.29_6	4.31_5	3.08_4	$Tl_4Hg_2Sb_2As_8S_{20}$	20~1264	
i	3.34_8	4.01_8	3.11_8	3.04_8	3.33_6	3.10_6	2.71_4	2.43_4	$FeAsO_4$	21~910	
*	3.37_x	3.96_x	2.74_8	2.55_6	6.74_6	3.89_4	4.20_3	2.38_3	$LiAlSiO_4$	14~667	
i	3.40_8	3.90_x	3.66_x	2.25_9	2.07_6	1.92_5	2.67_4	1.52_2	H_2O	16~687	
	3.40_x	3.89_7	2.96_5	2.71_5	4.76_4	4.45_3	2.44_3	2.19_3	$Ca_2(Mn,Al)_3(SiO_4)(Si_2O_7)(OH)_3$	35~471	
i	3.33_8	3.88_x	2.69_6	2.63_4	2.55_4	1.93_4	1.54_4	3.47_3	$Hg_4SbO_3(OH)_3$	37~460	
i	3.40_x	3.86_x	2.91_7	4.25_7	2.87_7	3.10_5	6.95_5	1.75_5	$BaCa_2Al_6Si_9O_{30} \cdot 2H_2O$	37~432	
i	3.30_x	3.86_x	3.27_x	7.99_9	3.19_9	2.73_6	4.88_4	2.86_4	$MnAsO_3(OH) \cdot H_2O$	29~888	

3. Fink Index

当被测物质含有多种物相时(往往都为多种物相),由于各物相的衍射线会产生重叠,强度数据不可靠,而且,由于试样对 X 射线的吸收及晶粒的择优取向,导致衍射线强度改变,从而采用字母索引和哈那瓦尔特索引检索卡片会比较困难,为克服这些困难,芬克索引以 8 条最强线的 d 值为分析依据,将强度作为次要依据进行排列。

Fink Index 中,每一行对应一种物相,按 d 值递减列出该物相的 8 条最强线 d 值、英文名称、PDF 卡片号,若某物相的衍射线少于 8 条,则以 0.00 补足 8 个 d 值。每种物相在 Fink Index 中至少出现 4 次。

假设某物相 8 条衍射强线的 d 值依次为: $d_1, d_2, d_3, d_4, d_5, d_6, d_7, d_8$;且 $d_2 d_4 d_6 d_8$ 在 8 条强线中强度大于其余 4 条,那么 Fink Index 中 d 值的排列方式如下:

第一次: $d_2 d_3 d_4 d_5 d_6 d_7 d_8 d_1$

第二次: $d_4 d_5 d_6 d_7 d_8 d_1 d_2 d_3$

第三次：$d_0 d_7 d_8 d_1 d_2 d_3 d_4 d_5$

第四次：$d_8 d_1 d_2 d_3 d_4 d_5 d_6 d_7$

1.5.1.4 物相定性分析过程

常规物相定性分析的步骤如下。

(1)实验,利用粉末照相法或粉末衍射仪法获取被测试样物相的衍射花样或图谱。

(2)通过对所获衍射图谱或花样的分析和计算,获得各衍射线条的 2θ、d 及相对强度 I/I_1 大小。

(3)使用检索手册,查寻物相 PDF 卡片号,根据需要使用 Alphabetical 检索、Hanawalt 检索或 Fink 检索手册,查寻物相 PDF 卡片号。一般常采用 Hanawalt 检索,用最强线 d 值判定卡片所处的大组,用次强线 d 值判定卡片所在位置,最后用 8 条强线 d 值检验判断结果。若 8 强线 d 值均已基本符合,则可根据手册提供的物相卡片号在卡片库中取出此 PDF 卡片。

(4)若是多物相分析,则在第(3)步骤完成后,对剩余的衍射线重新根据相对强度排序,重复第(3)步骤,直至全部衍射线能基本得到解释。

1.5.1.5 物相定性分析应注意的问题

(1)一般在对试样分析前,应可能详细地了解样品的来源、化学成分、工艺状况,仔细观察其外形、颜色等,为其物相分析的检索工作提供线索。

(2)尽可能地根据试样的各种性能,在许可条件下将其分离成单一物相后进行衍射分析。

(3)由于试样为多物相化合物,为尽可能地避免衍射线的重叠,应提高粉末照相或衍射仪的分辨率。

(4)对于数据 d 值,由于检索主要利用该数据,因此处理时精度要求高,而且在检索时,只允许小数点后第二位才能出现偏差。

(5)要特别重视低角度区域的衍射实验数据,因为在低角度区域,衍射所对应的 d 值较大的晶面,不同晶体差别较大,衍射线相互重叠的机会较小。

(6)在进行多物相混合试样检验时,应耐心细致地进行检索,力求全部数据能得到合理解释,但有时也会出现少数衍射线不能解释的情况,这可能是由于混合物相中,某物相含量太少,只出现一、二级较强线,以至无法鉴定。

(7)在物相定性分析过程中,尽可能地与其他的相分析结合起来,互相配合,互相印证。

目前,绝大部分仪器均是由计算机进行自动物相检索过程,但其结果必须结合专业人员丰富的专业知识,判断物相,给出正确的结论。

1.5.1.6 采用 Jade 6.0 软件进行物相分析

(1)在开始菜单或桌面上找到"MDI Jade 6"图标,双击鼠标,一个简单的启动页面过后,就进入到了 Jade 6.0 的主窗口(图 1.58)。

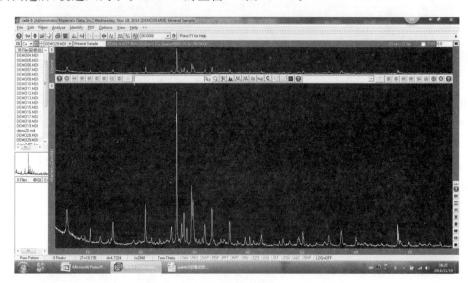

图 1.58　Jade6.0 的主窗口

(2)选择菜单"File|Patterns…"或工具栏中的 ,打开一个读入文件的对话框。双击 DEMO28.mdi 文件,文件被打开。这里需要注意,文件与测试仪器类型的格式应一致,否则不能读取测试数据(图 1.59)。

(3)物相检索,也就是"物相定性分析"。它的基本原理是基于以下 3 条原则:①任何一种物相都有其特征的衍射谱;②任何两种物相的衍射谱不可能完全相同;③多相样品的衍射峰是各物相的机械叠加。因此,通过实验测量或理论计算,建立一个"已知物相的卡片库",将所测样品的图谱与 PDF 卡片库中的"标准卡片"一一对照,就能检索出样品中的全部物相。

物相检索步骤包括:

①给出检索条件,包括检索子库(有机还是无机、矿物还是金属等)、样品中可能存在的元素等。打开一个图谱,不作任何处理,鼠标右键点击"S/M"按钮,打开检索条件设置对话框,去掉"Use chemistry filter"选项的对号,同时选择多种 PDF 子库,检索对象选择为主相(S/M Focus on Major Phases)再点击"OK"按钮,进入"Search/Match Display"窗口(图 1.60)。

②"Search/Match Display"窗口分为 3 块,最上面是全谱显示窗口,可以观察

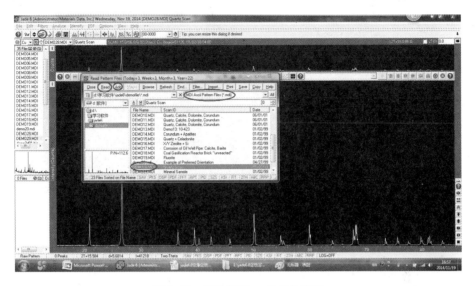

图 1.59 DEMO28.mdi 文件窗口

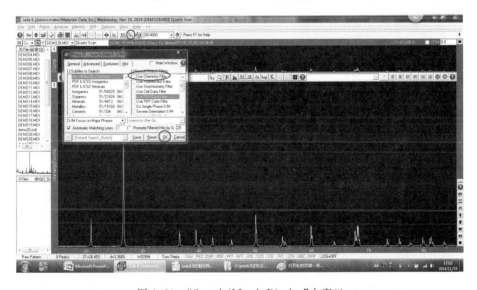

图 1.60 "Search/Match Display"主窗口

全部 PDF 卡片的衍射线与测量谱的匹配情况,中间是放大窗口,可观察局部匹配的细节,通过右边的按钮可调整放大窗口的显示范围和放大比例,以便观察得更加清楚。窗口的最下面是检索列表,从上至下列出最可能的 100 种物相,一般按"FOM"由小到大的顺序排列,FOM 是匹配率的倒数。数值越小,表示匹配性越高(图 1.61)。

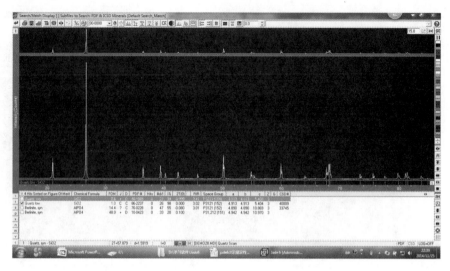

图 1.61　主物相检索匹配窗口

③从列表中检索出一定存在的物相,并选中;物相检索完成后,关闭这个窗口返回到主窗口中。使用这种方式,一般可检测出主要的物相。

④次要相或微量相的检索。在"Use chemistry filter"选项前勾上对号,进入到一个元素周期表对话框。将样品中可能存在的元素全部输入,点击"OK",返回到前一对话框界面,此时可选择检索对象为次要相或微量相(S/M Focus on Minor Phases 或 S/M Focus on Trace Phases),其他操作完全相同(图 1.62、图 1.63)。

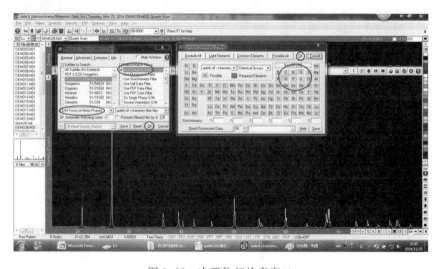

图 1.62　次要物相检索窗口

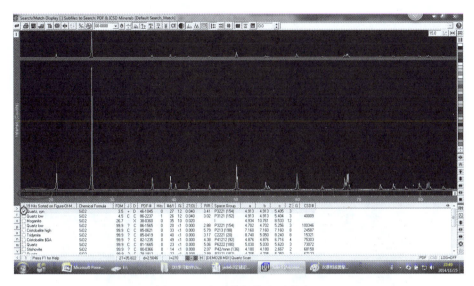

图 1.63 次要物相检查匹配窗口

⑤单峰搜索,即指定一个未被检索出的峰,在 PDF 卡片库中搜索在此处出现衍射峰的物相列表,然后从列表中检出物相。

方法如下:在主窗口中选择"计算峰面积"按钮,在峰下划出一条底线,该峰被指定,鼠标点击"S/M",此时,可以限定元素或不限定元素,软件会列出在此峰位置出现衍射峰的标准卡片列表(图 1.64)。

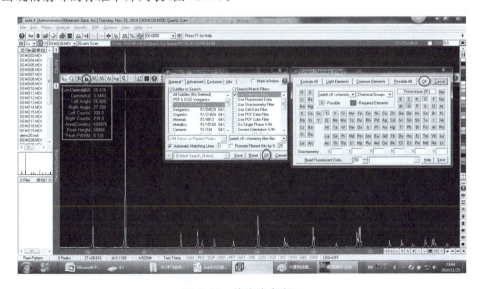

图 1.64 单峰检索窗口

(4)使用手动工具栏中的计算峰面积按钮或将有关数据代入谢乐公式 $D_{hkl} = \dfrac{K\lambda}{\beta\cos\theta}$,计算均可获得有关衍射面的晶粒尺寸,如图 1.65 所示,$D_{420} = 25.3\text{nm}$。

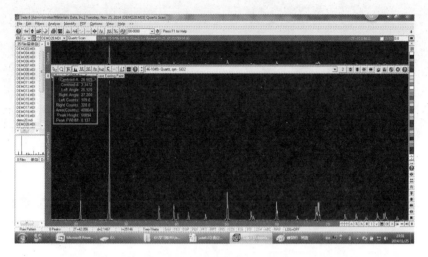

图 1.65 "计算峰面积"结果

(5)PDF 卡片查找。利用光盘检索功能查找某一张卡片有两种方式,一种是输入卡片号查找:直接在"光盘"右边的文本栏中输入卡片号,如 46-1045,按回车键,输入的卡片就被加入到 PDF 卡片列表组合框,点击卡片张数,可打开 PDF 卡片列表来查看(图 1.66)。

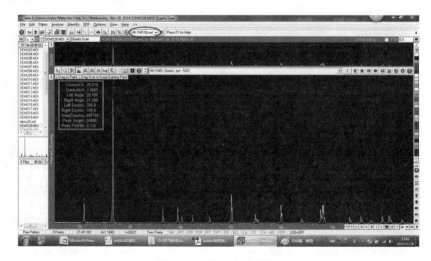

图 1.66 输入卡片号图

已检索到的卡片列表如图 1.67 所示。

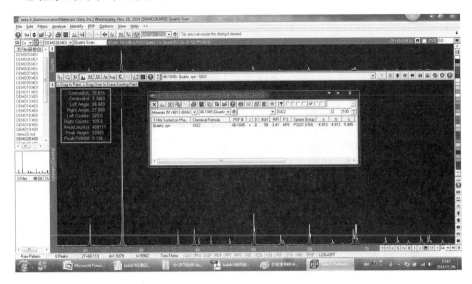

图 1.67　检索到的卡片显示图

在物相卡片行上双击,打开一张 PDF 卡片显示,如图 1.68 所示。

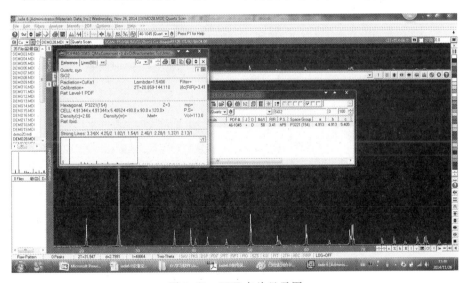

图 1.68　PDF 卡片显示图

另一种方式是按成分查找:如石英,鼠标右击"光盘",在元素周期表中选定 Si 和 O 为"一定存在",单击"OK"出现一个列表,显示了所有 Si-O 化合物的物相

(图 1.69)。这个命令在主窗口和物相检索列表窗口同样可用。点击卡片张数,可打开 PDF 卡片列表来查看(图 1.70)。

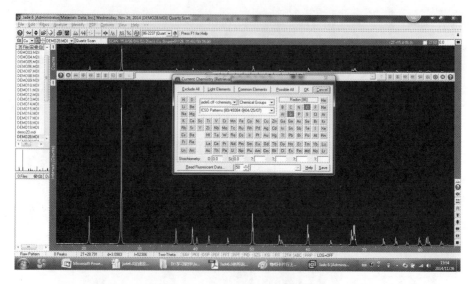

图 1.69 成分查找元素选定图

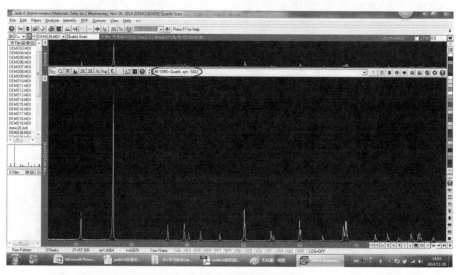

图 1.70 成分查找结果显示图

(6)Jade 6.0 可实现多谱显示,便于同系列样品的结果比较(图 1.71)。打开文件,鼠标单击 DEMO19.MDI 文件,然后点击"add",文件添加完成,图谱自动按照添加顺序由下向上排列(图 1.72)。

第 1 章 X 射线衍射分析

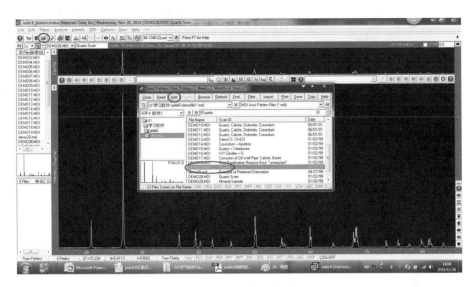

图 1.71 文件添加图

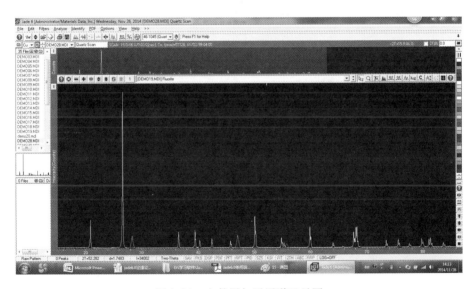

图 1.72 文件添加后图谱显示图

(7)生成物相检索报告。如果只是想调查测试样品中含有哪些相,保存一张图片就可以了。检索完成后,鼠标点击常用工具栏中的"打印机"按钮,转到"打印预览"窗口,可保存/复制/打印/编辑检索结果(图 1.73)。

· 67 ·

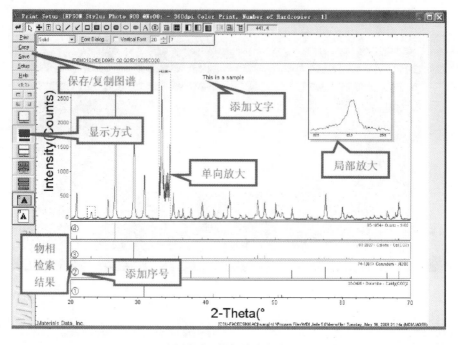

图 1.73 物相检查报告

1.5.2 X 射线物相定量分析

物相定量分析,就是用 X 射线衍射方法来测定混合物的含量百分数,这种分析方法是在定性分析的基础上进行的,它依据于一种物相所产生的衍射线强度,与该物相在混合物试样中的含量相关。

1936 年,克拉克(G. L. Clark)和雷诺兹(D. H. Reynolds)利用德拜照相法,使用 X 射线内标法定量测定了矿粉中的石英含量。

1948 年,亚历山大(L. E. Alexander)和克鲁格(H. P. Klug)对内标法作了数学推导。同时,阿弗巴赫(B. L. Averbach)和科亨(M. U. Cohen)等人发展了直接比较法,并采用了积分强度表示。20 世纪 50 年代初以后,多使用衍射仪进行测量。

1970 年,国际粉末衍射标准联合委员会开始编辑和出版 PDF 卡片的无机物相索引或条目列有物相的参考强度对比 I/I_c,即该物相与 α-Al_2O_3 质量为 1:1 时两相最强衍射线高度(后改为积分强度)之比,利用 I/I_c 值和 α-Al_2O_3 作内标物质,可进行较快捷的定量相分析。

1974 年,钟(F. H. Chung)在内标法的基础上,提出了基体冲洗法,1975 年又提出绝热法。1977年,泽文(L. S. Zevin)提出无标样法。

国内不少研究者也在定量相分析方法研究方面取得了进展,如1979年后有刘沃垣的联立方程法、林树智等的普适无标法、陈铭浩的回归求解法、陆金生等的优化计算法等。

1.5.2.1 常用物相定量分析基本原理

X射线定量分析的理论是物质参与衍射的体积或质量与其所产生的衍射强度成正比。因而,可通过衍射线强度的大小求出混合物中某相参与衍射的体积分数或质量分数。

$$I = I_0 \frac{\lambda^3}{32\pi R} \left(\frac{e^2}{mc^2}\right)^2 \frac{V}{V_c^2} P |F|^2 \varphi(\theta) A(\theta) e^{-2M} \tag{1-77}$$

$$I = I_0 \frac{\lambda^3}{32\pi R} \left(\frac{e^2}{mc^2}\right)^2 \frac{V}{V_c^2} P |F|^2 \frac{1+\cos^2 2\theta}{\sin^2\theta\cos\theta} \frac{e^{-2M}}{2\mu} \tag{1-78}$$

其中,线吸收系数为μ,若第j相所占的体积百分数为v_j,则:

$$V_j = v_j V$$

令

$$B = I_0 \cdot \frac{\lambda^3}{32\pi R} \cdot \frac{e^4}{m^2 c^4} \qquad C = \frac{F^2 P}{V_0^2} \frac{1+\cos^2 2\theta}{\sin^2\theta\cos\theta} \frac{e^{-2M}}{2} \tag{1-79}$$

则

$$I_j = BC_j \frac{v_j}{\mu} \tag{1-80}$$

在使用时,常用样品中第j相的质量百分数w_j来替代其体积百分数v_j,若设混合物的密度为ρ,质量吸收系数为m,参与衍射的混合物的质量和体积分别为W、V,而第j相的对应物理量分别为$\rho_j,(\mu_m)_j,W_j,V_j$,那么:

$$v_j = \frac{V_j}{V} = \frac{1}{V} \cdot \frac{W_j}{\rho_j} = \frac{W}{V} \frac{w_j}{\rho_j} = \rho \frac{w_j}{\rho_j} \tag{1-81}$$

$$\mu = \mu_m \rho = \rho \sum_{j=1}^{n} (\mu_m)_j w_j \tag{1-82}$$

将式(1-81)、式(1-82)代入式(1-80),得:

$$I_j = B \cdot C_j \frac{\dfrac{w_j}{\rho_j}}{\sum\limits_{j=1}^{n}(\mu_m)_j w_j} \tag{1-83}$$

或

$$I_j = B \cdot C_j \frac{\dfrac{w_j}{\rho_j}}{\mu_m} \tag{1-84}$$

这个公式直接把第j相的某条衍射线强度与该相的质量百分数w_j联系起来,是定量分析的基本公式。

1.5.2.2 内标法

设样品有几个物相,质量分别为 $W_1, W_2, \cdots, W_n$,样品总质量 $W = \sum_{j=1}^{n} W_j$。试样中加入标准物相 S,质量为 W_S。w_j 为第 j 相(待测相)的质量百分数,而 w'_j 为加入标样后的质量百分数,w_S 为标样的质量百分数。那么 w'_j 为:

$$w'_j = \frac{W_j}{W + W_S} = \frac{W_j}{W}\left(1 - \frac{W_S}{W + W_S}\right) = w_j(1 - w_S) \quad (1-85)$$

当试样中所含物相数大于 2,且各相的吸收系数不同时,常采用在试样中加入某种标准物相的方法来进行分析,此方法通常称为内标法。

由式(1-83)可得到 j 物相某衍射线强度:

$$I_j = B \cdot C_j \cdot \frac{w'_j/\rho_j}{\sum_{1}^{n}(\mu_m)_j w_j + w_S(\mu_m)_S}$$

对于标准物,其某一衍射线强度为:

$$I_S = B \cdot C_S \cdot \frac{w_S/\rho_S}{\sum_{1}^{n}(\mu_m)_j w_j + w_S(\mu_m)_S}$$

比较两式可得:

$$I_j/I_S = \frac{C_j}{C_S} \cdot \frac{\rho_S}{\rho_j} \cdot \frac{1 - w_S}{w_S} \cdot w_j \quad (1-86)$$

一般情况下,标样的加入量为已知,因 w_S 为常数,故令:

$$C = \frac{C_j}{C_S} \cdot \frac{\rho_S}{\rho_j} \cdot \frac{1 - w_S}{w_S}$$

那么式(1-86)可写作:

$$I_j/I_S = C \cdot w_j \quad (1-87)$$

式(1-87)即为内标法基本公式。

在实验测试过程中,由于常数 C 难以用计算方法获得,因此,实际操作过程中先采用定标曲线(图 1.74),再进行分析。通常采用配制一系列的标样,即用纯 j 相与掺入物相 S 配制成不同重量分数的标样,用 X 射线衍射仪测定。已知不同 w_j 的 I_j/I_S,作出定标曲线,然后再进行未知试样中 j 相的测定。

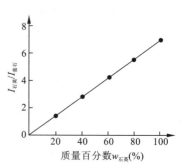

图 1.74 石英分析的定标曲线

1.5.2.3 基体冲洗法（K 值法）

从式 $I_j/I_s = C \cdot w_j$ 中知，常数 C 与标样物相的掺入量有关，这必然会导致实验过程测定定标曲线时，因样品的混合、计量等产生较大的误差。为消除此不足，F. H. Chung 改进了内标测试方法，基本消除了因外掺标样物相所造成的误差，并称此改进方法为基体冲洗法，而习惯上称之为 K 值法。

据式(1-86)并注意：

$$w'_j = (1-w_s)w_j$$

$$I_j/I_s = \frac{C_j}{C_s} \cdot \frac{\rho_s}{\rho_j} \cdot \frac{w'_j}{w_s} = \frac{C_j}{C_s} \cdot \frac{\rho_s}{\rho_j} \cdot \frac{(1-w_s)}{w_s} \cdot w_j \tag{1-88}$$

令

$$K_s^j = \frac{C_j}{C_s} \cdot \frac{\rho_s}{\rho_j} \tag{1-89}$$

从式(1-89)中可看出，常数与 j 相和 S 相的含量无关，也与试样中其他相的存在与否无关。而且，与入射光束强度 I_0 以及衍射仪圆半径 R_0 等实验条件无关，只与 j 和 S 相的密度、结构及所选衍射线条有关，且与 X 射线的波长有关。但当入射线波长选定后，只与 j 和 S 相有关。显然，只需测定 I_j 和 I_s，通过式(1-87)即可求得 w_j。

则

$$\frac{I_j}{I_s} = K_s^j \frac{w'_j}{w_s} \tag{1-90}$$

或

$$\frac{I_j}{I_s} = K_s^j \frac{(1-w_s)}{w_s} w_j \tag{1-91}$$

1. K 值法与传统的内标法比较

(1) 传统的内标法公式中，C_s^j 不仅与 S、j 两相本身性质有关，而且也随着内标物质 S 的掺入量而变化，但 K 值法中 K_s^j 与 S 相的掺入量无关，且为常数。

(2) 绘制内标法的定标曲线时一般至少要配制 3 个试样，在不同样品中，S 相重量分数要保持恒定，而 j 相含量在各试样中是不同的。

测 K 值时，也要配制试样，但不要求 S 相恒定，也不要求 j 相重量分数作有规律的变化。

(3) K 值有常数的意义，一个精确测定的 K 值具有普遍性。

2. 实验步骤

(1) 测定 K_s^j 值。制备 $w_j : w_s = 1:1$ 的两相混合样。

$$K_s^j = \frac{I_j}{I_s} \quad (I_j \text{、} I_s \text{ 各选 1 个或 2 个合适的衍射峰})$$

(2) 制备待测相的复合样。掺入与 K_s^j 相同的内标物质，含量可不同。

(3) 测量复合样。精确测量 I_j、I_s，所选峰及条件与 K_s^j 同。

(4)通过 K_S^j 求待测相含量。求得 w_j' 或 $w_j = \dfrac{w_j'}{1-w_s}$。

3. X 射线物相定量分析过程

对于一般的 X 射线物相定量分析工作,总是通过下列几个过程进行:

(1)物相鉴定。即为通常的 X 射线物相定性分析。

(2)选择标样物相。标样物相的理化性能稳定,与待测物相衍射线无干扰,在混合及制样时,不易引起晶体的择优取向。

(3)进行定标曲线的测定或 K_S^j 测定。选择的标样物相与纯的待测物相按要求制成混合试样,选定标样物相及待测物相的衍射,测定其强度 I_S 和 I_j,用 I_j/I_S 和纯相配比 w_S 获取定标曲线或 K_S^j。

(4)测定试样中标准物相 j 的强度或测定按要求制备试样中的待检物相 j 及标样 S 物相指定衍射线的强度。

(5)用所测定的数据,按各自的方法计算出待检相的质量分数 w_j。

4. 定量分析实例

试样由莫莱石(M)、石英(Q)和方解石(C)3 个相组成,内标物质为刚玉(A),向待测试样中的掺入量为 $W_S = 0.69$,各待测相的 K_S^j 为:$K_A^M = 2.47$,$K_A^Q = 8.08$,$K_A^C = 9.16$。

复合样中各峰的强度,$I_{M(120+210)} = 922$,$I_{C(101)} = 6660$,$I_{Q(101)} = 8604$,$I_{A(113)} = 4829$。

解:

因为 $w_j' = \dfrac{I_j}{I_S} \cdot \dfrac{w_S}{K_S^j}$,$w_j = \dfrac{w_j'}{(1-w_S)}$

所以 $w_M' = \dfrac{922}{4829} \cdot \dfrac{0.69}{2.47} = 0.053\ 34$,$w_M = \dfrac{0.053\ 34}{1-0.69} \times 100\% = 17.3\%$;

$w_Q' = \dfrac{8604}{4829} \cdot \dfrac{0.69}{8.08} = 0.152\ 15$,$w_Q = \dfrac{0.152\ 15}{1-0.69} \times 100\% = 49.1\%$;

$w_C' = \dfrac{6660}{4829} \cdot \dfrac{0.69}{9.16} = 0.103\ 89$,$w_C = \dfrac{0.103\ 89}{1-0.69} \times 100\% = 33.6\%$。

1.6 衍射谱的数据标定

获得衍射谱不是实验的最终目的,应当对衍射谱进行分析、处理,从中求得有关样品晶体学方面的各种数据和参数。

现代衍射仪都配备有专用的计算机系统,分析、处理衍射谱工作全部可以自动进行。但初学者应首先掌握衍射谱分析、处理的基本原则,才有可能准确理解和使用计算机所用的软、硬件应用处理程序。

除了直接从衍射谱上读出衍射角 2θ,求出 $\sin\theta$ 和 d 值之外,所谓衍射谱的标定就是从衍射谱上判断试样所属的晶系、点阵胞类型、各衍射面指数并计算出点阵参数。对于一个完全未知试样的衍射谱的标定工作是很困难且繁琐的,首先要求判断试样的晶系,然后判断试样的点阵晶胞类型,这两步是决定标定工作成败的关键。

判断试样晶系的方法是:按照 θ 角从小到大的顺序,写出 $\sin^2\theta$ 的比值数列。然后,根据数列的特点来判断。判断的顺序为:先假定它为立方晶系,其次是四方晶系、六方晶系、三方晶系、斜方晶系。对前 3 个晶系的判断比较容易,而对于三方晶系及以后的判断是相当困难的。

1.6.1 已知结构

当试样物相、所属晶系和点阵常数已知时,可将已知的点阵常数代入面间距公式,求出各个 (hkl) 晶面对应的 d 值。然后将计算的 d 值与实测的各衍射线 d 值进行比较,而面间距相同的指数应相同,由此便可标出各衍射线的指数(表 1.6)。也可找出该物相的标准卡片,将实测 d 值与卡片相比较,就可利用卡片上记录的衍射指数来标定各衍射线的衍射指数。

当试样的晶胞常数已知时(以立方晶系为例),代入式(1-92),即可得到 $\sin^2\theta$ 的具体数值,从而获得 (hkl) 晶面指数。

$$\sin^2\theta_{hkl} = \frac{\lambda^2}{4a^2}(h^2+k^2+l^2) \tag{1-92}$$

令:

$$\frac{\lambda^2}{4a^2} = A,$$

则: $\sin^2\theta_{hkl} = A(h^2+k^2+l^2)$

表 1.6 立方晶系已知结构晶面指数标定

$\sin^2\theta$	$\sin^2\theta/A$	$\sin^2\theta/A=(h^2+k^2+l^2)$ 化整数	hkl
0.945 591	50.80	51	551
0.890 124	47.75	48	444
0.797 536	42.88	43	533

1.6.2 未知结构

立方晶系衍射谱的标定

1. 晶胞参数未知

根据布拉格方程和立方晶系面间距表达式：

$$2d\sin\theta = \lambda, \quad d_{hkl} = \frac{a}{\sqrt{h^2+k^2+l^2}}$$

可以直接写出：

$$\sin^2\theta = \frac{\lambda^2}{4a^2}(h^2+k^2+l^2) \tag{1-93}$$

考虑在同一实验中，$\frac{\lambda^2}{4a^2}$ 为常数，在写出 $\sin^2\theta$ 比值数列时，为共同因子，可以消除，故 $\sin^2\theta$ 比值数列可以写成：

$$\sin^2\theta_1 : \sin^2\theta_2 : \cdots = (H_1^2+K_1^2+L_1^2) : (H_2^2+K_2^2+L_2^2) : \cdots \tag{1-94}$$

式中，$\sin^2\theta$ 的下角标 1,2,… 就是实验数据中衍射峰的顺序编号。

实际标定工作中，求出 $\sin^2\theta$ 值，写成数列形式后，如果能找到一个公因数，乘上或除以这个公因数，$\sin^2\theta$ 比值数列能够得到整数比，就可以判断试样属于立方晶系。

再进一步判断，式(1-94)中的比值关系是从小到大。如果把立方晶系的结构因子考虑在内，又可以判断试样的点阵类型和各衍射峰的衍射面指数。

例：

$$\sin^2\theta_1 : \sin^2\theta_2 : \cdots = 1:2:3:4:5:8:9:10:11:$$
$$12:13:14:16\cdots \tag{1-95}$$

则试样具有简单立方点阵，相应的衍射面指数分别为：(100)、(110)、(111)、(200)、(210)、(220)、(300)、(311)…

若能得到：

$$\sin^2\theta_1 : \sin^2\theta_2 : \cdots = 3:4:8:11:12:16:19\cdots \tag{1-96}$$

则试样具有面心立方点阵，相应的各衍射指数分别为：(111)、(200)、(220)、(311)、(222)、(400)、(331)…

若得到 $\sin^2\theta_1 : \sin^2\theta_2 : \cdots = 1:2:3:4:5:6:7:8:\cdots$
$$= 2:4:6:8:10:12:14:16\cdots \tag{1-97}$$

则试样具有体心立方点阵：(110)、(200)、(211)、(220)、(310)、(222)、(321)…

体心立方点阵与简单立方点阵的区别在于其比值数列中是否有 7、15 等数值，因此，为了区别这两种点阵结构，衍射谱上衍射峰的数目不能少于 8 个。

既然已经标出各衍射峰的指数，就可以根据布拉格方程计算晶体的点阵常数 a 值。

对于比值数列 $\dfrac{\sin^2\theta_j}{\sin^2\theta_1} = \dfrac{A(h_j^2+k_j^2+l_j^2)}{A(h_1^2+k_1^2+l_1^2)}$，应注意以下几点：

(1) 当第一条线恰好是(100)或(010)、(001)时，上式比值为一整数，等于第 j 条衍射线的 $(h_j^2+k_j^2+l_j^2)$，因此可求出第 j 条衍射线的指标 $(h_jk_jl_j)$。

(2) 如果上式比值为一分数，说明第一条衍射线不是(100)或(010)、(001)，因为 $(h_j^2+k_j^2+l_j^2)$ 必定是一整数，因此将比值乘以一个小整数（如 2、3、4 等）将其化为整数，这一整数便是 $(h_jk_jl_j)$。

(3) 如果将得到的比值乘以一个小整数后得到的整数中有 7、15、23、28、31、39、47 等数字，则应再乘以 2，消除这些数字，因为 $(h_j^2+k_j^2+l_j^2)$ 不可能等于这些数字。

表 1.7 中给出 Cu 试样的完整计算实例。

表 1.7　试样 Cu，CuK_α 射线：$\lambda_1 = 1.540\,50\text{Å}$，$\lambda_2 = 1.544\,34\text{Å}$，$\lambda_{12} = 1.541\,78\text{Å}$

编号	X射线	$\sin^2\theta$	$\dfrac{\sin^2\theta_j}{\sin^2\theta_1}$	$3\times\dfrac{\sin^2\theta_j}{\sin^2\theta_1}$	化整 $h^2+k^2+l^2$	hkl
1	$K_{\alpha 12}$	0.108 96	1	3	3	111
2	$K_{\alpha 12}$	0.144 79	1.328	3.984	4	200
3	$K_{\alpha 12}$	0.288 04	2.642	7.926	8	220
4	$K_{\alpha 12}$	0.394 91	3.624	10.892	11	113/311
5	$K_{\alpha 12}$	0.430 62	3.952	11.892	12	222
6	$K_{\alpha 12}$	0.573 36	5.262	15.796	16	400
7	$K_{\alpha 1}$	0.679 35	6.234	18.702	19	331
8	$K_{\alpha 2}$	0.682 90	—			
9	$K_{\alpha 1}$	0.714 91	6.5609	19.682	20	240/420
10	$K_{\alpha 2}$	0.718 80	—			
11	$K_{\alpha 1}$	0.857 13	7.8668	23.600	24	422
12	$K_{\alpha 2}$	0.861 40	—			
13	$K_{\alpha 1}$	0.963 54	8.843	26.539	27	333

2. 四、六方晶系衍射谱的标定

如果证明一张衍射谱图不属于立方晶系，即其 $\sin^2\theta$ 比值数列不能化成简单整数比值数列，则假设试样属于四方晶系或六方晶系。在四方晶系和六方晶系中，衍射面间距不只与 a 有关，也与 c 有关，式（1-98）和式（1-99）给出它们的具体表达式。

四方晶系：

$$\sin^2\theta_1 : \sin^2\theta_2 : \cdots = \left(\frac{H_1^2+K_1^2}{a^2}+\frac{L_1^2}{c^2}\right) : \left(\frac{H_2^2+K_2^2}{a^2}+\frac{L_2^2}{c^2}\right) : \cdots \quad (1-98)$$

六方晶系：

$$\sin^2\theta_1 : \sin^2\theta_2 : \cdots = \left[\frac{\lambda^2}{3a^2}(H_1^2+H_1K_1+K_1^2)+\frac{\lambda^2}{4c^2}L_1^2\right] :$$
$$\left[\frac{\lambda^2}{3a^2}(H_2^2+H_2K_2+K_2^2)+\frac{\lambda^2}{4c^2}L_2^2\right] : \cdots \quad (1-99)$$

从以上 2 个表达式可以看出，得到的 $\sin^2\theta$ 比值数列不可能全部为整数比值数列。但是，在所有衍射面中，必然有一些衍射面指数中的 $L=0$，例如，(100)、(110)、(200)、(210)…。它们的面间距与 c 值无关，单独写出它们的 $\sin^2\theta$ 之间的比值数列，必然可以化简为正整数的比值数列。

从实验全部数据中筛选出那些 $L=0$ 的数据，写出它们的 $\sin^2\theta$ 比值数列，并将其化简为正整数比值数列。如果此正整数比值数列为：

$$\sin^2\theta_1 : \sin^2\theta_2 : \cdots = 1 : 2 : 4 : 5 : 8 : 9 : 10 : 13 : \cdots$$

可判断试样属于四方晶系，在此数列中 2、5 等是最关键的比值数。如果此正整数比值数列为：

$$\sin^2\theta_1 : \sin^2\theta_2 : \cdots = 1 : 3 : 4 : 7 : 9 : \cdots$$

即可判断试样属于六方晶系，在此数列 3、7 是最关键的比值数。

六方晶系只有简单阵胞，因此可标定为 (100)、(110)、(200)、(210)、(300)…
而四方晶系有 2 种点阵胞：简单点阵胞、体心点阵胞。
简单点阵胞：(100)、(110)、(200)、(210)、(220)、(300)…
体心点阵胞：(110)、(200)、(220)、(310)、(400)、(330)…

根据以上的分析，使用所筛选出的数据立即可以计算出试样的一个点阵常数 a，在四方晶系中可得：$a = \frac{\lambda}{\sin\theta}(H^2+K^2)^{\frac{1}{2}}$，在六方晶系中可得：$a = \frac{\lambda}{\sin\theta}\left(\frac{H^2+HK+K^2}{3}\right)^{\frac{1}{2}}$。

计算另一个点阵常数 c 又是一个假设、判断、计算的过程。取一条尚未标定的衍射线,根据其在衍射谱中的位置,不难假设出它的一组 H、K 值,然后计算出一个中间数据(以简单四方晶系点阵胞为例)。

$$CL^2 = \sin^2\theta - \frac{\lambda^2}{4a^2}(H^2 + K^2) \qquad (1-100)$$

对其他尚未标定的衍射线也都假设出其相应的 H、K 值,计算出其中间值。如果所假设的各衍射线的 H、K 值均是合适的和正确的,则这些中间值必然有 $1,4,9,\cdots,n^2$ 的比值关系,中间值最小的那条衍射线的 $L=1$,其余依次应为 $L=2,3,4,\cdots,n$。这样求得另一衍射面指数。若不能取得这样的结果,说明 H、K 假设不正确,再假设,再计算,直到满意为止。

1.7 点阵常数的精确测定

在物相分析中主要根据不同物相具有不同的晶体结构,X 射线衍射通过对晶体结构中主要点阵常数面间距组合与标准数据比较来确定物相,这样面间距数据可以允许一定误差。所以,点阵参数是晶体的重要基本参数,一种结晶物相有一定的点阵参数,温度、压力、化合物的化学剂量比、固溶体的组分以及晶体中杂质含量的变化都会引起点阵参数发生变化。但这种变化往往很小(约 10^{-5} nm 数量级),因此必须对点阵参数进行精确测定。

1.7.1 误差来源

晶胞参数测定中的精确度涉及两个独立的问题,即波长的精确度和布拉格角的测量精确度。根据布拉格方程 $\lambda = 2d\sin\theta$ 可以看出,点阵常数的测量误差来源于波长和衍射角的误差,而 X 射线波长数据的精度已达 10^{-6} Å,其误差可忽略不记(如 CuK_α 波长 1.541 838Å),所以这里主要考虑来源于衍射角的误差。

图 1.75 表示 $\sin\theta$ 随 θ 角变化的情况,可以看出,在 $\theta = 90°$ 附近时,$\sin\theta$ 随 θ 角变化是极其缓慢的,假如在各种 θ 角下测量精度 $\Delta\theta$ 相同,则在高 θ 角下所得到的 $\sin\theta$ 值将会比在低 θ 角时所得到的值要精确得多。

晶面间距测量的精确度随 θ 角的增加而增加,通过对 θ 微分布拉格方程很容易证明:

$2d\sin\theta = \lambda$

$2\Delta d \cdot \sin\theta + 2d\cos\theta \cdot \Delta\theta = 0$

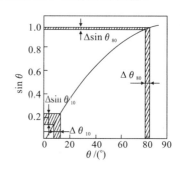

图 1.75 θ 与精确测定的关系

$$\frac{\Delta d}{d} = -\frac{\cos\theta}{\sin\theta}\Delta\theta = -\cot\theta\Delta\theta \tag{1-101}$$

从上式可以看出，只有当 θ 较大时，$\cot\theta$ 越小，$\Delta d/d$ 也越小，测量结果就越准确，当 θ 趋近 90°时，误差将会趋近于零。因此，必须适当选择入射 X 射线的波长，才能得到大 θ 角的衍射线。在实际工作中，经常用 $\theta > 60°$ 的衍射线测量、计算点阵常数。

1.7.2 精确测定晶胞参数的方法

1.7.2.1 图解外推法

实际能利用的衍射线，其 θ 角与 90°总是有距离。不过可以设想外推法接近理想状况。例如，先测出同一种物质的多条衍射线，并按每条衍射线的角计算出相应的 a 值。以 θ 为横坐标，a 为纵坐标，所给出的各个点子可连接成一条曲线，将曲线延伸使之与 $\theta = 90°$ 处的纵坐标相截，则截点所对应的 a 值即为精确的点阵参数值。

曲线外延难免带主观因素，故最好寻求另一个量（θ 的函数）作为横坐标，使得各点子以直线的关系相连接。不过在不同的几何条件下，外推函数却是不同的。人们对上述误差进行了分析总结，得：

$$\frac{\Delta d}{d} = K\cos^2\theta$$

对于立方晶系可有：

$$\frac{\Delta a}{a} = \frac{\Delta d}{d} = K\cos^2\theta \tag{1-102}$$

式中，K 为常数。

该式表明，当 $\cos^2\theta$ 减少时，$\Delta a/a$ 亦随之减少；当 $\cos^2\theta$ 趋于零（即 θ 趋近于 90°）时，$\Delta a/a$ 趋于零，即 a 趋近于真值 a_0。由此可以引出处理方法：测量出若干条高角度的衍射线。求出对应的 θ 值及 a 值，以 $\cos^2\theta$ 为横坐标，a 为纵坐标，所画出的实验点子应符合直线关系。按照点子的趋势，定出一条平均直线，其延线与纵坐标的交点即为精确的点阵参数 a_0。

式（1-102）在推导过程中采用了某些近似处理，它们是以背射线线条（高 θ 角）为前提的。因此，$\cos^2\theta$ 外推要求全部衍射线条的 $\theta > 60°$，而且至少有一条线其 θ 在 80°以上。在很多场合下，要满足这些要求是困难的，故必须要寻求一种适合包含低角衍射线的直线外推函数。尼尔逊(J. B. Nelson)等用尝试法找到了外推函数 $f(\theta) = \frac{1}{2}\left(\frac{\cos^2\theta}{\sin\theta} + \frac{\cos^2\theta}{\theta}\right)$，它在很广的 θ 范围内有较好的直线性。后来泰勒(A. Taylor)等又从理论上证实了这一函数。图 1.76 为根据李卜逊(H. Lipson)等所测得铝在 298℃下的数据绘制的"$a-\cos^2\theta$"直线外推示意图;图 1.77 为采用尼尔逊等所提出的函数的图解。可以看出,当采用 $\cos^2\theta$ 为外推函数时,只有 $\theta>60°$ 的点才与直线较好地符合。

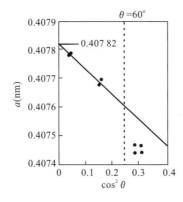
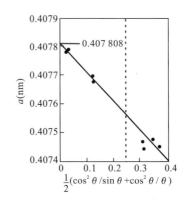

图 1.76 "$a-\cos^2\theta$"的直线外推图解法　　图 1.77 "$a-\dfrac{1}{2}\left(\dfrac{\cos^2\theta}{\sin\theta}+\dfrac{\cos^2\theta}{\theta}\right)$"的直线外推图解法

对于非立方晶系,如四方晶系和六方晶系,面间距公式中包含有 a 和 c 两个参数,因此不能用与 a 和 c 都有关的 (hkl) 面的衍射线条外推求 a_0 和 c_0,应用与 a 相关的 $(hk0)$ 线条外推求 a_0,用与 c 相关的 $(00l)$ 线条外推求 c_0。由于被反射区域中 $(hk0)$ 和 $(00l)$ 型线条很少,故必须采用一些低 θ 角线条,并用外推函数 $\dfrac{1}{2}\left(\dfrac{\cos^2\theta}{\sin\theta}+\dfrac{\cos^2\theta}{\theta}\right)$ 进行外推,不宜用 $\cos^2\theta$ 外推。用外推法求 a_0 和 c_0 时,如果 $\theta>80°$ 处没有衍射线条,则测量准确度是难以保证的。

1.7.2.2　最小二乘法

如前所述,为了消除系统误差和偶然误差,可由一组实验数据点间引直线,并外推至 $\theta=90°$,就可求得精确的点阵常数。但是,一组试验点因存在偶然误差并不刚好全部位于一条直线上,因此,作外推直线可能因人而异,这就导致同一组数据得出不同的结果 a_0 和 a_0^*,如图 1.78 所示。

为求出一条客观的、与实验数据最吻合的外推直线,可以采用最小二乘法。最小二乘法是常用于各种实验数据处理的数学方法,它可以消除偶然误差和系统误差。

若对某一物理量作 n 次等精度测量,其结果分别为 $M_1,M_2,M_3,\cdots,M_n$。通常,人们采用其数学平均值 $M=\sum\limits_{j=1}^{n}M_j/n$ 作为该量的"真值"。按照最小二乘法原理，M 可能并非该量的最佳真值。$M-M_j$ 称为残差或误差。按以上方法确定的 M 值是最理想的，即它能使各次测量误差的平方和为最小。这种方法可以将测量的偶然误差减到最小。在点阵常数测定中，除偶然误差外，尚存在系统误差，平均直线与坐标的截距才表示欲得的精确数值。为求截距，可采用以下方法。

以纵坐标 Y 表示点阵常数值，横坐标 X 表示外推函数，实验点子用 (X_j, Y_j) 表示，直线方程为 $Y=a+bX$。式中 a 为直线截距，b 为斜率，其示意图为图 1.79 所示。

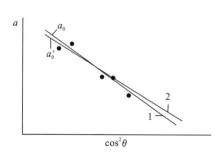

图 1.78　两条外推直线得出的两个结果　　　　图 1.79　直线最小二乘法外推

一般来说，直线不通过其中任一实验点子，因为每个点子均有偶然误差。以直线方程为例，当 $X=X_1$ 时，相应的 Y 值为 $a+bX_1$，而实验点之 Y 值却为 Y_1，故此点的误差为：

$$\varepsilon_1 = (a+bX_1-Y_1)$$

所有实验点子误差的平方和为：

$$\sum(\varepsilon^2) = (a+bX_1-Y_1)^2 + (a+bX_2-Y_2)^2 + \cdots \\ + (a+bX_j-Y_j)^2 + \cdots$$

按最小二乘法原理，误差平方和最小的直线是最佳直线。求 $\sum(\varepsilon^2)$ 最小值的条件为：

$$\frac{\partial \sum(\varepsilon^2)}{\partial a} = 0, \quad \frac{\partial \sum(\varepsilon^2)}{\partial b} = 0$$

即：

$$\sum Y = \sum a + b\sum X \tag{1-103}$$

$$\sum XY = a\sum X + b\sum X^2 \tag{1-104}$$

从联立方程式(1-102)和式(1-103)解出的 a 值即为精确的点阵参数值。

下面仍以李卜逊等所测 298℃ 下铝的数据为例计算。按照 CuK_a 线计算时所用波长 $\lambda_{K_{a1}}=0.154\,050\text{nm}$，$\lambda_{K_{a2}}=0.154\,434\text{nm}$，采用尼尔逊函数。表 1.8 列出了

相关数据。以 a 值作为 Y，$\frac{1}{2}\left(\frac{\cos^2\theta}{\sin\theta}+\frac{\cos^2\theta}{\theta}\right)$ 之值作为 X（θ 的单位应采用 rad）代入方程(1-103)和式(1-104)，得：

$$3.260\,744=8a+1.666\,299b$$
$$0.677\,68=1.662\,99a+0.484\,76b$$

解方程得： $a=0.407\,808$ nm

表 1.8 用最小二乘法求得铝的点阵参数精确值

hkl	辐射	$\theta(°)$	a(nm)	$\frac{1}{2}\left(\frac{\cos^2\theta}{\sin\theta}+\frac{\cos^2\theta}{\theta}\right)$
331	K_{a1}	55.486	0.407 463	0.360 57
	K_{a2}	55.695	0.407 459	0.355 65
420	K_{a1}	57.714	0.407 463	0.310 37
	K_{a2}	57.942	0.407 458	0.305 50
422	K_{a1}	67.763	0.407 868	0.137 91
	K_{a2}	68.102	0.407 686	0.133 40
333	K_{a1}	78.963	0.407 776	0.031 97
511	K_{a2}	79.721	0.407 776	0.027 62

点阵常数的精确测量无论采用外推法还是采用最小二乘法，主要取决于偶然误差的大小，如果偶然误差小，所有实验点就会分布在一条直线上，很容易用外推法获得准确的结果。因为当 $\theta=90°$ 时，全部误差为零。对于偶然误差比较大的情况，用最小二乘法比较好，因为它可以消除偶然误差。在大多数情况下，两种方法所得点阵常数的精度相近。

第2章 宝石矿物分子振动光谱学

分子振动光谱是指物质因受光的作用,引起分子或原子基团的振动,从而产生对光的吸收。如果将透过物质的光辐射用单色器加以色散,使波长按长短依次排列,同时测量在不同波长处的辐射强度,得到的就是吸收光谱。如果光源用红外光波长范围($0.78 \sim 1000 \mu m$),产生的为红外吸收光谱;如用强单色光,产生的为拉曼散射光谱。

振动光谱主要可以用来进行分子结构的基础研究和物质化学组成(物相)的分析。前者,应用分子振动光谱可以测定分子的键长、键角大小,以此推断分子的立体构型,或根据所得的力常数,间接得知化学键的强弱,也可以从简正振动频率来计算热力学函数等。后者,物质化学组成分析主要是根据光谱中吸收峰的位置和形状来推断未知物的结构,依照特征吸收峰的强度来测定混合物中各组分的含量。此分析方法具有快速、高灵敏度、试样用量少,能分析各种状态的试样等特点,因此它已成为现代材料科学、化学最常用和不可缺少的工具。

2.1 振动光谱的基本原理

2.1.1 光与分子的相互作用

2.1.1.1 光的二重性

光同时具有波动性和粒子性,所以它既是一种振动波,又是一种以高速移动的粒子流,称为光子或光量子。

表示光的特性时,
$$c = \lambda \nu \tag{2-1}$$

表示光量子特性时,
$$E = h\nu \tag{2-2}$$

$$E = h\nu = h\frac{c}{\lambda} = hc\bar{\nu} \tag{2-3}$$

式中,c 为光速(3×10^{10} cm·s^{-1});λ 为波长(cm);ν 为振动频率(Hz 或 s^{-1});h 为普朗克常数(6.626×10^{-34} J·s)。

$\bar{\nu}=1/\lambda$ 称为波数,即单位长度内具有的波动数,$\bar{\nu}$ 的量纲多用 cm^{-1}。在分子振动光谱(红外/拉曼光谱)中,一般都用波数 cm^{-1} 来标示。同时注意波长 λ(nm)、波数 $\bar{\nu}$(cm^{-1})、能量 E(eV)相互之间的关系。

$$\bar{\nu}(\text{cm}^{-1}) = \frac{1}{\lambda(\text{cm})} = \frac{10^4}{\lambda(\mu m)} = \frac{10^7}{\lambda(\text{nm})}$$

$$1\text{eV} \approx 8066 \text{cm}^{-1} \approx 1240 \text{nm}$$

$$E(\text{eV}) \cdot \lambda(\text{nm}) \approx 1240$$

2.1.1.2 原子或分子的能量组成

分子的运动可分为移动、转动、振动和分子内的电子运动,而每种运动状态又都属于一定的能级。因此,分子总能量可以表示为:

$$E = E_0 + E_t + E_r + E_v + E_e \quad (2-4)$$

E_0 是分子内在的能量,不随分子运动而改变,亦即是固定的;E_t、E_r、E_v、E_e 分别表示分子的移动、转动、振动和电子能量。

E_t 是分子或原子从空间的一个位置移向另一个位置时所具有的动能,它的大小与一般的动能方程一致,即:

$$E = \frac{1}{2}mv^2 \quad (2-5)$$

通常移动的速度 v 与温度的变化直接有关,E_t 只是温度的函数,在移动时不会产生光谱;电子能级(E_e)的间隔最大,它从分子的基态至电子激发态的能级间隔 $\Delta E = 1 \sim 20$ eV;振动能级跃迁需要吸收的能量其能级间距在 $0.05 \sim 1.0$ eV 之间;分子的转动能级基能级间距都在 0.05eV 以下。

中红外光波长的能量恰好在分子振动能级间距范围,因此红外光谱又称为振动光谱。分子转动的能级较小,一般出现在远红外或微波波长范围内,由于红外光的能量包括了远红外和微波,所以也会引起分子转动能量的变化,故有时亦称为分子的转动-振动光谱。

而电子跃迁的能级是在可见光或紫外光波长范围内,也即紫外-可见光谱。

2.1.2 分子的振动模型

2.1.2.1 双原子分子的振动模型——简谐振动

分子中的原子以平衡点为中心,以非常小的振幅作周期性的振动,即所谓简谐振动。最简单的分子是双原子分子,可用一个弹簧两端连着两个小球来模拟(图2.1)。按照经典力学,简谐振动服从虎克定律,即振动时恢复到平衡位置的力 F

与位移 x 成正比,力的方向与位移方向相反。

$$F = -kx \qquad (2-6)$$

式中,k 是弹簧力常数,对分子来说,就是化学键力常数。

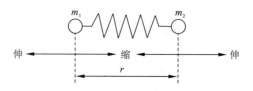

图 2.1 双原子分子振动的弹簧球模型

根据牛顿第二定律:

$$F = ma = m\frac{d^2 x}{dt^2} \qquad (2-7)$$

则:

$$m\frac{d^2 x}{dt^2} = -kx \qquad (2-8)$$

式(2-8)的解为:

$$x = A\cos(2\pi\nu t + \phi) \qquad (2-9)$$

式中,A 是振幅,ν 为振动频率,t 是时间,ϕ 是相位常数。

将式(2-9)对 t 求两次微商。再代入式(2-8),化简得:

$$\nu = \frac{1}{2\pi}\sqrt{\frac{k}{m}} \qquad (2-10)$$

用波数表示,则:

$$\bar{\nu} = \frac{1}{2\pi c}\sqrt{\frac{k}{m}} \qquad (2-11)$$

对双原子分子来说,用折合质量 μ 来替代 m,则:

$$\bar{\nu} = \frac{1}{2\pi c}\sqrt{\frac{k}{m_A m_B/(m_A + m_B)}} \qquad (2-12)$$

式中,k 为力常数;m_A、m_B 分别为 A、B 原子的质量;$\mu = m_A m_B/(m_A + m_B)$ 定义为 A、B 原子的简化质量;c 为光速;k 是化学键的力常数,其含义是两个原子由平衡位置伸长 0.1nm 后的回复力,单位为 N/cm。

虎克定律得出频率与质量及键能有如下关系:

(1)m 增大时,ν 减小,亦即质量大的原子将有低的振动频率。

例如,—C—H 的伸缩振动频率出现在 3300～2700cm^{-1} 之间,—C—O 的伸缩振动频率出现在 1300～1000cm^{-1} 之间。

弯曲振动也有类似关系,如 H—C—H 和 C—C—C 各自键角的变化频率分别出现在 1450cm^{-1} 附近和 400～300cm^{-1} 之间。

(2)k 值增大,则 ν 增大。即原子间的键能越大,振动频率越高。各种碳碳键伸缩振动的吸收频率如下:ν_{C-C}:1300cm^{-1},$\nu_{C=C}$:1600cm^{-1},$\nu_{C\equiv C}$:2200cm^{-1}。

这是由于双键比单键强,即双键的 k 比单键的 k 大。同样,炔烃要比双键强。这个规律也适用于碳氧键上。另外,由于伸缩振动力常数比弯曲振动的力常数大,所以伸缩振动出现在较高的频率区,而弯曲振动则在较低的频率区。

根据式(2-12)可以计算其基频峰的位置,而且某些计算与实测值很接近,如甲烷的 C—H 基频计算值为 2920cm^{-1},而实测值为 2915cm^{-1},但这种计算只适用于双原子分子或多原子分子中影响因素少的谐振子。

实际上,一个分子中,基团与基团的化学键之间都相互影响,因此基团振动频率除决定于化学键两端的原子质量、化学键的力常数外,还与内部因素(结构因素)及外部因素(化学环境)有关。

2.1.2.2 多原子分子的振动模型

多原子分子,即使是 3 个原子组成的分子的振动比双原子分子的要复杂得多。因此,多原子分子振动光谱的理论也极其复杂,除最简单分子外,一般也只是近似地来解释。

1. 振动的数目

对于分子中的每个原子,描述其空间运动均需 x、y、z 3 个坐标,因此一个有 n 个原子的分子,它们在空间的运动就有 $3n$ 个坐标(也称为自由度)。

对于非线型分子,在这 $3n$ 种运动状态中,包括 3 个整个分子的质心沿 x、y、z 轴方向的平移运动和 3 个整个分子绕 x、y、z 轴的转动运动。这 6 种运动都不是分子的振动,故振动形式应有 $3n-6$ 种(图 2.2)。

而对于线型分子,若贯穿所有原子的轴是在 x 方向,则整个分子只能绕 y、z 轴转动,因此直线型分子的振动形式有 $3n-5$ 种(图 2.3)。

为了更好地描述整个分子的振动特征,一般不直接用 $3n-6$ 个直角坐标,而是用某种形式的线性组合的正则坐标(简正坐标),并可以得知多原子分子的振动是

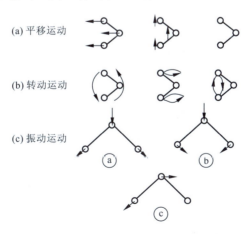

图 2.2 非极性分子(水分子)的振动

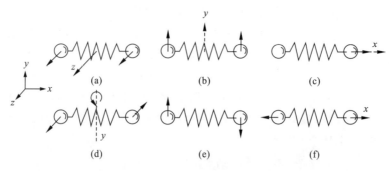

图 2.3 直线型分子的运动状态

(a)、(b)、(c)平移运动;(d)、(e)转动运动;(f)每个原子看作一个质点,不会产生绕分子轴的转动

由许多个简单、独立的振动组合而成的。在每一个独立的振动中,所有原子都是以同相位运动,因此也可以近似地把它们看作是谐振子振动,这种振动又称为正则振动。

每个正则振动与双原子分子中的简谐振动一样,都具有特定的能量,吸收的光能量也一定,反映在红外光谱上也就有一定波数位置的吸收谱带。

2. 基本振动的类型

由于多原子分子中各原子在各自振动时相互间的运动方向不同,从而产生不同类型的振动。基本类型分为两大类。

1)伸缩振动(stretching vibration)

键合原子沿键轴方向振动,这时键的长度因原子的伸、缩振动产生变化,分为对称伸缩振动(symmetrical stretching vibration,ν_s)和非对称伸缩振动(asymmetrical stretching vibration,ν_{as})。

2)弯曲振动(deformation vibration)

有时也称变形振动,是指原子离开键轴振动,从而产生键角大小的变化。弯曲振动可分为:①面内变形振动(in plane bending vibration,δ),包括剪式振动(scissoring vibration,δ)、面内摇摆振动(rocking vibration,ρ);②面外变形振动(out-of-plane bending vibration,γ),包括面外摇摆振动(wagging vibration,ω)、扭曲变形振动(twisting vibration,τ)。

通常,键长的改变比键角的改变需要更大的能量,因此伸缩振动出现在高频区,而弯曲振动出现在低频区。

3. 振动的简并

一个由 n 个原子组成的分子其基本振动数目应当是 $3n-6$ 或 $3n-5$,但是有的分子中的一些振动模式是等效的,特别是由于分子的对称性会产生相同频率的振动,于是相同振动频率的振动吸收发生重叠,使得光谱中真正的振动数目常小于基本振动形式的数目,如 CO_2 应当有 4 个基本振动数目,其中 ν_3、ν_4 是弯曲振动,二者的振动形式是等效的,其基频振动频率相等,把这种现象称为振动的简并,凡两个振动形式相同称为二重简并,三个振动形式相同称为三重简并,依次类推。

2.2 红外光谱学

2.2.1 红外光谱振动的选择定则

当一束连续红外波长的光照射到物质上时,发现透过的光已不再是连续波长,其中某些波长被吸收,形成了吸收谱带,如果用适当的方法把透过光按波长及强度记录下来,就形成了红外吸收光谱,谱中被吸收的光的波长对于不同分子或原子团都是特征的。

但是,原子或分子吸收光能量并不是连续的,而是具有量子化的特征。

$$\Delta E_1 = E_2 - E_1 = h\nu_1 = h\frac{c}{\lambda_1}$$

$$\Delta E_2 = E_3 - E_1 = h\nu_2 = h\frac{c}{\lambda_2}$$

2.2.1.1 振动吸收的条件

红外光谱是由于分子振动能级的跃迁(同时伴随转动能级跃迁)而产生的。能级跃迁应满足 2 个条件:

(1)辐射应具有刚好能满足物质跃迁时所需的能量(振动的频率与红外光光谱段的某频率相等)。

(2)辐射与物质之间有相互作用(偶极矩的变化)。

当一定频率(一定能量)的红外光照射分子时,如果分子中某个基团的振动频率和外界红外辐射的频率一致,就满足了第一个条件。为满足第二个条件,分子必须有偶极矩的改变。已知任何分子就其整个分子而言,是呈电中性的,但由于构成分子的各原子因价电子得失的难易而表现出不同的电负性,分子也因此而显示不同的极性。

通常用分子的偶极矩 μ 来描述分子极性的大小:

$$\mu = q \cdot d \tag{2-13}$$

设正负电荷中心分别为 $+q$ 和 $-q$,正负电荷中心距离为 d(图 2.4)。

由于分子内原子处于其平衡位置不断地振动的状态,振动过程中 d 的瞬时值亦不断地发生变化,因此分子的 μ 也发生相应的改变,分子亦具有确定的偶极距变化频率。

对称分子由于正负电荷中心重叠，$d=0$，故 $\mu=0$。

上述物质吸收辐射的第二个条件，实质上是外界辐射迁移它的能量到分子中去。而这种能量的转移是通过偶极距的变化来实现的。可用图 2.5 来说明。

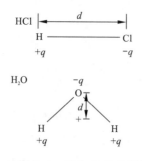

图 2.4　HCl、H_2O 的偶极矩　　　图 2.5　偶极子在交变电场中的作用示意图

当偶极子处在电磁辐射的电场中时，此电场作周期性反转，偶极子将经受交替的作用力而使偶极距增加和减小。由于偶极子具有一定的原有振动频率，只有当辐射频率与偶极子频率相匹配时，分子才与辐射发生相互作用（振动偶合）而增加它的振动能，使振动加激（振幅加大），即分子由原来的基态能级跃迁到较高振动能级。只有发生偶极距变化的振动才能产生可观测的红外吸收谱带，称这种振动活性为红外活性，反之为非红外活性。

已知分子在振动过程中，原子间的距离（键长）或夹角（键角）会发生变化，这时可能引起分子偶极矩变化，结果产生一个稳定的交变电场，它的频率等于振动的频率，这个稳定的交变电场将与运动的具有相同频率的电磁辐射电场相互作用，从而吸收辐射能量，产生红外光谱。

定量计算分子的某一跃迁在红外光谱中的活性，必须用量子力学理论。按照量子力学原理，分子从 n 态到 m 态之间的红外光谱跃迁由下列积分表示：

$$|M_{nm}| = \int_{-\infty}^{+\infty} \varphi_n^* P \varphi_m d\tau \tag{2-14}$$

式中，φ_n 和 φ_m 是分子的 n 态和 m 态波函数；P 是分子偶极矩跃迁算子；积分对全部体积元进行。跃迁矩 M_{nm} 等于零，则是红外非活性的，不等于零则是红外活性的。通过分析分子的对称性和波函数的对称性可以判断跃迁矩是否等于零。

2.2.1.2　选择定律

在中红外吸收光谱上除基频峰（基团由基态向第一振动能级跃迁所吸收的红外光频率称为基频）外，还有由基态跃迁至第二激发态、第三激发态等所产生的吸收峰，这些峰称为倍频峰。

红外光谱的吸收峰可以分为基频、倍频和合频 3 种。

1. 基频峰（fundamental band）

基频峰是分子吸收光子后从一个能级跃迁到相邻高一级的能级产生的吸收,以亚甲基为例,下列诸振动峰均为基频峰(图 2.6)。

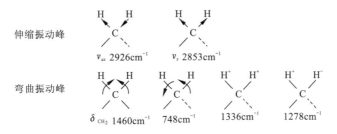

图 2.6 亚甲基的基频振动及红外吸收

2. 倍频峰（overtone bands）

倍频峰是分子吸收比原有能量大 倍的光子能量之后,跃迁 2 个以上能级产生的吸收峰,出现在基频峰波数 n 倍($n=2,3,\cdots$)处。如基频为 $f_1,f_2,\cdots$,则一级倍频为 $2f_1,2f_2,\cdots$；二级倍频为 $3f_1,3f_2,\cdots$；依此类推。由于分子连续跳二级以上的几率很小,因此一级倍频峰强度仅有基频峰的 1/10～1/100,吸收峰的强度很弱。设羰基伸缩振动基频峰在 1715cm^{-1} 处,则一级倍频峰就在 3430cm^{-1} 处,为一弱吸收。

3. 合频峰（combination band）

合频峰是在 2 个以上基频峰波数之和($f_1+f_2+\cdots$)或差($f_1-f_2-\cdots$)处出现的吸收峰,吸收强度较基频峰弱得多。合频峰也包括同一种基团不同振动方式,如伸缩振动波数和弯曲振动波数的和($\nu_{X-H}+\delta_{X-H}$)。

2.2.2 红外光与红外光谱

2.2.2.1 红外光

红外光指波长介于可见光、微波之间的一段电磁辐射区,为 0.78～1000μm。可分为近红外区域(0.78～2.5 μm)、中红外区域(2.5～25μm)、远红外区域(25～1000μm)。

2.2.2.2 红外光谱法

1. 红外光谱图及表示方法

如果用红外光照射样品,并将样品对每一种单色光的吸收情况记录即可得到红外光谱。

图 2.7 所示谱图的横坐标一般使用波数(cm^{-1}),纵坐标则使用透过率T(%)、吸光度A(%)或反射率R(%)。

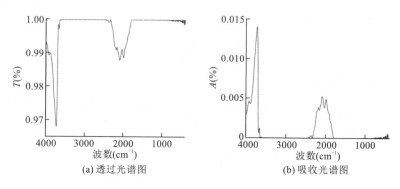

(a) 透过光谱图　　　　　　　　　(b) 吸收光谱图

图 2.7　聚乙烯的红外光谱图

反射光谱有漫反射(diffuse reflectance)、镜反射(specular reflectance)和内反射(internal reflectance)3 种测量方式,使用的反射附件各不相同。

众所周知,透过法得到的红外光谱图,用透过记录方式显示光谱的吸收谱带都是向下的,用吸收记录方式显示光谱的吸收谱带则相反,都是向上的。而使用反射测量得到的红外光谱形态比较复杂,由于反射光谱测量是在反射光的入射角大于全反射临界角的情况下进行的,除部分入射光被物质表面反射到检测器外,还有部分红外光透过样品表面,再被物质内部反射回来,再进入到检测器,故实际测试得到的并不是纯反射谱,而是同时叠加有透过谱;物质的反射光谱还受到折光率的影响,在强吸收带附近产生折光率异常色散,光谱发生畸变,使得反射光谱的谱带位置与吸收光谱有差异,引起读谱困难。

根据能量守恒定律,入射光的强度等于反射光强度＋折射光强度＋被物质吸收的光线强度。反射光的强度又称为反射率(R),反射率与物质的折射率(n)和吸收率(k)有密切的联系。

$$R_{(\lambda)} = \frac{(n_{(\lambda)} - 1)^2 + k_{(\lambda)}^2}{(n_{(\lambda)} + 1)^2 + k_{(\lambda)}^2} \tag{2-15}$$

应用 K-K 转换(Kramers-Kronig transformation)可以消除异常色散引起的光谱变异。进行 K-K 转换处理的反射光谱必须是均匀的纯物质的反射光谱,混合物、薄膜及粉末状物质的反射光谱不适于进行 K-K 转换处理。

多数宝石矿物反射光谱的畸变程度不大,与吸收光谱或粉末 KBr 压片透过光谱对比,谱带位置虽然有变化,但同一物质反射光谱的改变程度是一定的,不必进行 K-K 转换。值得注意的是,不同波长的红外辐射对物质的穿透能力也是不同的,短波红外辐射的穿透能力要比长波强。对大多数宝石矿物而言,红外吸收光谱的短波段是谱带向下的透过谱,而长波段位置是谱带向上的吸收谱。从透过谱带形式过渡为吸收谱带形式的转折点位置大致在 2000cm^{-1} 附近,有时会更低。反之,如果用吸收方式记录,>2000cm^{-1} 的是向上的吸收谱带,<2000cm^{-1} 的则是向下的吸收谱带。

上述红外反射光谱形式的差异与被测物质的晶体结构有关,物质的结构差异导致红外辐射对它的穿透能力不同。在反射测量时,穿透能力强的物质显示为透过谱,穿透能力弱的物质显示为吸收谱。同时集合体样品中矿物粒度及排列方式也会影响红外辐射对样品的穿透能力,引起红外反射光谱形态的变化,这些是使用红外反射光谱技术时需特别留意的一些问题。宝石矿物单晶体的红外反射光谱与之粉末红外透过光谱有一定差别,这与矿物晶体结构的各向异性有关。单晶体测量获得的是单晶特定方位的光谱信息,而粉末光谱则是多晶体全方位测量,获得的是所有方位的平均光谱信息。晶体的各向异性引起红外反射光谱间的差异,一方面给光谱的识别带来困难,另一方面又为深入研究晶体结构开辟了新的途径。

2. 红外光谱图的特征

红外光谱图一般都反映 4 个表象,在谱图解释时必须加以注意。

1)谱带的数目

对于一张红外光谱图,首先要分析它所含有的谱带数目,如聚苯乙烯在 3000cm^{-1} 附近有 7 个吸收带,若仪器性能不好、制样不妥,会使得吸收带数目减少。

2)吸收带的位置

每个基团的振动都有特征振动频率,在鉴定化合物时,谱带位置(波数)常是最重要的参数。如 OH^{-1} 的吸收波数在 3650~3700cm^{-1} 之间,而水分子的吸收在较低的 3456cm^{-1} 左右。

3)谱带的形状

如果分析的化合物较纯,则它们的谱带比较尖锐,对称性好;若是混合物,则有时会出现谱带的重叠、加宽,对称性被破坏。对于晶体固态物质,其结晶的完整程度影响谱带形状,图 2.8 是晶态 SiO$_2$(石英)和非晶

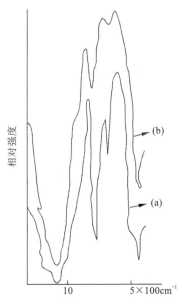

图 2.8 晶态 SiO$_2$(a)和非晶态 SiO$_2$(b)的红外谱图

SiO_2 的红外谱图,从图中可见 Si—O 键的基本振动范围有:$900\sim1200cm^{-1}$ 和 $650\sim800cm^{-1}$,水晶晶体在 $780cm^{-1}$ 和 $690cm^{-1}$ 处有两个尖锐的强吸收带,石英玻璃只在 $800cm^{-1}$ 处有一个中等强度的吸收,$680cm^{-1}$ 处有一个宽而弱的吸收。

4)谱带的强度

红外光与普通可见光的吸收一样,服从于 Beer - Lambert 定律:

$$A = \lg \frac{1}{T} = \lg \frac{I_0}{I} = kb \qquad (2-16)$$

式中,A 为吸光度或摩尔吸收系数;I_0、I 分别为入射光和透射光的强度;T 为透射比,I/I_0;b 为样品厚度(cm);k 为吸收系数(cm^{-1})。

红外光谱的吸收强度常定性为 s(强)、m(中等)、w(弱)、vw(极弱)。

3. 影响红外光谱图的因素

1)影响分子振动自由度数目与红外谱带数的因素

理论上讲,分子的每个振动自由度都应有一个吸收带。但由于分子的共振吸收必须具备偶极矩的变化,而有些振动形式并不产生偶极矩的变化;有些相同振动频率发生简并,这使得红外光谱吸收带的实际数目常少于理论振动自由度数。同时,由于倍频、合频的存在,即 $2\nu_1$、$2\nu_2\cdots$ 或 $\nu_1+\nu_2+\cdots$,使得红外光谱吸收带的实际数目可能多于理论振动自由度数。

2)影响谱带位置(位移)的因素

基团振动的特征频率可以根据原子间键的力常数计算而得。但是基团和周围环境会发生力学和电学的耦合,使得力常数不可能完全固定不变。正因为这种不同程度耦合的存在,基团的特征频率发生变化,使谱带产生位移,这种变化反过来也会对分子邻近的基团产生作用。

例:C—H 的 ν_S 为 $2800\sim3000cm^{-1}$,若 C—H 一端连着另一个 C 原子,且分别是单键、双键、叁键,那么,C—H 的 ν_S 分别为 $2850\sim3000cm^{-1}$、$3000\sim3100cm^{-1}$、$3300cm^{-1}$。

影响谱带位移的因素大体可以归纳为以下几个方面。

(1)诱导效应。具有一定极性的共价键中,随着取代基的电负性不同而产生不同程度的静电诱导作用,引起分子中电荷分布的变化而改变键的力常数,使振动频率发生变化的效应称为诱导效应。它只沿键的方向发生作用,主要取决于取代原子的电负性或取代基总的电负性。

以丙酮为例,烷基酮的 C=O 振动,由于 O 电负性(3.5)比 C(2.5)大,因此其电子云密度是不对称的,O 附近大些(δ^- 表示),C 附近小些(δ^+ 表示),其伸缩振动频率在 $1715cm^{-1}$ 左右(图 2.9)。

当 C=O 键上的烷基被卤素原子 Cl 取代,由于 Cl 的电负性为 3.0,使得电子

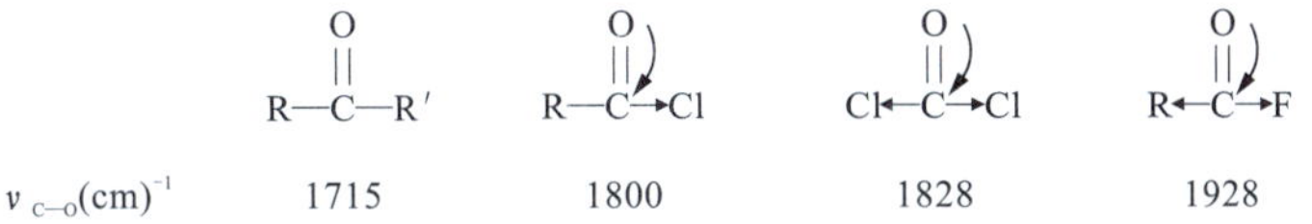

图 2.9　C=O 的振动频率

云由氧原子转向双键的中间,增加了 C=O 键的电子云密度,因而增加了 C=O 键的力常数。根据分子振动方程[式(2-10)],k 升高,振动频率升高,所以 C=O 振动频率升高到 1800cm^{-1}。

随着卤素原子取代数目的增加或卤素原子电负性的增加(F 电负性为 4.0),这种静电诱导效应也增大,使 C=O 振动频率向更高频方向移动。

(2)键应力影响。孤立[SiO_4]中,Si 原子位于 O 原子正四面体的中心,它们之间的夹角为 109°28′。当硅氧四面体相互结合成双四面体、链状、环状、架状结构硅酸盐时,形成 Si—O—Si 键,Si—O 之间的夹角也随之改变,其伸缩振动频率由 1000cm^{-1} 增大至 1080cm^{-1} 左右。

(3)氢键。氢键是指一个分子(R—X—H)与另一分子(R′—Y)相互作用,生成 R—X—H⋯Y—R 的形式,X 一般为电负性原子,Y 是具有未共用电子对的原子,所以 F、N、O、S、P 等原子均能形成氢键。形成氢键后,原来键的伸缩振动频率将向低频方向移动,而且氢键越强,位移越多。同时谱带变得越宽,吸收强度也越大。而弯曲振动的情况却恰恰相反,氢键越强,谱带越窄,且向高频方向移动。

(4)物质状态的影响。红外光谱可以测量物质各种物理状态的共振吸收,其谱图会因物质状态的不同而不同。

同一种物质在气态时,因分子间距很远,可以认为分子间相互没有影响,只是单个分子的自由转动和振动,因此它的吸收带要比液相的稍宽而矮。

液态时,分子间相互作用,吸收带变窄,吸收频率较气态时发生位移,形状更接近洛伦兹分布;有的化合物还会形成氢键,吸收带的频率、强度、数目都会发生较大的变化。

固体结晶态时,因分子在晶格中的规则排列,加强了分子间的相互振动作用,从而使谱带比液态的要多且复杂,形状更尖锐。

3)影响谱带强度的因素

红外光谱上的吸收带的强度主要取决于偶极矩的变化和能级跃迁的几率。

(1)偶极矩的变化。振动过程中偶极矩的变化是决定基频谱带强度的主要因素,也是产生红外吸收的先决条件。瞬间偶极矩越大,吸收谱带的强度越大。而瞬间偶极矩的大小又取决于以下 4 个因素:①原子的电负性大小。两原子间的电负性相差越大,则伸缩振动谱带越强,如 $I_{\nu_{OH}} > I_{\nu_{CH}}$。②振动形式的不同,也使谱带强度不同。一般 $I_{\nu_{as}} > I_{\nu_s}$,$I_{\nu_s} > I_{\nu_\delta}$,这是因为振动形式对分子电荷分布的影响不同而造成的。③分子的对称性对谱带强度也有影响。主要指结构对称的分子在振动过程中,因其偶极矩始终为零,没有谱带出现。④其他如倍频与基频之间振动的耦合,使很弱的倍频谱带强化。

(2)能级的跃迁几率。显然,能级跃迁几率直接影响谱带的强度,跃迁几率大,谱带的强度就大,所以被测物质的浓度与吸收带的强度存在正比关系,这是定量分析的依据。如倍频的跃迁几率很小,所以其强度一般都很弱。

4)红外光谱的划分

常见的红外光谱一般分为两个区:

(1)特征谱带区(官能团区):指红外光谱中振动频率在 4000~1333cm^{-1}(2.5~7.5μm)之间的吸收谱带。此波数(波长)范围内的振动,多数为有机化合物中 C=O,C=C,C≡C,C=N 等重要官能团的振动,及 X—H 键(X 为 N,O,C 等)的振动;无机化合物中,主要为 H_2O、OH^-、CO_2、CO_3^{2-} 等少数键的振动吸收。

(2)指纹谱带区:指在 1333~667cm^{-1}(7.5~15μm)之间的振动吸收,无机化合物的基团振动大多数发生在这一波数(波长)范围内。对无机化合物来说,组成原子质量相近,许多键的振动频率相近,强度差别不大,谱带出现的区域也就相近。因此,在此中红外区域的吸收数量密集而复杂,各个化合物结构上的微小差别都在此区域呈现,犹如人的指纹各异,因而被称为指纹区。

2.2.3 傅里叶变换红外光谱仪

红外光谱仪起始于棱镜式色散型红外光谱仪,分光镜为 NaCl 晶体,因此对温度、湿度要求很高,波数范围为 4000~600cm^{-1}。20 世纪 60 年代出现光栅式色散型红外光谱仪,用光栅替代棱镜,提高了分辨率,扩展了测量波段(4000~400cm^{-1}),降低了对环境的要求,属于第二代红外光谱仪。

上述 2 种都是以色散元件进行分光,把具有复合频率的入射光分成单色光后,经狭缝进入检测器,这样到达检测器的光强大大下降,时间响应也较长(以分计)。而且由于分辨率和灵敏度在整个波段内是变化的,因在研究跟踪反应过程中及色红联用等方面受到限制,由此从 20 世纪 60 年代末开始发展了傅里叶变换红外光谱仪。它具有光通量大、速度快、灵敏度高等特点,为第三代红外光谱仪。

2.2.3.1 傅里叶变换红外光谱仪的工作原理

傅里叶变换红外光谱仪的核心部件是迈克逊(Michelson)干涉仪,其工作原理如图 2.10 所示。

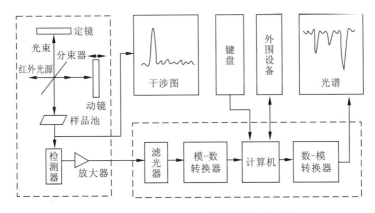

图 2.10 傅里叶变换红外光谱仪原理图

干涉仪由光源、动镜(M_1)、定镜(M_2)、分束器、检测器等几个主要部分组成。光源发出的光被分光器分为两束:一束经透射到定镜,随后反射回分束器,再反射进样品池后到检测器;另一束经反射到动镜,再反射回分束器,透过分束器与定镜的光束合在一起,形成干涉光透过样品池进入检测器。由于动镜以一恒定速度做直线运动,使两束光线的光程差随动镜移动距离的不同,呈周期性变化。因此,在检测器上接收到的信号是以 $\lambda/2$ 为周期变化的,如图 2.11 所示。当光程差为半波长 $\lambda/2$ 的偶数倍

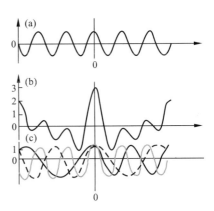

图 2.11 动镜移动距离(a)单色光源干涉图(b)多色光源干涉图(c)

时,两光束为相长干涉,有最大振幅,此时有最大输出信号;当光程差为半波长的奇数倍时,两束光为相消干涉,有最小振幅,此时有最小输出信号。

干涉光信号强度的变化可用余弦函数表示:

$$I(x) = B(\nu)\cos(2\pi\nu x) \tag{2-17}$$

式中,$I(x)$ 表示干涉光强度是光程差 x 的函数;$B(\nu)$ 表示入射光强度,是频率 ν 的函数。

干涉光的变化频率 f_ν 与两个因素即光源频率 ν 和动镜移动速度 u 有关:

$$f_\nu = 2u\nu \tag{2-18}$$

当光源发出的是多色光的,干涉光强度应是各单色光的叠加,如图 2.11 所示,可用式(2-19)的积分形式来表示:

$$I(x) = \int_{-\infty}^{+\infty} B(\nu)\cos(2\pi\nu x)\mathrm{d}\nu \qquad (2-19)$$

把样品放在检测器前,由于样品对红外光的某些频率吸收,使检测器接受到的干涉光强度发生变化,从而得到各种不同样品的干涉图。

这种干涉图是光强随动镜移动距离 x 的变化曲线,为得到光强随频率变化的频域图,借助傅里叶变换函数,将式(2-15)转换成式(2-20):

$$B(\nu) = \int_{-\infty}^{+\infty} I(x)\cos(2\pi\nu x)\mathrm{d}x \qquad (2-20)$$

这一过程由计算机完成。

用傅里叶变换红外光谱仪测试样品包括以下几个步骤:

(1)分别收集背景(无样品时)及样品的干涉图。

(2)分别通过傅里叶变换将上述干涉图转化为单光束红外光谱。

(3)将样品的单光束光谱除以背景的单光束光谱,得到样品的透射光谱或吸收光谱。

2.2.3.2 傅里叶变换红外光谱的优点

(1)信号的"多路传输"。普通色散型的红外分光光度计由于带有狭缝装置,在扫描过程的每个瞬间只能测量光源中一小部分波长的辐射。在色散型分光计以 t 时间检测一个光谱分辨单元的同时,干涉型可以同时检测出全部 M 个光谱分辨单元,这样有利于光谱的快速测定。而且,在相同的测量时间 t 里,干涉型仪器对每个被测频率单元可重复测量 M 次,测得的信号经平均处理而降低噪音。

(2)辐射通量大。常规的分光计由于受狭缝的限制,能到达检测器上的辐射能量很少,光能的利用率极低。傅里叶变换光谱仪没有狭缝的限制,因此在同样分辨率的情况下,其辐射通量要比色散型大得多,从而使检测器所收到的信号和信噪比增大,有很高的灵敏度,有利于微量样品的测定。

(3)波数精确度高。因动镜的位置及光程差可用激光的干涉条纹准确测定,从而使计算的光谱波数精确度可达 $0.01\mathrm{cm}^{-1}$。

(4)高的分辨率。傅里叶变换红外光谱仪的分辨能力主要取决于仪器能达到的最大光程差,在整个光谱范围内能达到 $0.1\mathrm{cm}^{-1}$,目前最高达 $0.0023\mathrm{cm}^{-1}$,而普通色散型仪器仅能达 $0.5\mathrm{cm}^{-1}$。

(5)光谱的数据化形式。傅里叶变换光谱仪的最大优点在于光谱的数字化形式,它可以用微型电脑进行处理,光谱可以相加、相减、相除。这样可以对光谱的每一频率单元加以比较,使光谱间的微小差别可以很容易地被检测出来。

2.2.4 红外光谱实验技术

样品制备技术是红外光谱测定中的关键问题,其光谱质量在很大程度上取决于样品制备的条件与方法。样品的纯度、杂质,制样的厚度、干燥性、均匀性和干涉条纹等均可能使光谱失去有用的光谱信息,或出现本不属于样品的杂峰,导致错误的谱带识别。所以,选择适当的制样方法是获得优质光谱图的重要途径。

根据材料的聚集状态,可按下列方法制备试样。

2.2.4.1 固体试样

由于大多数固体物质都是以单晶、多晶体或无定形状态存在,一个固体物质能否用红外光谱来研究,往往取决于有无合适的样品制备方法。

常用的样品制备方法有粉末法、糊状法、压片法、薄膜法、热裂解法等,尤其是前3种使用得最多。

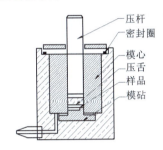

图 2.12 压片法模子

1. 压片法

精确称取样品 0.5～2mg,与约 200mg 的卤化物(通常为 KBr、NaCl)混合均匀并共同研磨,将研磨后的混合物倒入压模中(图 2.12),连接油压机和真空系统,在真空条件下,缓慢加压至约 15MPa,维持 1min 就可以获得透明的薄片。

2. 糊状法(悬浮法)

取 50mg 左右样品研磨至颗粒直径小于 $2\mu m$ 的粉末,将粉末分散或悬浮在吸收很低的糊剂石蜡油或全卤化的烃类中,压在两盐片之间测量。石蜡油是一种精制的长链烷烃,不含芳烃、烯烃和其他杂质,会在 4 个光谱区出现较强的吸收峰,即 $3000\sim2850cm^{-1}$ 区的 C—H 伸缩振动吸收,$1468cm^{-1}$ 和 $1379cm^{-1}$ 的 C—H 变形振动吸收,以及 $720cm^{-1}$ 的 —CH_2 面内摇摆振动的弱吸收。

3. 薄膜法

将固体样品制成薄膜后再测定的方法叫作薄膜法。制样通常有 4 种:一是用切片机把样品切成适当厚度的薄片;二是对于熔点低,熔融时不发生分解、升华和其他化学变化的物质,可用加热熔融法将其压制成薄膜,或直接涂在盐片上;三是对于大多数聚合物,可先把它们溶于挥发性溶剂中,再滴到盐片上,室温下溶剂挥发自然成膜,也可将它们滴在抛光平面的金属或平滑的玻璃上,待溶剂挥发后揭下可用;四是对于某些层状矿物(如云母),可以剥离出厚度适当的薄片($10\sim100\mu m$),即可直接测试。

4. 粉末法

把固体样品研磨至 $2\mu m$ 左右的细粉,悬浮在易挥发的液体中,移至盐窗上,待溶剂挥发后即形成一均匀薄层。

2.2.4.2 气态试样

对气体样品应使用气体槽来进行测量。气体槽一般设计成可拆卸式的(图 2.13),以便更换损坏的对红外光透明的窗板。窗板由氯化钠、溴化钾等红外透光材料制成,通常采用螺旋帽和密封垫圈来密封窗板。

2.2.4.3 液态试样

一般把液体注入液体槽中进行测定,液体槽有可拆卸式(图 2.14)和固定密封式两种,它们都由槽架、窗片、间隔片和保护窗片的橡皮垫组成。

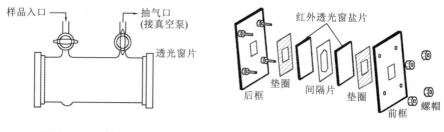

图 2.13　气体样品槽　　　　　　　图 2.14　可拆式液体槽

2.2.5　红外光谱的数据处理

待测样品经过适当处理后,放入红外光谱仪进行测试,即可得到其红外光谱。这时的红外光谱,既包含具有物理或化学意义的信号,也可能包含各种因素带来的无意义的信号,也就是噪声。因此,需要对最初得到的原始光谱数据进行一定处理,如平滑,以降低噪声,提高谱图的信噪比。同时,实验测得最初的红外谱图有时会发生基线的漂移、倾斜或弯曲,需要加以矫正。另外,为了便于不同样本红外谱图的相互比较,经常需要对谱图进行归一化处理。对原始数据进行适当的优化处理,可以增强有用信息而减少无用信息的干扰,有助于进一步谱图解析。需要强调的是,原始数据处理方法的选择需要慎重,以免造成谱图的失真,丢失有用的信息。

这里主要介绍红外光谱定性分析中一些常用的谱图预处理方法。光谱信号处理中,还有一些分析信号的变换方法,如哈达玛变换、傅里叶变换以及小波变换等,可以进行光谱的背景扣除、数据压缩、平滑去噪等处理。

2.2.5.1　背景与差谱

红外光测试过程中,除待测样品外的其他物质也会对相应波长的红外光进行吸收。为了得到待测样品的纯吸收光谱,需要对背景物质的吸收进行扣除。空气中的水汽和二氧化碳、压片法中使用的溴化钾等都会产生背景吸收。最常用的背景扣除方法是在样品测试过程中完成的，也就是在测试样品红外光谱之前进行的空白对照测试。保持所有测试条件相同，但是不放入待测样品，将此时所得到的红外光谱作为背景(background)。在接下来测试待测样品的红外光谱时，仪器可以自动进行背景扣除。

另一种方法是分别测试背景物质(例如样品中的基质)与待测样品的红外光谱，然后人工使用差谱进行背景扣除。所谓差谱，就是两张红外光谱之差。在计算差谱的时候，要注意波数的一一对应。由于待测样品中背景物质的量是变化的，因此需要将参比光谱(即背景物质的光谱)乘以一定的系数，再用待测样品的光谱减去调整后的参比光谱，从而得到差谱。选择背景物质有吸收而待测样品中的其他物质没有吸收的光谱区域，以差谱中这一区域的吸光度为零作为选择调整系数的准则。

2.2.5.2 平滑

平滑方法是分析信号预处理中一种常用的去噪方法。实际测量过程中，从光源到检测器的整个测试系统，并非处于绝对恒定的状态，总会存在一定范围的涨落波动。即使是数据的记录与计算过程，也会因计算精度问题而在一定区间范围内波动。一般认为，这些波动都是随机的，成为随机误差，可以通过处理方法得到消减。

对于存在的随机误差物理量的测定，通常采取多次测量取平均值的方法。因多次测量所得数据中随机误差的期望值为零，所以将多次测量的数值进行平均，可以有效地降低噪声。在红外光谱测试中，可以通过测量次数的累加来实现这种做法，即对同一样品连续累加扫描 N 次以得到一张红外光谱图。一般的红外光谱测试中，N 的取值一般为 16～64。图 2.15 所示为同一样品在不同累加扫描次数下得到的红外光谱图。

谱图信噪比与扫描累加次数 N 的平方根成正比。更高的 N 值可以得到更高的信噪比，但是要耗费更多的硬件和扫描时间成本。另外，长时间的测试过程中待测样品是否稳定也需要考虑。所以，除了累加扫描次数的改变外，数字滤波平滑方法也是光谱处理中经常使用的方法。

对于某一个波长处样品对相应红外光的透射率，多次测量得到的数据中随机误差的期望值为零。同样在一定的波长区间(也称平滑运算"窗口")，随机误差的平均值也应该是零。基于前一原因的降噪方法即上面所述的增加扫描次数，而后者是数字滤波处理的基本前提。平滑(也就是数字滤波)的基本思想是在要平滑的数据点前后各取若干点，用这些点进行平均或拟合运算，得到要平滑的点的最佳估计值并以此代替原始数据值。常用的平滑方法有厢车平均法(Boxcar Average)、移动平均法(Moving Average Filtering)、多项式最小二乘法(Savitzky - Golay Fil-

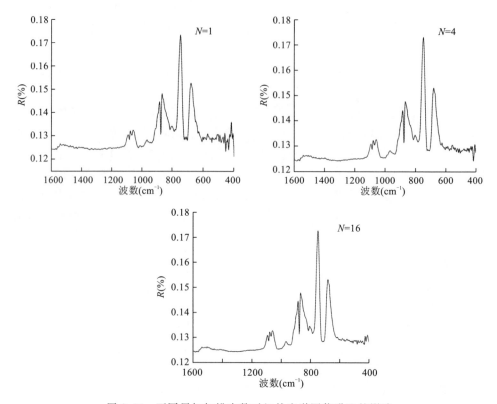

图 2.15　不同累加扫描次数对红外光谱图信噪比的影响

tering)、卡尔曼滤波法(Kalman Filtering)和局部加权回归拟合(Lowess and Loess)等方法,其中在中红外光谱处理中使用较多的是移动平均法和多项式最小二乘法。

移动平均法的计算公式如下:

$$y_k^* = \frac{1}{2m+1}\sum_{j=-m}^{j=+m} y_{k+j} \qquad (2-21)$$

式中,k 是实际数据点的下标;而 $2m+1$ 表示窗口的宽度。也就是说,计算从第 $k-m$ 到第 $k+m$ 个数据点的原始值的平均值,并以此作为平滑后第 k 点的值。图 2.16 所示为不同窗口宽度下对原始光谱的平滑效果。

窗口宽度会影响平滑后的效果。如果窗口太窄,平滑效果不明显;如果窗口太宽,会改变真实的光谱形状。可以定义相对滤波器窗口宽度,即滤波器的窗口宽度与要进行滤波的光谱谱峰半高宽的相对比值。当相对比值大于 1 时,会对峰面积造成明显的影响;如果不希望峰的高度有较大改变,相对比值不要超过 0.5 太多。

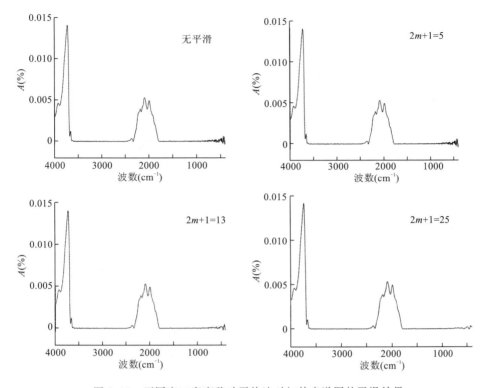

图 2.16 不同窗口宽度移动平均法对红外光谱图的平滑效果

多项式最小二乘法最早由萨维茨基（Savitzky）与高莱（Golay）共同提出，也称 Savitzky-Golay 多项式平滑法。它是在前述移动平均法的基础上引入多项式最小二乘拟合，即用多项式拟合值代替原值，而不是简单地使用取平均值的方法。

Savitzky-Golay 多项式平滑法中，将宽度为 $2m+1$ 的窗口（中心点为要平滑的第 k 点）内的等间距数据点拟合为 p 阶多项式（实际应用中 p 的取值一般为 2、3 或 4）。

$$y_{k+j} = a_0 + a_1 j + a_2 j^2 + \cdots + a_p j^p \tag{2-22}$$

式中，$j = -m, -m+1, \cdots, m-1, m$。

根据式(2-22)可以得到一个拟合的第 k 点的值，即平滑后第 k 点的值。式(2-22)可以转化为更简单的形式：

$$y_k^* = \frac{1}{A} \sum_{j=-m}^{j=m} c_j y_{k+j} \tag{2-23}$$

式中，c_j 为根据式(2-23)的拟合公式得到的窗口内每个数据点的加权系数，而 A 即这些加权系数的归一化因子。二次和三次多项式（$p=2$ 或 3）具有相同的加权系数。比较式(2-23)与式(2-21)可以看出,Savitzky-Golay多项式平滑法实际上是一种加权的移动平均法。图2.17所示为同样窗口宽度下Savitzky-Golay多项式平滑法与移动平均法对同一光谱图的平滑效果。前者给予距离中点较近的数据点以更高的权重,所以能更好地保持光谱的真实形状。

2.2.5.3 基线校正

理想情况下,待测样品没有吸收的光谱区域,即可视为整张光谱的基线。基线的透过率应该是100%,即吸光度为0。但是在实际测量得到的光谱中,基线一

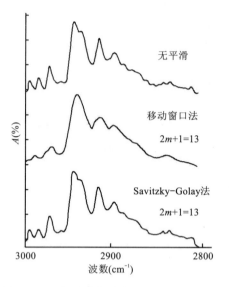

图2.17 移动平均法与Savitzky-Golay多项式平滑法的效果对比

般并不处于理想位置,因此需要进行校正。基线校正前后,光谱吸收峰的峰位不应发生变化,但峰高和峰面积会有些变化。

采用卤化物压片法测得的光谱,由于颗粒研磨得不够细,压出来的锭片不够透明而出现红外散射现象,使光谱的基线出现倾斜。

使用衰减全反射附件进行样品测试时,由于隐失波(红外光在晶体内表面发生全反射时,在晶体表面附近产生的驻波)的穿透深度与光波波长有关,波数越低则基线的吸光度越高,所以一定要进行相应的矫正处理。

基线校正的一般算法如下:
$$y(\nu) = x(\nu) + f(\nu) + b(\nu) \tag{2-24}$$

式中,$x(\nu)$是基线校正前频率ν处的纵坐标值(透射率或吸光度);$y(\nu)$是校正后相应的纵坐标值;$f(\nu)$是与频率有关的基线的倾斜校正因子;$b(\nu)$是与频率有关的基线平移校正因子,多为常数。如果整个光谱只需做水平校正,则$f(\nu)$等于零而$b(\nu)$不为零;如果只做斜度校正,则$b(\nu)$等于零而$f(\nu)$不为零;如果同时做水平与倾斜校正,则$b(\nu)$和$f(\nu)$均不为零。如果光谱基线呈弯曲状,则可通过逐步改变$b(\nu)$和$f(\nu)$的数值而达到校正的目的。

一般红外光谱谱图处理软件都会有基线校正功能。可以选择程序默认的算法进行校正,也可以人为控制参数(如零点位置的选择)进行校正。图2.18所示为使用相关软件自动进行基线校正前后谱图的比较。

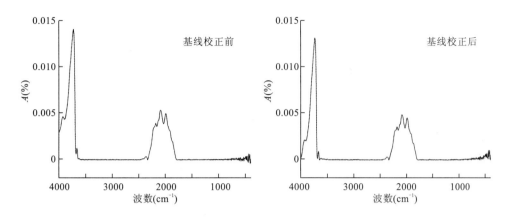

图 2.18　自动基线校正前后红外光谱图的对比

2.2.5.4　归一化

即便使用同样的测试方法,所得待测样品红外光谱的强度会因样品用量的差异而有所不同。为了更好地对样品光谱图进行比较,需要对样品的光谱进行归一化处理。在定性分析中,一般采取将光谱的纵坐标进行归一化的方法,即对样品红外光谱(一般先经过基线校正)进行伸缩变换。对于透射率光谱,归一化后的最大吸收峰透射率变成10%(或其他设定值),基线透射率变为100%。对于吸光度光谱,归一化后最大吸收峰的吸光度为1(或其他设定的数值),基线的吸光度为0(图2.19)。

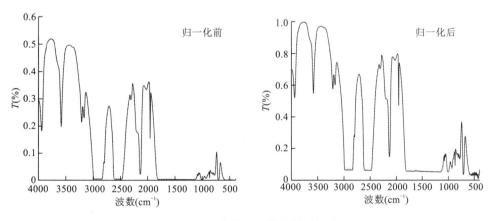

图 2.19　归一化前后红外光谱图的对比

2.2.6 红外光谱分析

2.2.6.1 红外光谱定性分析

物质红外光谱谱带的数目、位置、形状和强度均随化合物及其聚集态的不同而不同,因此可以像辨认人的指纹一样,确定化合物的存在。

红外光谱定性分析,大致可分为官能团定性分析和结构分析两个方面。官能团定性分析是根据化合物红外光谱的特征基团频率来检测物质含有哪些基团,从而确定有关化合物的类别。结构分析或称结构剖析,则需要由化合物的红外光谱并结合其他实验资料(如相对分子质量、物理常数、紫外光谱、核磁共振谱等)来推断有关化合物的化学结构。

应用红外光谱进行定性分析的过程如下。

(1) 试样的分离和精制。
(2) 了解与试样性质有关的其他方面的资料。
(3) 谱图的解析。
(4) 和标准谱图进行对照。

2.2.6.2 红外光谱定量分析

红外光谱定量分析是根据物质组分的吸收峰强度来进行,它的基础是 Beer-Lambert 定律:

$$A = k \cdot c \cdot l = \lg \frac{1}{T} = \lg \frac{I_0}{I} \qquad (2-25)$$

式中,A 为吸光度;T 为透光度;I 为透射光的强度;I_0 为入射光的强度;k 为消光系数(L/mol·cm);c 为样品浓度(mol/L);l 为样品厚度(cm)。以被测谱带的吸光度 A,样品厚度 l,并以标准样品测定该特征谱带的 k 值,即可求出样品浓度 c。

假设分子键的相互作用对谱带影响很小,则由各种不同分子组成的混合物的光谱可以是各个光谱的加和。例如,对简单的1、2组分的二元体系混合物,设在某波数的吸收率分别为 k_1 和 k_2,浓度分别为 c_1 和 c_2,则总的谱带的吸光度可写成:

$$A_\nu = (k_1 c_1 + k_2 c_2) l \qquad (2-26)$$

式(2-26)为吸光度加和定律。

在实际应用中,以吸光度法测量时,仪器操作条件、参数都可能引起定量的误差。当考虑某一特定振动的固有吸收时,峰高法的理论意义不大,它不能反映谱带宽窄之间吸收的差异。面积积分强度法是测量由某一振动模式所引起的全部吸收能量,它能够给出具有理论意义的、比峰高法更准确的测量数据。峰面积的测量可以通过 FTIR 计算机积分技术完成。这种计算对任何标准的定量方法都适用,而且能够很好地符合 Beer-Lambert 定律。积分强度的数值大都由测量谱带的面积得到,即将吸光度对波数作图,然后计算谱带的面积 S,即

$$S = \int \lg \frac{I_0}{I} d\nu \tag{2-27}$$

在定量分析中,经常采用基线法确定谱带的吸光度。基线的取法要根据实际情况作不同处理,如图 2.20(a)所示,测量谱带受邻近谱带的影响极小,因此可由谱带透射比最高处 a 引平行线。(b)中采用的是作透射比最高处的切线 ab。(c)中无论是作平行线还是作切线都不能反映真实情况,因此采用 ab 与 ac 两者的角平分线 ad 更合适。(d)中平

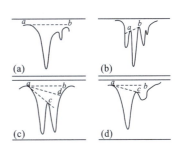

图 2.20 谱带基线取法

行线 ab 或切线 ac 均可取为基线。使用基线法定量,可以扣除散射和反射的能量损失以及其他组分谱带的干扰,具有较好的重复性。

2.2.7 红外光谱在宝石材料研究中的应用

无机化合物在中红外区的吸收主要是由阴离子(团)的晶格振动引起的,它的吸收谱带位置与阳离子的关系较小,通常当阳离子的原子序数增大时,阴离子团的吸收位置将向低波数方向作微小的位移。因此,在分析无机化合物的红外光谱图时,主要着重于阴离子团的振动频率。

2.2.7.1 水的红外光谱

化合物中的水分子以不同的状态存在,红外光谱中,它们的吸收谱带也有所差异(表 2.1、表 2.2)。

表 2.1 不同状态水的吸收频率(cm^{-1})

水的状态	O—H 伸缩振动	弯曲振动
游离水	3756	1595
吸附水	3435	1630
结晶水	3200~3250	1670~1685
结构水(羟基水)	~3640	1350~1260

2.2.7.2 碳酸盐$[CO_3^{2-}]$的基团振动

孤立的$[CO_3]^{2-}$呈平面正三角形,对称为 D_{3h},理论上的振动自由度为 $3\times 4-$

$6=6$,即 6 个振动,但由于二重简并,只有 4 种振动模式(表 2.3)。由于 ν_1 仅为拉曼活性,故在红外光谱上只能观察到 ν_2、ν_3 和 ν_4。

表 2.2 水分子的振动模式和频率(cm^{-1})

振动类型	对称	活性	气态水	液态水	固态水
ν_1 对称伸缩振动	A_1	IR,R	3657	3450	3400
ν_2 弯曲振动	A_1	IR,R	1595	1640	1620
ν_3 非对称伸缩振动	B_2	IR,R	3756	3615	3220

表 2.3 CO_3^{2-} 离子的简正振动模式

振动模式	对称性	活性	频率(cm^{-1})	备注
ν_1 对称伸缩	A_1	R	1064	
ν_2 面外弯曲	A_2''	IR	879	
ν_3 非对称伸缩	E'	IR,R	1415	二重简并
ν_4 面外弯曲	E'	IR,R	380	二重简并

图 2.21、图 2.22 为方解石和珍珠的红外光谱图,在 $1500\sim300 cm^{-1}$ 范围内将出现 $4\sim5$ 个吸收带,包括 ν_3($1420 cm^{-1}\pm$)、ν_2($870 cm^{-1}\pm$)、ν_4($720 cm^{-1}\pm$)和 $1\sim2$ 个晶格振动($400 cm^{-1}\pm$ 以下)。ν_3 带宽、吸收最强,是碳酸盐矿物的特征吸收。ν_2、ν_4 带窄而锐,吸收强度中等~弱。

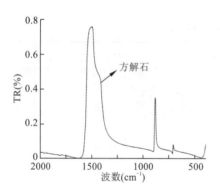

图 2.21 方解石的红外光谱图

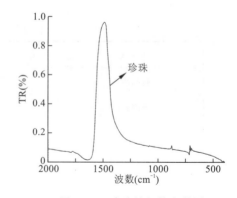

图 2.22 珍珠的红外光谱图

2.2.7.3 硅酸盐[SiO_4^{4-}]的基团振动

硅酸盐除矿物的红外光谱主要表现为复杂的 Si—O 基团(络阴离子)的振动，硅酸盐矿物结构内[SiO_4]四面体共分为岛状、链状、环状、层状和架状。在聚合的 Si—O 骨干中，Si—O 键合有两种形式：即 Si—O_t(O_t-端氧)和 Si—O_b(O_b-桥氧，即 Si—O_b—Si)。因此，Si—O 振动包括 Si—O_t 和 Si—O_b 的伸缩振动和弯曲振动，可以分别表示为：

对称伸缩振动 ν_sSi—O_t，ν_{as}Si—O_b—Si

非对称伸缩振动 ν_{as}Si—O_b，ν_{as}Si—O_b—Si

弯曲振动 δSi—O

矿物中 Si—O 振动频率在 1200～400cm^{-1} 范围内，高于自由 SiO_4^{4-} 离子的频率。但总的来看，聚合的 Si—O 振动频率高于孤立的，并随聚合度的增加而升高。Si—O_t 与 Si—O_b 振动频率有差别，因前者的力常数大于后者，所以 Si—O_t 振动频率必定高于 Si—O_b。矿物中阳离子(M)成分亦影响 Si—O 振动频率，不同性质的阳离子类质同象替换，谱带频率往往发生较明显的变化。

硅酸盐矿物的结构复杂，对称性低，预示着矿物红外光谱的复杂性。但所有矿物的红外光谱都有共同特征。在 1200～850cm^{-1} 和 500～400cm^{-1} 有两个强吸收带，而且从岛、环、链、层、架状硅酸盐直至 SiO_2，其强吸收带向高频移动，振动频率表现出规律性变化。

1. 岛状硅酸盐

岛状硅酸盐矿物的红外光谱由[SiO_4](或[Si_2O_7])基团振动模式、晶格振动模式及其他基团振动模式组成。晶格振动频率一般位于 450cm^{-1} 以下。

孤立的[SiO_4^{4-}]离子只有 4 个振动模式，它们是 ν_1 对称伸缩振动、ν_2 双重简并振动、ν_3 三重简并非对称伸缩振动、ν_4 三重简并面内弯曲振动。这 4 个振动中只有 ν_3 和 ν_4 是红外活性的，它们的振动频率分别在 800～1000cm^{-1} 和 550～450cm^{-1} 之间。孤立的[SiO_4]四面体同样只是抽象的概念，实际上并不存在，它总是处在其他阳离子力场的作用下，破坏[SiO_4]四面体的对称性，使原来简并的谱带分裂或使原非红外活性的振动成为红外活性而出现光谱带。所以在实际硅酸盐矿物的红外光谱中，如图 2.23、图 2.24 所示，ν_3、ν_4 谱带区可以观察到不止一个吸收带，即在 800～1000cm^{-1} 和 550～450cm^{-1} 两个振动频率范围内出现几个吸收带。

须特别说明阳离子对 SiO_4^{4-} 离子振动频率的影响。一般阳离子 M—O 的振动在 400cm^{-1} 以下，但阳离子的离子半径和质量都将影响谱带频率的变化。离子半径大、质量大的阳离子(如 Ba^{2+})干扰的影响小于大多数其他二价阳离子，所以 Ba_2[SiO_4]中阴离子的振动与孤立的 SiO_4^{4-} 的振动十分接近。

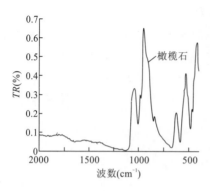

图 2.23　橄榄石的红外光谱图

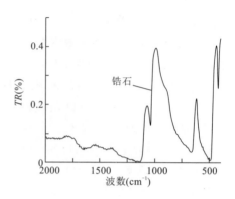

图 2.24　锆石的红外光谱图

2. 环状硅酸盐

环状络阴离子居于岛状与无限延伸的链状之间的过渡位置，由有限的硅氧四面体连接起来构成环状基团。每个硅形成两个 $Si-O_b-Si$ 型键和两个 $Si-O_t^-$ 型键。环状络阴离子的振动模式可分为：ν_s SiOSi、ν_{as} SiOSi、ν_s OSiO、ν_{as} OSiO 和 $\delta Si-O$ 振动。ν_s SiOSi 的振动频率在 $850\sim600cm^{-1}$ 范围，ν_{as} SiOSi、ν_s OSiO、ν_{as} OSiO 的振动频率较高，大致在 $1200\sim800cm^{-1}$ 的范围内，δ_{Si-O} 弯曲振动在 $600cm^{-1}$ 以下，与 ν_{M-O} 振动一起，无法标定。

三方环、四方环和六方环络阴离子的内振动谱带数目相同，并不受组成环的四面体个数增加而变化。但是，振动频率受 $Si-O-Si$ 键角大小的影响，随着 $Si-O-Si$ 键角增大，$\nu SiOSi$ 升高。故一般情况下，六方环振动最高频率可达 $1200cm^{-1}$（图 2.25、图 2.26），三方环则较低，在 $1010cm^{-1}\pm$。

有些环状硅酸盐矿物含有水和其他基团，其红外光谱应包括 H_2O、OH^-、CO_3^{2-} 等振动。

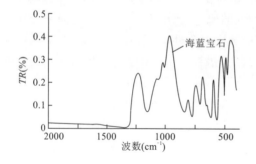

图 2.25　海蓝宝石的红外光谱图

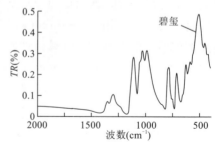

图 2.26　碧玺的红外光谱图

3. 链状硅酸盐

链状硅酸盐矿物的红外光谱主要由 Si—O 链状基团的振动模式构成。重要的 Si—O 链是辉石单链和角闪石双链,它们的对称属 C_{2v}。低对称解除了自由状态 SiO_4^{4-} 的 ν_2、ν_3、ν_4 的简并状态,ν_1、ν_2 变为红外活性。链内 Si—O 键有两种形式:$Si-O_t^-$ 与 $Si-O_b-Si$。Si—O 振动频率可分为:$Si-O_t^-$ 与 Si—O—Si 基本振动类型,$Si-O_b$ 键强低于 $Si-O_t^-$,$Si-O_t^-$ 振动频率将会比相应的 Si—O—Si 高一些。对 Si—O—Si 键角较大的基团,ν_{as} SiOSi 振动频率高于 ν_{as} OSiO。Si—O 振动谱带主要在两个区:1100~800cm^{-1},由若干吸收带组成,属 $Si-O_t^-$ 及 Si—O—Si 的对称和非对称伸缩振动;750~550cm^{-1} 区域内出现的是 Si—O—Si 弯曲振动谱带(图 2.27)。

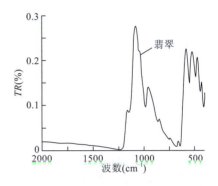

图 2.27 天然翡翠的红外光谱图

4. 层状硅酸盐

层状硅酸盐矿物的结构由 Si—O 四面体片(T)和 M—(O,OH)$_6$ 八面体片(O)组合成 1∶1(TO)或 2∶1(TOT)型结构单元层沿 C 轴堆叠而成。单元层之间可有层间阳离子 K、Na、Ca 和水分子,八面体阳离子主要有 Mg、Al、Fe。根据这些二价或三价阳离子的八面体占位率,矿物分为三八面体型或二八面体型,结构类型对红外光谱的影响明显。层状硅酸盐红外光谱由硅酸盐络阴离子 $[Si_4O_{10}]_\infty^{4-}$ 振动,羟基、水的振动,以及八面体阳离子与层间阳离子振动组成。OH 和 H_2O 的伸缩振动频率位于高频区 3750~3200cm^{-1};H_2O 的弯曲振动频率在 1630cm^{-1}±,OH 的弯曲振动频率则依据结构类型,或在 950~910cm^{-1},或在 700~600cm^{-1} 范围。Si—O 振动很强,它构成红外光谱两个主要吸收区:1200~900cm^{-1} 中频区及 550~400cm^{-1} 低频区。每个区有 3~4 个强吸收带,前者属 Si—O 伸缩振动,后者属 Si—O 弯曲振动(图 2.28、图 2.29)。

5. 架状硅酸盐

在架状硅酸盐结构中,Si—O 四面体彼此共 4 个角顶连接成聚合程度最高的架状骨干。Si—O 四面体中必有 Al 取代 Si。红外光谱主要为 Si—O 和 Al—O 振动,包括 Si(Al^{IV})—O 伸缩振动和 Si—O—Si(Al^{IV})、O—Si(Al^{IV})—O 弯曲振动,其振动频率分别在 1200~930cm^{-1}、800~700cm^{-1}、600~300cm^{-1} 范围内(图 2.30)。结构中阳离子的振动频率小于 200cm^{-1},对谱图的影响较小。部分矿

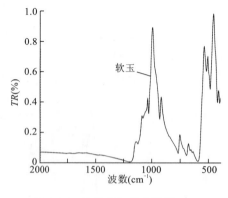
图 2.28 软玉的红外光谱图

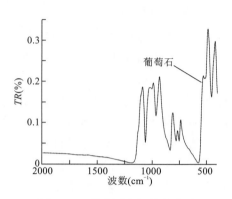
图 2.29 葡萄石的红外光谱图

物含有水(沸石水)的吸收。

Al 在四面体中取代 Si,它的占位可分为有序和无序。有序度高者,谱带尖锐,分裂明显。不同有序度,谱带振动频率位置差别可达 $15cm^{-1}$。

硅酸盐中 SiO_4^{4-} 络阴离子中 Si—O 伸缩振动归纳如下:

孤立 SiO_4 四面体　　　　$1000 \sim 800 cm^{-1}$
链状　　　　　　　　　　$1100 \sim 800\ cm^{-1}$
层状　　　　　　　　　　$1150 \sim 900\ cm^{-1}$
架状　　　　　　　　　　$1200 \sim 950\ cm^{-1}$

2.2.7.4 金刚石的红外光谱研究

金刚石主要由 C 原子组成,其本征峰可直观地通过红外光谱显现出来,为金刚石的种属定性。同时红外光谱可以揭示金刚石晶格中存在的杂质成分,确定杂质的存在形式,进而作为分类的主要依据。而当其晶格中存在少量的 N、B、H 等杂质原子时,又可使金刚石的物理性质如颜色、导热性、导电性等发生明显的变化。因此,通过天然金刚石的红外光谱可以深入研究其结构特点和物理化学性质,并根据峰型特点对其质量做出评价。

通常认为氮能以单个原子(顺磁氮或孤氮)、成对的氮原子、4 个氮原子团等形式取代金刚石中的碳,金刚石中的这些不同形态的氮与金刚

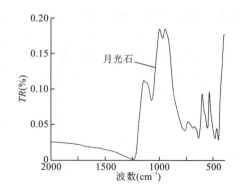
图 2.30 月光石的红外光谱图

红外光谱 1000~1500cm^{-1} 谱区的吸收相联系,将金刚石分为 IaA、IaB、Ib 型等(表 2.4)。氮在金刚石中的含量变化非常大,根据其含量将金刚石分为 I 型和 II 型:I 型氮含量大于 0.1%,II 型氮含量小于 0.001%,氮含量在 0.001%~0.1% 之间为 I 型、II 型的过渡型。若氮含量表现在 7~10μm 的红外光谱区,则:I 型的杂质氮吸收峰很强,II 型则无吸收或杂质氮吸收峰很弱。根据氮的存在形式又可分为 IaA、IaB、IaAB、Ib、IIa、IIb 六种类型,各类型的主要红外光谱特征如下。

表 2.4 钻石类型及红外光谱特征

类型 依据	I 型				II 型	
	Ia(IaA、IaB、IaAB)			Ib	IIa	IIb
	含不等量的杂质氮原子,聚合态			单原子氮	基本不含氮原子	含少量杂质硼原子
杂质原子存在形式	双原子氮	三原子氮	集合体氮	片晶氮	孤氮		分散的硼替代碳的位置
晶格缺陷心及亚类	N_2 IaA	N_3 IaAB	B_1 IaB	B_2 IaB	N		B
红外吸收谱带(cm^{-1})	1282	1175	1365		1130	1100~1400 范围内无吸收	2800

IaA:含氮量较高,杂质氮主要以双原子形式存在,表现为 1282cm^{-1} 的红外特征谱带,同时可有少量其他聚合形式的氮,个别可有单原子氮的存在。

IaB:含氮量较高,氮主要以聚合体形式存在,主要为集合体氮、片晶氮及三原子氮,表现为 1175cm^{-1} 及 1365cm^{-1} 的红外吸收谱带,可含少量双原子氮。

IaAB:IaA 和 IaB 的过渡型,含氮量较高,具有较多的双原子氮以及聚合形式的氮。可同时出现相应的红外光谱特征谱。

Ib:含氮量较高,氮主要以单原子形式存在,为 1130cm^{-1} 的红外光谱吸收谱。

IIa:几乎不含氮,在 1400~1100cm^{-1} 的光谱范围内无吸收。

IIb:含氮量比 IIa 型更低,同时含微量硼,半导体性,在 1400~1100cm^{-1} 范围内几乎无红外吸收谱,但具有 2800cm^{-1} 硼的吸收谱带。

现代研究证实金刚石形成之始,杂质 N 主要是以孤 N(C 缺陷中心)存在,一定条件下,孤 N 可逐渐转变为双原子 N(A 中心),这一转变过程所需时间较短,因而在自然界中 Ib 型金刚石较少见;双原子 N(A 中心)更进一步转变为多原子 N(B_1 中心)、偏析 N(B_2 中心),并伴有 N_3 中心产生。这一转变过程所需要较长时间,因此,自然界中金刚石多为 IaA 和 IaB 型。

金刚石样品采自山东蒙阴胜利 1 号岩管 5 号岩筒,分为原石和切片两种类型。

研究发现,矿物颗粒对红外光有散射作用,散射作用随颗粒增大而增强,当颗粒大于红外辐射波长时,散射作用相当强,导致所得光谱图变形,谱带发生位移。

选取部分样品的红外光谱图(图2.31~图2.36),谱带归属见表2.5。

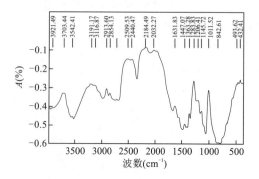

图2.31　MD-7红外光谱图

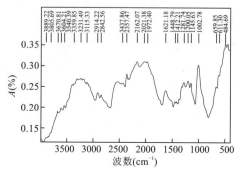

图2.32　MD-16红外光谱图

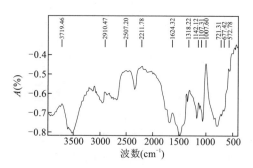

图2.33　MD-28红外光谱图

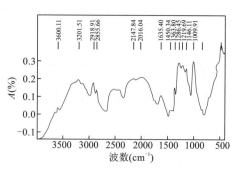

图2.34　MD-30红外光谱图

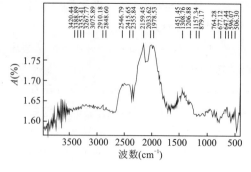

图2.35　QP-3红外光谱图

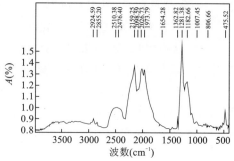

图2.36　QP-6红外光谱图

表 2.5 山东蒙阴金刚石红外光谱谱带归属 单位:cm^{-1}

样品编号	金刚石本征峰	N$_2$	N$_4$	N$_{4-9}$	C—H	N—H	—OH	H$_2$O	橄榄石	铬铁矿、镁铝榴石	透辉石	类型
MD-7	2032 2184 2440 2509	1283	1145 1011	1363 1447	2854 2913 3116			1631 3703	842			IaAB
MD-16	1972 2021 2162 2357	1281	1145 1200 1002		2942 2914 3115	3231		1621 3670		611 484		IaAB
MD-28	2211 2507		1142 1007 1107					1624 3719			677	IaB
MD-30	2016 2147	1286	1146 1009	1363	2855 2918 3201			1635 3600				IaAB
QP-3 (MD-5)	1978 2033 2159 2355 2415 2546	1282	1183	1433	2848 2910 3075		3353 3388 3420		881	482		IaAB
QP-6 (MD-2)	1973 2026 2098 2159	1281	1182 1007	1362	2855 2924				864	475		IaAB

1. 金刚石本征谱

所有样品的红外吸收光谱都在 1500~2680cm^{-1} 之间出现了金刚石本征谱。主要表现为以 2030cm^{-1}、2160cm^{-1}、2355cm^{-1} 为主的 C—C 伸缩振动谱,绝大多数样品吸收光谱中可见 1975cm^{-1} 明显的振动谱,且 2440cm^{-1} 和 2500 cm^{-1} 附近振动吸收谱也可见到。

2. 氮振动谱

根据样品振动光谱中氮振动谱的位置可以判断氮在金刚石晶格中的存在形式,从而可推断出金刚石的类型。此次测试的所有样品均含有氮,且含氮量很高。

1)双原子氮振动谱

双原子氮,即氮分子(N_2,称 A 心),是 N 的主要聚集类型之一,A 心为 $1282cm^{-1}$ 特征谱带,以该谱为主的吸收线系称为 A 吸收线系。含有该吸收谱带的金刚石类型为 IaA 型。样品中有 23 个样品出现了双原子氮的振动谱,大多数显示 $1282cm^{-1}$ 振动谱,但谱的强弱变化大。部分原石的振动谱发生偏移,出现在 $1310cm^{-1}$ 附近。测试样品中没有单独出现双原子氮的振动谱,通常伴有聚合氮或片晶状偏析氮的振动谱,也可三者同时出现。

2)聚合氮振动谱

多原子氮,即聚合氮(N_4,称 B_1 心),是 N 的另一个主要聚集形式之一,是金刚石晶格中平行于{111}面上的位错环。B_1 心主要为 $1325cm^{-1}$ 特征振动谱带的小尖峰、$1282cm^{-1}$ 附近的吸收平台及 $1175cm^{-1}$ 振动强谱,以 $1175cm^{-1}$ 为主谱的吸收线系称为 B_1 吸收线系。含有该吸收谱带的金刚石类型为 IaB 型。

样品中均存在此种氮的振动谱。可见 $1282cm^{-1}$ 附近的吸收平台,但未见 $1325cm^{-1}$ 小尖峰谱。原石样品中此谱普遍发生位移至 $1140cm^{-1}$ 附近。而在切片样品 QP-3、QP-6 中此谱分别出现在 $1183cm^{-1}$ 和 $1182cm^{-1}$ 处。

样品中可以观察到聚合氮的振动谱总是在 $1010cm^{-1}$、$1100cm^{-1}$ 处相伴出现。苑执中等(2005)将这两个峰与 $1175cm^{-1}$ 分别归属,认为 $1175cm^{-1}$ 是聚合氮的振动吸收谱,而这两个峰为{111}滑移面引起的吸收谱。这三者均属于聚合氮的 B_1 吸收线系,正是由于{111}晶面存在聚合氮形成的位错环,才导致了{111}晶面的滑移。

3)片晶状偏析氮振动吸收谱

片晶状偏析氮(N_{4-9},称 B_2 心)位于金刚石晶格中{100}面上,N_s(100)特征振动谱为 $1370cm^{-1}$ 和 $1430cm^{-1}$。其中 $1370cm^{-1}$ 与缺陷中心有关,其频率与片晶状偏析氮的大小有关,$1430cm^{-1}$ 与缺陷边缘所受的应力效应有关,该谱带比较微弱,称为 B_2 吸收线系。含有该吸收谱的金刚石类型为 IaB 型。

4)孤氮振动谱

孤氮是金刚石生长初期氮的主要存在形式,一定的温度、压力条件下,在较短时间内可转化为双原子氮。单原子氮杂质(孤氮),也就是 C 缺陷中心,其典型的特征振动谱带为 $1130cm^{-1}$,含有该振动谱带的金刚石为 Ib 型。

3. 氢振动谱

氮是金刚石中的主要杂质,但并不是唯一的杂质。很多天然金刚石中可以发现氢、氧及硅等元素的存在,这些元素之间或这些元素与碳原子之间键合的红外吸收谱带位置也可以在 1000~1500cm^{-1} 谱区出现,如 C—O 伸缩振动及 C—H、N—H、O—H 的弯曲振动等。氢在金刚石中往往以一定的化学态形式存在。目前已经为实验所证实的化学态形成有 C—H 键、N—H 键、H_2 分子、—OH、H_2O 等。

4. 橄榄石振动谱

发现样品含有 933cm^{-1} 和 874cm^{-1} 橄榄石的振动吸收谱带。

5. 铬铁矿、镁铝榴石振动谱

发现样品含有 610cm^{-1}、474cm^{-1}、477cm^{-1} 铬铁矿、镁铝榴石的振动吸收谱。

6. 透辉石的振动谱

样品中发现了 673cm^{-1} 透辉石的振动吸收谱。

山东蒙阴金刚石红外光谱均可见 C—C 的本征谱;绝大多数样品可见双氮、聚合氮和片晶状偏析氮的吸收谱;部分样品可见 C—H、H—N、—OH 和 H_2O 的吸收谱;某些样品中还可以见橄榄石、铬铁矿、镁铝榴石和透辉石包裹体的吸收谱。

山东蒙阴金刚石中,氮的赋存形式有双氮(N_2)、聚合氮(N_4)、片状偏析氮(N_{4-9})3 种。这 3 种形式的氮通常同时存在,共同影响金刚石颜色。氮含量越多,金刚石的褐色调越深。随着褐色调的加深,3 种氮吸收谱的相对强度均有所变化。

2.2.7.5 犀牛角及其替代品的激光谱研究

李圣清等(2011)对犀牛角及其相似动物角(图 2.37、图 2.39、图 2.41、图 2.43、图 2.45、图 2.47)进行了红外光谱分析研究。

分析犀牛角红外光谱(图 2.38)可得:

(1)氨基酸:1650cm^{-1} 属于 C=O 伸缩振动,1540cm^{-1} 属于 C—N 伸缩振动和 N—H 面内弯曲振动;3050cm^{-1} 属于 N—H 伸缩振动;2920cm^{-1} 属于 C—H 反对称伸缩振动,2850cm^{-1} 属于 C—H 对称伸缩振动,1450cm^{-1} 属于 C—H 弯曲振动。

(2)胆固醇:3270cm^{-1} 属 O—H 伸缩振动,1380cm^{-1} 属于 O—H 弯曲振动;1040cm^{-1} 属于 C—O 伸缩振动。

(3)牛磺酸:1116cm^{-1} 属于 S=O 伸缩振动;881cm^{-1} 属于 S—O 伸缩振动;3050cm^{-1} 属于 N—H 伸缩振动。

(4)氨基己糖:3050cm^{-1} 属于 N—H 伸缩振动;1733cm^{-1} 属于 C=O 伸缩振动;1540cm^{-1} 属于 C—N 伸缩振动。

(5)磷脂:3270 cm^{-1} 属于 O—H 伸缩振动;2355 cm^{-1}、2300cm^{-1} 属于 P—H 伸缩振动;1733cm^{-1} 属于 C=O 伸缩振动;1240cm^{-1} 属于 P=O 伸缩振动;1040cm^{-1} 属于 P—O 伸缩振动。

研究发现黄牛角、水牛角、牦牛角、山羊角以及绵羊角的红外光谱图(图2.40、图2.42、图2.44、图2.46、图2.48)与犀牛角的红外光谱图非常相似,谱带归属总结分析见表2.6。

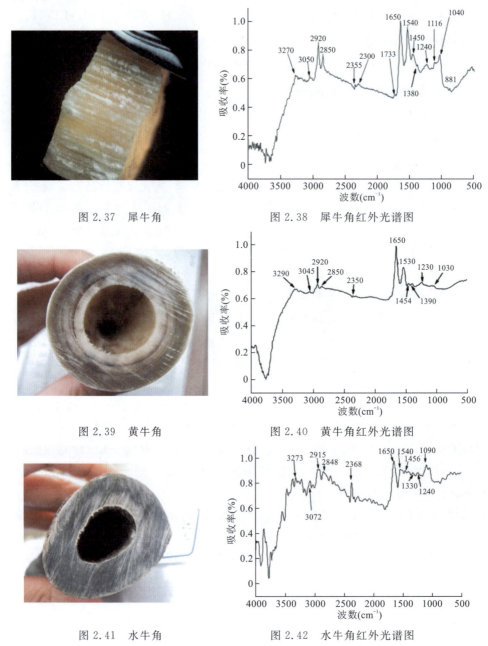

图2.37 犀牛角

图2.38 犀牛角红外光谱图

图2.39 黄牛角

图2.40 黄牛角红外光谱图

图2.41 水牛角

图2.42 水牛角红外光谱图

图 2.43　耗牛角

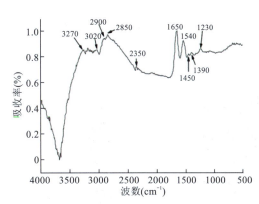

图 2.44　耗牛角红外光谱图

图 2.45　山羊角

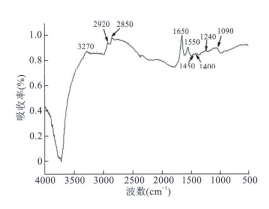

图 2.46　山羊角红外光谱图

图 2.47　绵羊角

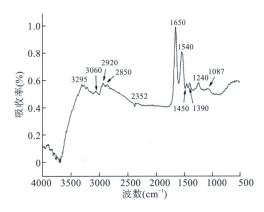

图 2.48　绵羊角红外光谱图

表 2.6　犀牛角及其替代品的红外光谱归属

谱带归属＼角种类	犀牛角 (cm^{-1})	黄牛角 (cm^{-1})	水牛角 (cm^{-1})	牦牛角 (cm^{-1})	山羊角 (cm^{-1})	绵羊角 (cm^{-1})
$\nu(O-H)$	3270	3290	3273	3270	3270	3295
$\nu(N-H)$	3050	3045	3072	3020	3030	3060
$\nu_{as}(C-H)$	2920	2920	2915	2900	2920	2920
$\nu_s(C-H)$	2850	2850	2848	2850	2850	2850
$\nu(P-H)$	2355,2300	2350	2368	2350		2352
$\nu(C=O)$	1733					
$\nu(C=O)$	1650	1650	1650	1650	1650	1650
$\nu(C-N)$&$\delta(N-H)$面内	1540	1530	1540	1540	1550	1540
$\delta(C-H)$	1450	1450	1456	1450	1450	1450
$\delta(O-H)$	1380	1390	1330	1390	1400	1390
$\nu(P=O)$	1240	1230	1240	1230	1240	1240
$\nu(S=O)$	1116					1160
$\nu(C-O),\nu(P-O)$	1040	1030	1090	1046	1090	1087
$\nu(S-O)$	881					
$\delta(N-H)$面外				634		

研究表明,犀牛角具有 1733cm^{-1} 氨基己糖和磷脂的 C=O 伸缩振动吸收谱;881cm^{-1} 牛磺酸的 S—O 伸缩振动吸收谱,其他角样品(黄牛角、水牛角、牦牛角、山羊角及绵羊角)都无此吸收谱带。因此,这两个吸收谱带可作为犀牛角无损鉴别的红外光谱依据。

2.2.7.6　琥珀的红外光谱研究

琥珀是一种复杂的有机树脂类宝石,它的红外光谱也相对较为复杂。琥珀中常见官能团包括 O—H、C—H、C—O、C—C、C=C、C≡C 等。不同产地琥珀的化学成分、物相组成有所变化,同时 C、H、O 含量也存在一些差异,从而使得有些官能团转换成其他官能团或者缺失。

图 2.49、图 2.50 给出了中国抚顺琥珀和缅甸琥珀样品的红外光谱特征，表 2.7 列出了 2 个产地琥珀红外光谱特征峰的归属对比。

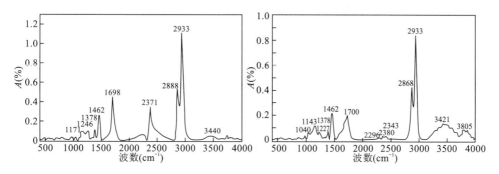

图 2.49　中国抚顺琥珀红外光谱图　　图 2.50　缅甸琥珀红外光谱图

表 2.7　不同产地琥珀反射红外光谱特征吸收峰归属解析比较

归属解析	中国抚顺琥珀(cm^{-1})	缅甸琥珀(cm^{-1})
C—O 弯曲振动		1040
C—O 伸缩振动	1171、1246	1143、1227
C—CH_3 对称弯曲振动	1378	1378
C—CH_2 反对称弯曲振动	1462	1462
C=O 伸缩振动	1696	1700
C≡C 伸缩振动	2371	2296、2380、2343
C—H 对称伸缩振动	2868	2868
C—H 反对称伸缩振动	2933	2933
O—H 伸缩振动	3440	3421

中国抚顺琥珀和缅甸琥珀样品典型红外吸收谱带为 $1246cm^{-1}$、$1378cm^{-1}$、$1462cm^{-1}$、$1700cm^{-1}$、$2868cm^{-1}$ 及 $2933cm^{-1}$ 等。$1246cm^{-1}$ 吸收谱归属于酯类 C O 伸缩振动；$1378cm^{-1}$ 吸收谱归属于脂肪族中 C—CH_3 对称弯曲振动，$1462cm^{-1}$ 吸收谱归属于 C—CH_2 反对称弯曲振动；$1700cm^{-1}$ 吸收谱归属于酯类 C=O 伸缩振动；$2868cm^{-1}$ 吸收谱为 —CH_2 对称伸缩振动，而 $2933cm^{-1}$ 吸收谱为 —CH_3 不对称伸缩振动。

在指纹谱带区 $400\sim1350cm^{-1}$，两个产地琥珀样品的红外吸收光谱变化较大。

中国抚顺琥珀存在 1171cm^{-1} 处的 C—O 伸缩振动谱,缅甸琥珀存在 1040cm^{-1} 处 C—O 弯曲振动谱;在 2000~2500cm^{-1} 之间,存在炔烃 C≡C 伸缩振动谱,两个产地琥珀此处的吸收谱位置和强弱均不同,中国抚顺琥珀的吸收谱出现在 2371cm^{-1} 和 2315cm^{-1} 处,强度大,缅甸琥珀的吸收谱出现在 2296cm^{-1}、2380cm^{-1}、2343cm^{-1} 处,强度小;在 3000~4000cm^{-1} 之间,琥珀红外光谱图会出现宽的吸收谱,2440cm^{-1} 和 3421cm^{-1}、3805cm^{-1} 归属于琥珀分子中醇和羧酸的羟基伸缩振动。

2.3 拉曼光谱学

2.3.1 散射、光散射和拉曼散射

2.3.1.1 散射与光散射

散射是存在于自然界的普遍现象。当入射粒子以一个确定方向撞击靶粒子时,入射粒子和靶粒子发生相互作用,使得入射粒子偏离原入射方向,甚至能量都发生改变的现象,就是所谓散射现象。

基于入射粒子的不同,散射被分成中子、电子和光子(电磁波)等不同类型的散射,而光子散射根据能量的不同又进一步分为可见光、X 射线、γ 射线散射等。表 2.8 列出了对凝聚态物质散射研究中较常遇到的几种入射粒子以及它们的能量和波长等特性。

表 2.8 凝聚态物质散射实验中常遇到的入射粒子及其能量和波长的估计值

入射粒子类型		能量(eV)	波长(nm)	实验(能量)不确定性 $\Delta E/E$
中子		10^{-2}	10^{-1}	10^{-4}
光子	可见光	10^0	5×10^2	10^{-8}
	X 射线	10^3	10^{-1}	10^{-2}

例如,能量在 1keV 量级的 X 射线散射就适用于探测凝聚态物质中的微结构和空间对称性;而可见光散射的能量约为 1eV,可以用于研究分子振动和凝聚态物质中的元激发。

2.3.1.2 光散射与拉曼散射

光散射是人们日常生活中经常观察到的现象。如当光通过均匀的透明纯净介质或者稳定的溶液时,用肉眼从侧面看不到光的踪迹;如果介质不均匀或者分散其

中的颗粒较大(如悬浮颗粒的浑浊液体以及胶体),便可以从侧面清晰地看到在介质中传播的光束,这就是因为介质存在光散射的缘故。

19 世纪,对光散射的研究,以光被小粒子、分子引起的散射以及散射强度为重点;20 世纪后,开始了比分子更小的"粒子",如化学键、准粒子、原子和自由电子等引起的光散射和散射能量的研究。

1. 小粒子和分子密度涨落引起的光散射及对其散射强度的研究

1) 小粒子和分子密度涨落的光散射

19 世纪,光散射研究关注的对象以自然界广泛存在的液体和气体为主,并因具体散射根源的不同而分别称作丁达尔(Tyndall)散射和分子散射。

(1) 丁达尔散射。指由胶体、乳浊液、含有烟雾的大气等物质中所含的尺度与入射波长相当或稍大的粒子所产生的散射。1868 年,丁达尔在研究白光被悬浮于液体中的粒子散射时,观察到了散射光是蓝色且部分偏振的。因此,人们把这类散射称为丁达尔散射。

(2) 分子散射。在十分纯净的液体和气体中,构成液体和气体的热运动造成了分子密度的局部涨落,由这种尺度小于入射波长的分子的局部密度涨落引起的光散射就称为分子散射。在临界点时,出现所谓临界乳光现象。该现象的出现是因为在临界点时,分子热运动十分激烈和分子密度涨落极大,从而引起了强烈的光散射。

2) 散射光的密度

英国物理学家瑞利(Lord Rayleigh)研究分子光散射的强度时,于 1871 年提出了著名的瑞利散射定律,即散射光强与波长的四次方成反比的定律。

但是,1908 年,米(C. Mie)研究丁达尔散射时,发现与分子散射不同,丁达尔散射的散射强度没有与波长四次方成反比的关系。因此,也有论著中把丁达尔散射称为米氏散射。

2. 比分子更小的"粒子"引起的光散射及对其散射能量的研究

1) 比分子更小的"粒子"引起的光散射

到了 20 世纪,对光散射的研究深入到了比分子更小的"粒子"引起散射的层次。

(1) 电子散射。电子光散射包含自由电子引起的散射,如康普顿散射和汤姆逊散射。

(2) 原子散射。在原子的光散射中,由于原子核很重,可见光光子的能量不足以使原子核产生强迫振动,因此,可见光的原子光散射实际上是被原子核束缚的轨道电子的散射。

(3) 分子光散射。专指化学和生物分子中的化学键在平衡位置附近的振动和转动所引起的光散射。

(4) 固体光散射。固体光散射主要指固体中的"准粒子"引起的散射。准粒子有时也被称为"元激发",光散射中涉及的重要粒子有声子(即晶格振动波的量子)、准电子、激子、磁子和等离子激元等。

2) 光散射的能量

20 世纪以后,在人们把对光散射的研究深入到原子、电子和准粒子层次的同时,开始注意散射光对于入射光在能量(即波长改变)方面的研究,发现散射光波长相对于入射光波的改变量的大小对应于不同的散射机制,并据此将光散射加以分类(表 2.9)。

表 2.9　可见光散射的能量变化与其分类

能量改变范围(cm^{-1})	散射分类名称	散射性质
$<10^{-5}$	瑞利	弹性
$10^{-5} \sim 1$	布里渊	非弹性
>1	拉曼	非弹性

2.3.2　光谱、散射光谱与拉曼光谱

2.3.2.1　光谱与散射光谱

当光照射介质时,光与介质发生相互作用,便会产生和出现包括光散射在内的光的吸收、反射、透射和发射等一系列重要的光学效应和现象。把它们的强度相对于能量的关系(即频谱)加以记录,就分别得到散射、吸收、反射和光致发光谱。所有这些光谱都能给出介质相互作用、内部结构和运动的信息。

上述叙述表明,散射会与反射、发射等其他光学现象一起出现,因此,记录和研究散射谱时,非散射谱也可能一并记录下来。但是,对散射光谱的研究而言,它们却是一种必须加以区别和剔除的干扰光谱。

2.3.2.2　拉曼散射与拉曼光谱

拉曼散射效应发现后,人们随即展开了对拉曼散射光谱的研究。拉曼光谱为分析分子内部自由度提供了一个强有力的方法,是人们迄今为止对拉曼散射效应的最主要应用。

拉曼效应是能量为 $h\nu_0$ 的光子同分子碰撞所产生的光散射效应,也就是说,拉曼光谱是一种散射光谱。

拉曼效应很弱,同时它会受到高分子样品中或杂质中的荧光干扰,只有在20世纪60年代引入激光光源和20世纪80年代后期引入FT技术后,FT-Raman光谱才能检测80%以上的合成和天然大分子,以及生物大分子的样品。

拉曼光谱学主要是对样品受入射光激发而产生的散射进行测量。当频率为ν的单色光照射到物质表面时,入射光会在样品表面发生散射。光散射包括3种,丁达尔(Tyndall)散射、瑞利(Rayleigh)散射和拉曼(Raman)散射(图2.51)。其中前两种散射过程中光的频率不发生变化,而拉曼散射则是分子散射光相对入射光频率发生较大变化的一种散射现象。丁达尔散射机制是由非均匀介质或有悬浮颗粒存在的介质所引起的一种光散射作用。而瑞利散射和拉曼散射都是在光与样品分子相互作用中产生的,只是瑞利散射光中的频率不变。在光与分子作用产生的散射中拉曼散射效应仅占1%,且拉曼散射强度大约只能达到入射光强度的十万分之一。因此,拉曼效应是一种非常弱的散射效应。

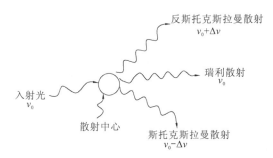

图2.51 瑞利散射和拉曼散射

瑞利散射:若入射光与样品分子之间发生弹性碰撞,即两者之间没有能量交换,这种光散射,称为瑞利散射。

拉曼散射:拉曼光谱为散射光谱。当一束频率为$h\nu_0$的入射光照射到气体、液体或透明晶体样品上时,绝大部分可以透过,大约有0.1%的入射光与样品分子之间发生非弹性碰撞,即在碰撞时有能量交换,这种光散射称为拉曼散射。

斯托克斯(Stokes)线:在拉曼散射中,若光子把一部分能量传给样品分子,得到的散射光能量减少,在垂直方向测量到的散射光中,可以检测频率为$\nu_0 - \Delta E/h$的线,称为斯托克斯(Stokes)线。

反斯托克斯线:在拉曼散射中,若光子从样品分子中获得能量,在大于入射光频率处接收到散射光线,则称为反斯托克斯线。

拉曼位移:斯托克斯线或反斯托克斯线与入射光频率之差称为拉曼位移。拉曼位移的大小和分子的跃迁能级差一样。因此,对应于同一分子能级,斯托克斯线与反斯托克斯线的拉曼位移应该相等,而且跃迁的几率也应相等。在正常情况下,由于分子大多数是处于基态,测量到的斯托克斯线强度比反斯托克斯线强得多,所以在一般拉曼光谱分析中,通常采用斯托克斯线研究拉曼位移。

拉曼位移大小与入射光频率无关,只与分子能级结构有关,其范围为 $25\sim 4000 cm^{-1}$。因此入射光的能量应大于分子振动跃迁所需能量,小于电子能跃迁的能量。

2.3.3 拉曼散射光谱理论

2.3.3.1 经典理论

红外吸收要服从一定的选择定则,即分子振动时只有伴随分子偶极矩发生变化的振动才能产生红外吸收。

同样,在拉曼光谱中,分子振动要产生位移也要服从一定的选择定则,只有伴随分子极化率发生变化的分子振动模式才能具有拉曼活性,产生拉曼散射。极化率是指分子在电场的作用下,分子中电子云变形的难易程度,因此只有分子极化率发生变化的振动才能与入射光的电场 E 相互作用,产生感生偶极矩 P:

$$P = \alpha E \tag{2-28}$$

式中,P 为偶极子;E 为静电场;α 为分子或原子的极化率。

分子总是在振动,即各原子核在其平衡位置附近振动,因而分子的极化率也将随之反射变化,所以极化率的各个分量可以按简正坐标展开成为泰勒(Taylor)级数形式:

$$\alpha_{ij} = (\alpha_{ij})_0 + \sum_k \left(\frac{\partial \alpha_{ij}}{\partial Q_k}\right)_0 Q_k + \frac{1}{2} \sum_{k,l} \left(\frac{\partial^2 \alpha_{ij}}{\partial Q_k \partial Q_l}\right)_0 Q_k Q_l + \cdots \tag{2-29}$$

式中,$(\alpha_{ij})_0$ 是分子在平衡位置的 α_{ij} 值,通常是不变的,Q_k、Q_l 是分子振动的简正坐标。一般情况下,式(2-29)中的第三项及以后的各项(高次项)远小于第二项。略去二次项及高次项,则有:

$$\alpha_{ij} = (\alpha_{ij})_0 + \sum_k \left(\frac{\partial \alpha_{ij}}{\partial Q_k}\right)_0 Q_k \tag{2-30}$$

假设只考虑一个(第 k 个)简正振动,式(2-24)简化为:

$$\alpha_{ij} = (\alpha_{ij})_0 + \left(\frac{\partial \alpha_{ij}}{\partial Q_k}\right)_0 Q_k$$

或

$$\alpha_k = \alpha_0 + \alpha'_k Q_k \tag{2-31}$$

式中,$\alpha'_k = \left(\frac{\partial \alpha_{ij}}{\partial Q_k}\right)_0$。

假定分子的振动为简谐振动,则:

$$Q_k = Q_{k0}\cos(2\pi\nu_k + \delta_k)$$

式中，Q_{k0} 为分子简正坐标的振幅；ν_k 为分子简正振动频率；δ_k 为相位因子。假设 $\delta_k = 0$。

则有：
$$Q_k = Q_{k0}\cos 2\pi\nu_k \tag{2-32}$$

按照经典电磁场理论，单色光的电场可以写成：
$$E = E_0 \cos 2\pi\nu_0 t \tag{2-33}$$

式中，E_0 是单色光电场的振幅；ν_0 是单色光的频率。将式(2-31)、式(2-32)、式(2-33)代入式(2-28)(只考虑一个分量)，得：

$$\begin{aligned} P &= \alpha_0 E_0 \cos 2\pi\nu_0 t + \alpha'_k E_0 Q_{k0} \cos 2\pi\nu_0 \cos 2\pi\nu_k \\ &= \alpha_0 E_0 \cos 2\pi\nu_0 t + \frac{1}{2}\alpha'_k E_0 \left[\cos 2\pi(\nu_0 - \nu'_k)t + \cos 2\pi(\nu_0 + \nu'_k)t\right] \end{aligned}$$
$$\tag{2-34}$$

其中，第一项代表辐射频率没有发生变化的瑞利散射，第二项和第三项分别描述斯托克斯和反斯托克斯拉曼散射。这个公式的另一个重要贡献是它提供了拉曼振动活性的选择定则。即若极化率随分子振动 ν' 的变化率为零，那么振动将是拉曼非活性的[即 $(\partial\alpha_{ij}/\partial Q_k) = 0$]，仅为瑞利散射。因而，拉曼活性振动的本质就是存在极化率的变化。

2.3.3.2 量子理论

拉曼散射量子理论能级示意图见图 2.52，入射辐射能量为 $h\nu$ 的单色光照射样品（h 为普朗克常数），若频率为 ν 的单色光光子与分子作用没有发生能量变化，

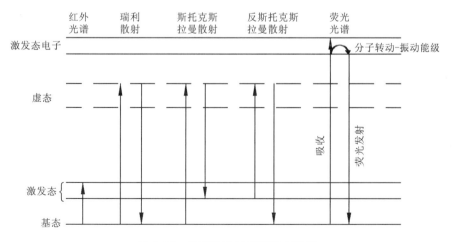

图 2.52 拉曼散射量子能级示意图

仅仅改变了运动轨迹,这种散射被称为弹性散射,即瑞利散射。但当光子与分子在碰撞过程中发生了能量的转移,处在低振动能级的分子从光子处获得能量 $h\nu'$,使分子跃迁到较高的受激虚态,而这时散射光子能量降低到 $h(\nu-\nu')$,即散射光的频率变为 $\nu-\nu'$;若在光子与分子碰撞的过程中,光子从处在激发态的分子处获得能量,则散射光能量变为 $h(\nu+\nu')$,即散射光的频率变为 $\nu+\nu'$。我们把光子部分能量传递给分子所产生的拉曼散射称为斯托克斯散射,反之将光子从高振动能级分子处获得能量的拉曼散射称为反斯托克斯散射。由于处在能量较低的稳态的分子数量总是多于处在激发态的高能分子数量,跃迁几率相对较高,因此斯托克斯线强度要大于反斯托克斯线。这种波数的位移,也即分子本征间的绝对能量差。拉曼光谱学通过光散射间接反映振荡跃迁。因此,利用频率和散射强度,拉曼散射能够对无机物和有机物进行鉴定。拉曼光谱与红外光谱学的选择定则不同,但反映获得的化学信息相似。

拉曼散射正是本征态 m,n 位移的结果。分子从 n 态到 m 态之间的拉曼光谱跃迁矩由下列积分表示:

$$|(\alpha_{ij})_{nm}| = \int_{-\infty}^{+\infty} \varphi_m^* \alpha_{ij} \varphi_n \mathrm{d}\tau \qquad (2-35)$$

式中,φ_n 和 φ_m^* 是分子的 n 态和 m 态波函数;α_{ij} 是极化率的跃迁算子;积分对全部体积元进行。跃迁矩 $(\alpha_{ij})_{nm}$ 若等于零,则是拉曼非活性的;若不等于零,则是拉曼活性的。分析分子的对称性和波函数的对称性可以判断跃迁矩是否等于零。

2.3.4 拉曼光谱与红外光谱比较

2.3.4.1 物理过程不同

拉曼光谱与红外光谱一样,均能提供分子振动频率的信息,但它们的物理过程不同。拉曼效应为散射过程,而红外光谱是吸收光谱,对应的是与某一吸收频率能量相等的(红外)光子被分子吸收。

2.3.4.2 选择定则不同

红外光谱中,某种振动是否具有红外活性,取决于分子振动时偶极矩是否发生变化。一般极性分子及基团的振动引起偶极矩的变化,故通常是红外活性的。拉曼光谱则不同,一种分子振动是否具有拉曼活性取决于分子振动时极化率是否发生改变。

对于一般红外及拉曼光谱,具有以下几个规则:

(1)互相排斥规则。具有对称中心的分子(对称点群为 C_i、C_{2h}、D_{2h}、D_{3d}、D_{4d}),在拉曼光谱中是允许的跃迁(拉曼活性),则红外光谱中是禁阻的(红外非活性);反之,在红外光谱中是允许的跃迁(红外活性),则在拉曼光谱中是禁阻的(拉曼非活性)。

(2)互相允许规则。无对称中心的分子,除属于点群 D_{3h}、D_{5h} 和 O 的分子外,既是拉曼活性,又是红外活性。若分子无任何对称性,则它们的红外光谱与拉曼光谱非常相似。

(3)互相禁止规则。少数分子的振动模式,既非拉曼活性,又非红外活性。

由此可知,红外光谱与拉曼光谱是分子结构表征中互补的两种手段,两者结合可以完整地获得分子振动能级跃迁信息。

2.3.4.3 与红外光谱相比拉曼光谱的优点

(1)拉曼光谱是一个散射过程,因而任何尺寸、形状、透明度的样品,只要能被激光照射到,就可直接用来测量。由于激光束的直径较小,且可进一步聚焦,因而极微量样品都可测量。

(2)水是极性很强的分子,因而其红外吸收非常强烈。但水的拉曼散射却极微弱,因而水溶液样品可直接进行测量,这对生物大分子的研究非常有利。此外,玻璃的拉曼散射也较弱,因而玻璃可作为理想的窗口材料,例如液体或粉末固体样品可放于玻璃毛细管中测量。

(3)对于聚合物及其他分子,拉曼散射的选择定则的限制较小,因而可得到更为丰富的谱带。S—S,C—C,C=C,N=N 等红外较弱的官能团,在拉曼光谱中信号较为强烈。

(4)拉曼效应可用光纤传递,因此现在有一些拉曼检测中可以用光导纤维对拉曼检测信号进行传输和远程测量。而红外光用光导纤维传递时,信号衰减极大,难以进行远距离测量。

2.3.5 拉曼光谱实验技术

2.3.5.1 实验条件的标记

为了标记不同的实验条件,引入"几何配置"符号:

$$G_1(G_2G_3)G_4 \tag{2-36}$$

实验的几何配置通常采用笛卡尔坐标系,因此,式(2-36)中 G_i 用 X、Y 和 Z 表示,其中 G_1 和 G_4 分别表示入射光的传播方向和散射光的收集方向,G_2 和 G_3 分别入射光和散射光的偏振方向。

2.3.5.2 光谱结果的标记

1. 拉曼光强符号

为了方便利用式(2-30)标记拉曼谱的测量结果,通常把由 G_1 和 G_4 两个方向所构成的平面称为散射平面,并作为一个基准面使用。电场偏振方向垂直或平行于散射平面或者是自然光(圆偏振),分别用⊥、∥ 或 n 表示。

引入一个拉曼光强标记符号:

$$^{\perp}I_{//}(\theta) \tag{2-37}$$

式中,符号 I 的左上角和右下角位置分别是标记入射和散射光偏振状态的地方,θ 标记入射光和散射光之间的夹角。图 2.53 画出了平行、垂直散射平面两种拉曼散射实验配置及其对应的几何配置和光强符号。

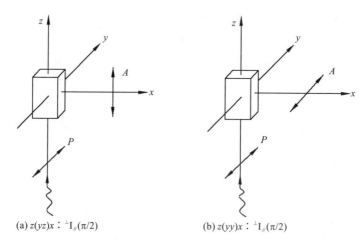

(a) $z(yz)x$: $^{\perp}I_{//}(\pi/2)$ (b) $z(yy)x$: $^{\perp}I_{//}(\pi/2)$

图 2.53 平移(a)、垂直(b)散射平面两种拉曼散射实验配置及其对应的几何配置和光强符号

2. 退偏度及其标记

一般来说,对于空间取向不固定或无规则的分子体系,即使是平面偏振光入射,散射光的偏振方向不仅会与入射光不同,而且散射光本身都有可能不再是平面偏振光。人们在用拉曼光谱研究这种体系时,引入了退偏度 $\rho_\omega(\theta)(\omega=\perp,//,n)$ 的概念。它的定义如下:

$$\rho_n(\theta) = \frac{^{n}I_{//}(\theta)}{^{n}I_{\perp}(\theta)} \tag{2-38}$$

$$\rho_\perp(\theta) = \frac{^{\perp}I_{//}(\theta)}{^{\perp}I_{\perp}(\theta)} \tag{2-39}$$

$$\rho_s(\theta) = \frac{^{//}I_{\perp}(\theta)}{^{\perp}I_{\perp}(\theta)} \tag{2-40}$$

式中,θ 表示入射光传播方向和散射光收集方向之间的夹角;$\rho_n(\theta)$、$\rho_\perp(\theta)$ 分别表示入射光是自然光和偏振方向垂直于散射平面时的退偏度,$\rho_s(\pi/2)$ 是入射光偏振方向改变而散射光偏振方向不变时的退偏度。当退偏度 $\rho_n(\pi/2) = \rho_\perp(\pi/2) = $

$\rho_s(\pi/2) = 0$ 时,说明此时的散射光是完全偏振的;当退偏度 $\rho_\perp(\pi/2) = \rho_s(\pi/2) = 3/4$ 和 $\rho_n(\pi/2) = 6/7$ 时,这时散射光是完全退偏的;当退偏度 $\rho_\perp(\pi/2)$ 和 $\rho_s(\pi/2)$ 取值为 $0 \sim 3/4$ 和 $0 \sim 6/7$ 时,散射光是部分偏振光。

2.3.5.3 显微共焦拉曼光谱仪

所有光谱仪的内外光路中都涉及光学成像问题。一方面,只有光轴上物体的像才可能到达无像差的理想成像;另一方面,所谓理想成像最终都受衍射限制,分辨率不可能超过波长的 1/2。因此,当需要在极小几何空间进行光谱取样时,解决像差问题就显得很突出。为此,发展了显微共焦拉曼光谱仪。

要做到理想成像就得使轴上的物点和像点是互相共轭的,即所谓"共焦"。实际共焦装置的本质特征是,照明光阑和探测光阑是互相共轭的,使得空间滤波器对照明点和接受点的影响都得到放大,因而可以提高空间分辨力并且抑制样品焦外区域的杂散光。因此,只要在技术上满足上述条件,都能做到所谓"共焦"和理想成像。

目前,拉曼光谱仪用显微镜同时作为入射光聚光、散射光收集和样品台使用的外光路设计。在常规光学显微镜中,一个较大面积的物体被照明并成像,因没有保证只对光轴上物体成像,必然出现成像质量差的缺点。但是,共焦光学显微镜是采用点光源(常用激光)经一个显微镜透镜聚焦成轮廓鲜明仅受衍射限制的一个小光点去照明物体和提取信息,并且只对该小光点照明的物体进行成像。共焦的关键部件是置于被照明物体和成像区的"空间滤波器"——针孔,它可以保证形成一个和照明物体面积相同而又不使像边缘的杂散光混入的物体的像。图 2.54(a) 和 (b) 分别显示了透射和反射共焦光学显微镜的光路图。如果将其中的光探测器用光路匹配的拉曼光谱仪替代,则可形成共焦拉曼光谱仪。

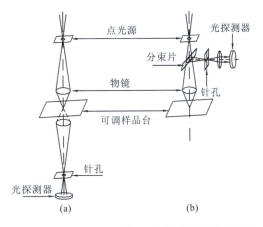

图 2.54 透射(a)和反射(b)共焦显微镜的光路图

利用摄谱仪的入射狭缝及其电荷耦合探测器的像元,可以构成一个不用机械针孔的共焦系统,成为所谓无针孔共焦光谱仪。如图 2.55 所示,在该系统中,外光路系统设计成在入射狭缝产生一个约 $10\mu m$ 的照明样品的像点,并把入射狭缝开到约 $10\mu m$,作为一个空间滤波器,它隔绝了样品聚焦照明区域外的信号进入摄谱仪。该系统的光学共轭点由 CCD 像素的尺寸保证。上述样品光斑的聚焦、入射狭缝的调整和 CCD 像素尺寸的控制都可以通过计算机的软件来完成。

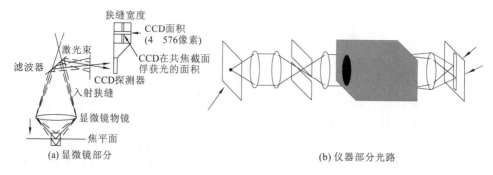

图 2.55　无针孔共焦拉曼光路示意图

2.3.5.4　实验样品要求

块状固体试样作拉曼光谱测试，其试样准备十分简单，不管其体积大小或形状如何，只要能安置于拉曼光谱仪的载物台上即可，如果使用光纤探针，则可对试样在原位置进行测试而不必做任何试样准备工作。

气体试样一般置于密封的玻璃管或毛细管中。通常，气体试样的拉曼光谱强度很弱，为增强拉曼信号，玻璃管内的气体应有较大压力或使用简单的光学系统使激光束多次通过试样。

液体试样较易处理，只要将试样置于合适的玻璃容器中即可进行拉曼测试。

2.3.6　常见宝石的拉曼光谱研究

2.3.6.1　[XY_3]基团宝石的拉曼光谱研究

孤立[CO_3]$^{2-}$自由离子的对称群为D_{3h}，分析可得$\Gamma^{D_{3h}}_{振动}=A'_1+A'_2+2E'$。其中，$A'_1$为拉曼活性，$A'_2$为红外活性，$2E'$表示拉曼、红外均为活性，其拉曼谱带归属见表 2.10。

表 2.10　[XY_3]基团振动的谱带归属

振动模式	对称性	活性	简并度
ν_1 对称伸缩	A'_1	R	
ν_2 弯曲振动	A'_2	IR	
ν_3 非对称伸缩	E'	IR,R	二重简并
ν_4 弯曲振动	E'	R,IR	二重简并

1. 冰洲石

冰洲石拉曼光谱见图 2.56,1436 cm^{-1}、712 cm^{-1}、283 cm^{-1}、156cm^{-1}属于 E_g 振动模式,1087cm^{-1}属于 A_{1g} 振动模式,谱带归属见表 2.11。

2. 孔雀石

孔雀石拉曼光谱见图 2.57,除[CO_3]$^{2-}$的振动外,还可见 598 cm^{-1}、568 cm^{-1}、512cm^{-1}的 Cu—O 伸缩振动,535cm^{-1}的 Cu—OH 的伸缩振动,谱带归属见表 2.12。

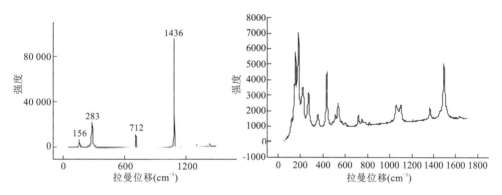

图 2.56 冰洲石拉曼光谱图　　　图 2.57 孔雀石拉曼光谱图

表 2.11 冰洲石拉曼光谱谱带归属

矿物	ν_1(cm^{-1})	ν_2(cm^{-1})	ν_3(cm^{-1})	ν_4(cm^{-1})	晶格振动(cm^{-1})
冰洲石	1087、1067		1436、1309	712、594	282、156

表 2.12 孔雀石拉曼光谱谱带归属

矿物	ν_1 (cm^{-1})	ν_2 (cm^{-1})	ν_3 (cm^{-1})	ν_4 (cm^{-1})	ν_{Cu-O} (cm^{-1})	ν_{Cu-OH} (cm^{-1})	晶格振动 (cm^{-1})
孔雀石	1097 1060	817	1634、1492 1459、1367	777 750 721	598 568 512	535	434、354、180 169、156

小结:以[CO_3]为代表的[XY_3]基团的拉曼振动主要表现为:ν_1 为 1060～1100cm^{-1};纯碳酸根的宝石矿物 ν_2 为拉曼非活性,除此以外均在 820cm^{-1}左右;ν_3 为 1300～1640cm^{-1};ν_4 为 600～780cm^{-1};晶格振动集中在 400cm^{-1}以下。

2.3.6.2 [XY_4]基团宝石的拉曼光谱研究

孤立[XY_4]基团的对称群为 T_d,分析可得 $\Gamma_{振}^{T_d}=A_1+E+2F_2$,其中 A_1、E 均

为拉曼活性,$2F_2$ 拉曼、红外均为活性,其拉曼谱带归属见表 2.13。

表 2.13 [XY_4]基团振动的谱带归属

振动模式	对称性	活性	简并度
ν_1 对称伸缩	A_1	R	
ν_2 弯曲振动	E	R	二重简并
ν_3 非对称伸缩	F_2	R,IR	三重简并
ν_4 弯曲振动	F_2	R,IR	三重简并

1. 重晶石

重晶石拉曼光谱见图 2.58,988 cm^{-1} 属于 A 振动模式,1083 cm^{-1}、1104 cm^{-1}、1137 cm^{-1} 属于 A 振动模式,453 cm^{-1}、648 cm^{-1}、617 cm^{-1} 属于 F 振动模式,谱带归属见表 2.14。

表 2.14 重晶石拉曼光谱谱带归属

矿物	ν_1(cm^{-1})	ν_2(cm^{-1})	ν_3(cm^{-1})	ν_4(cm^{-1})	晶格振动(cm^{-1})
重晶石	988	453	1166、1137、1104、1083	648、617	191、148、128

2. 锆石

锆石拉曼光谱见图 2.59,拉曼活性振动模式为 $2A_{1g}+4B_{1g}+B_{2g}+5E_g$,968 cm^{-1} 属于 A_{1g} 振动模式,434 cm^{-1} 属于 A_{1g} 振动模式,1007 cm^{-1}、1049 cm^{-1} 属于 B_{1g}、E_g 振动模式,351 cm^{-1}、225 cm^{-1} 属于 E_g 振动模式,220 cm^{-1} 属于 B_{1g} 振动模式,谱带归属见表 2.15。

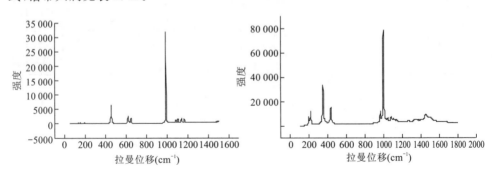

图 2.58 重晶石拉曼光谱图　　图 2.59 锆石拉曼光谱图

表 2.15 锆石拉曼光谱谱带归属

矿物	$\nu_1(\mathrm{cm}^{-1})$	$\nu_2(\mathrm{cm}^{-1})$	$\nu_3(\mathrm{cm}^{-1})$	$\nu_4(\mathrm{cm}^{-1})$	晶格振动(cm^{-1})
锆石	968	434	1507、1457、1342、1267、1141、1121、1083、1049、1007	787、711、636	351、220、209、198

3. 橄榄石

橄榄石拉曼光谱见图 2.60,在橄榄石结构中,Si—O 四面体受晶体场影响而发生畸变,对称性从 T_d 降至 C_s,[SiO₄]基团的内振动模式应有 9 个:963cm⁻¹、917cm⁻¹ 为[SiO₄]的反对称伸缩振动,分属 A_g、B_{3g} 振动模式;883cm⁻¹ 属于 O—Si—O 反对称伸缩振动;857cm⁻¹、824cm⁻¹ 属于[SiO₄]的对称伸缩振动,均属 A_g 振动模式;607cm⁻¹、587cm⁻¹ 为 O—Si—O 的反对称变形振动,分属 A_g、B_{3g} 振动模式;545cm⁻¹、226cm⁻¹ 均属于 A_g 振动模式;428cm⁻¹ 属于 Mg—O 的反对称弯曲振动,305cm⁻¹ 为 Mg—O 的弯曲振动,均属 A_g 振动模式;谱带归属见表 2.16。

表 2.16 橄榄石拉曼光谱谱带归属

矿物	$\nu_1(\mathrm{cm}^{-1})$	$\nu_2(\mathrm{cm}^{-1})$	$\nu_3(\mathrm{cm}^{-1})$	$\nu_4(\mathrm{cm}^{-1})$	晶格振动(cm^{-1})
橄榄石	857、824	428、419	963、917、883	608、586、545	339、328、304、237、226

4. 石榴石

石榴石拉曼光谱见图 2.61,1050cm⁻¹、918cm⁻¹ 分属 A_{1g}、T_{3g} 振动模式,860cm⁻¹、829cm⁻¹ 均属 A_g 振动模式,谱带归属见表 2.17。

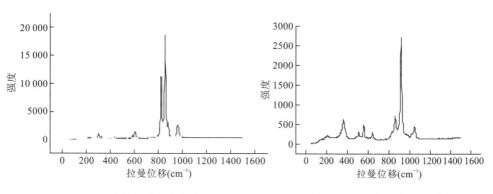

图 2.60 橄榄石拉曼光谱图   图 2.61 石榴石拉曼光谱图

表 2.17　石榴石拉曼光谱谱带归属

矿物	$\nu_1(cm^{-1})$	$\nu_2(cm^{-1})$	$\nu_3(cm^{-1})$	$\nu_4(cm^{-1})$	晶格振动(cm^{-1})
石榴石	860、829	487	1050、918	642、590、559、508	360、209、187

5. 托帕石

据群论分析可得：

$$\Gamma_{振动}^{托帕石} = 10A_g(R) + 10B_{1g}(R) + 5B_{2g}(R) + 5B_{3g}(R) + 5A_u(NO) + 5B_{1u}(IR) + 10B_{2u}(IR) + 10B_{3u}(IR)$$

托帕石晶体总振动自由度为 60，其中 30 条拉曼活性。托帕石拉曼光谱见图 2.62，其中 $1164cm^{-1}$、$983cm^{-1}$、$645cm^{-1}$、$371cm^{-1}$ 属于 B_{2g} 振动模式，$1007cm^{-1}$、$490cm^{-1}$ 属于 B_{1g} 振动模式，$704cm^{-1}$、$511cm^{-1}$、$371cm^{-1}$、$317cm^{-1}$、$287cm^{-1}$ 属于 B_{3g} 振动模式，$976cm^{-1}$、$858cm^{-1}$、$560cm^{-1}$、$521cm^{-1}$、$404cm^{-1}$、$333cm^{-1}$、$268cm^{-1}$、$240cm^{-1}$ 属于 A_g 振动模式，谱带归属见表 2.18。

表 2.18　托帕石拉曼光谱谱带归属

矿物	$\nu_1(cm^{-1})$	$\nu_2(cm^{-1})$	$\nu_3(cm^{-1})$	$\nu_4(cm^{-1})$	晶格振动(cm^{-1})
托帕石	858	490、458、424、404	1164、1122、1007、983、936	704、645、560、521、511	371、333、317、287、268、240、165、156

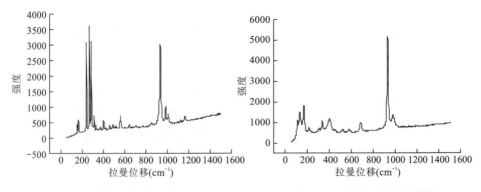

图 2.62　托帕石拉曼光谱图　　图 2.63　异极矿拉曼光谱图

6. 异极矿

异极矿拉曼光谱见图 2.63，其中 $978cm^{-1}$、$931cm^{-1}$、$963cm^{-1}$ 为 $Si-O_{nb}^-$ 对称伸缩振动，$1122cm^{-1}$ 为 $Si-O_{br}-Si$ 不对称伸缩振动，$686cm^{-1}$ 为 $O-Si-O$ 变形

振动,谱带归属见表2.19。

表 2.19 异极矿拉曼光谱谱带归属

矿物	$\nu_1(cm^{-1})$	$\nu_2(cm^{-1})$	$\nu_3(cm^{-1})$	$\nu_4(cm^{-1})$	晶格振动(cm^{-1})
异极矿	978、931、863	456	1122	686、581、520	334、215、170、137

7. 斧石

斧石拉曼光谱见图2.64,其中[BO_4]基团振动频率范围 ν_1 为 $700\sim850cm^{-1}$,ν_2 为 $550\sim700cm^{-1}$,ν_3 为 $900\sim1100cm^{-1}$,ν_4 为 $500\sim650cm^{-1}$。[Si_2O_7]二聚体 ν_1 为 $900\sim990cm^{-1}$,ν_3 为 $560\sim700cm^{-1}$,谱带归属见表2.20。

表 2.20 斧石拉曼光谱谱带归属

矿物	$\nu_1(cm^{-1})$	$\nu_2(cm^{-1})$	$\nu_3(cm^{-1})$	$\nu_4(cm^{-1})$	晶格振动(cm^{-1})
斧石	989、978、963、901、858、851、810、767、714	482 443 417	1103、1083、1053、1024、1002	642、615、588、572、536、510	390、351、328、305、276、255、244、206、192、171、156、147、139、109

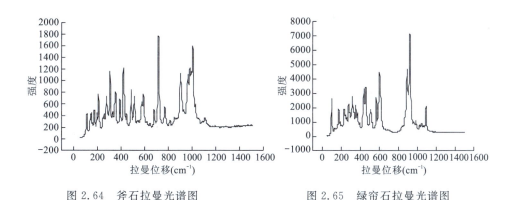

图 2.64 斧石拉曼光谱图 图 2.65 绿帘石拉曼光谱图

8. 绿帘石

绿帘石拉曼光谱见图2.65,拉曼活性振动模式为 $40A_g+26B_{1g}+40B_{2g}+26B_{3g}$。其中,[$SiO_4$]基团的振动频率范围 ν_1 为 $800\sim1000cm^{-1}$,[Si_2O_7]二聚体的振动频率范围 ν_1 为 $850\sim990cm^{-1}$,ν_4 为 $560\sim700cm^{-1}$,谱带归属见表2.21。

表 2.21 绿帘石拉曼光谱谱带归属

矿物	$\nu_1(cm^{-1})$	$\nu_2(cm^{-1})$	$\nu_3(cm^{-1})$	$\nu_4(cm^{-1})$	晶格振动(cm^{-1})
绿帘石	982、960、917、889、834	457、438	1088、1063、1044、1022	601、568、507	392、370、352、278、258、246、232、204、190、175、133

9. 海蓝宝石

海蓝宝石拉曼光谱见图 2.66,其拉曼活性振动模式为 $7A_{1g}+13E_{1g}+16E_{2g}$。可观察到 16 个拉曼峰,其中 1068 cm^{-1} 属于环内 Si—O_{nb}^- 的伸缩振动,1012 cm^{-1} 属于 Be—O_{nb}^- 的伸缩振动,684 cm^{-1} 属于 Si—O_{br}—Si 的变形振动,527 cm^{-1} 属于 O—Be—O 的弯曲振动,395 cm^{-1} 为 Al—O 的变形振动,321 cm^{-1} 为 Al—O 的弯曲振动,谱带归属见表 2.22。

表 2.22 海蓝宝石拉曼光谱谱带归属

矿物	$\nu_1(cm^{-1})$	$\nu_2(cm^{-1})$	$\nu_3(cm^{-1})$	$\nu_4(cm^{-1})$	晶格振动(cm^{-1})
海蓝宝石	1068、1012、919	450	1212、1207	769、684、623、527	395、362、321、297、254、144

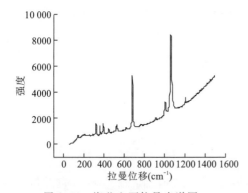

图 2.66 海蓝宝石拉曼光谱图

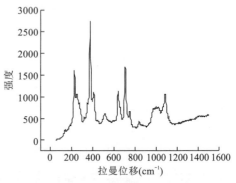

图 2.67 碧玺拉曼光谱图

10. 碧玺

碧玺拉曼光谱见图 2.67,其拉曼活性振动模式为 $31A_1+53E$。其 1000~1200 cm^{-1} 的峰主要与 $[Si_6O_{18}]^{12-}$ 有关:Si—O 伸缩振动峰位于 1000~1200 cm^{-1},环的两个对称伸缩峰位于 400~570 cm^{-1},两个反对称伸缩峰位于 960~990 cm^{-1}、600~700 cm^{-1},环的 2 个畸变伸缩峰位于 220~380 cm^{-1},$[BO_3]^{3-}$ 中的 B—O 伸缩振动位于 700~800 cm^{-1},谱带归属见表 2.23。

表 2.23　电气石拉曼光谱谱带归属

矿物	ν_1(cm^{-1})	ν_2(cm^{-1})	ν_3(cm^{-1})	ν_4(cm^{-1})	晶格振动(cm^{-1})
碧玺	1122、1087、1024、1012	451、408	999、988、978、970	751、707、638、512	374、350、317、269、223、180、158、140

11. 翡翠

翡翠拉曼光谱见图 2.68,其拉曼活性振动模式为 $14A_g+16B_g$。硬玉拉曼光谱的特征是最强的 4 条谱带都与具共价键链性质的氧四面体链有关,分别是 1037cm^{-1}、989cm^{-1} 属 $[Si_2O_6]^{4-}$ 基团的 Si—O$_{nb}$ 对称伸缩振动,698cm^{-1} 属 Si—O$_{br}$—Si 的对称弯曲振动,431cm^{-1} 属 Si—O—Si 的弯曲振动,579cm^{-1}、525cm^{-1} 属 O—Si—O 的不对称弯曲振动,373cm^{-1}、308 cm^{-1}、290cm^{-1}、254 cm^{-1}、221cm^{-1}、201cm^{-1} 和 143cm^{-1} 则分别属离子键性质的 M—O 伸缩振动及其与 Si—O—Si 弯曲振动的耦合振动,谱带归属见表 2.24。

表 2.24　翡翠拉曼光谱谱带归属

矿物	ν_1(cm^{-1})	ν_2(cm^{-1})	ν_3(cm^{-1})	ν_4(cm^{-1})	晶格振动(cm^{-1})
硬玉	1037、989	431、416	1079	778、698、587、579、525	373、326、308、290、254、221、201、143

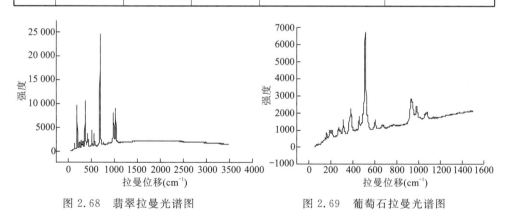

图 2.68　翡翠拉曼光谱图　　图 2.69　葡萄石拉曼光谱图

12. 葡萄石

葡萄石拉曼光谱见图 2.69,1082cm^{-1}、1070cm^{-1}、1060cm^{-1} 属于 ν_{Si-Onb} 振动,983cm^{-1}、945cm^{-1}、932cm^{-1} 属于 ν_3,673cm^{-1} 属于 $\delta_{Si-O_{br}-Si}$,459cm^{-1} 属于 Al—O 振动,谱带归属见表 2.25。

表 2.25　葡萄石拉曼光谱谱带归属

矿物	$\nu_1(\text{cm}^{-1})$	$\nu_2(\text{cm}^{-1})$	$\nu_3(\text{cm}^{-1})$	$\nu_4(\text{cm}^{-1})$	晶格振动(cm^{-1})
葡萄石	1082、1070、1060	459	983、945、932	673、605、515	384、315、284、272、213、192、162、151、139、118

13. 天河石

天河石拉曼光谱见图 2.70,其中 1140cm^{-1}、1123cm^{-1} 属于 $\text{Si}-\text{O}_{nb}^-$ 的伸缩振动,812cm^{-1} 属于 $\text{Si}(\text{Al})-\text{O}$ 的伸缩振动,513cm^{-1} 属于 $\text{Si}-\text{O}-\text{Si}$ 的伸缩振动,474cm^{-1} 是 $\text{O}-\text{Si}-\text{O}$ 弯曲振动与 $\text{K}-\text{O}$ 伸缩振动之耦合,285cm^{-1} 属于 $\text{Si}-\text{O}-\text{Si}(\text{Al})$ 的弯曲振动,谱带归属见表 2.26。

表 2.26　天河石拉曼光谱谱带归属

矿物	$\nu_1(\text{cm}^{-1})$	$\nu_2(\text{cm}^{-1})$	$\nu_3(\text{cm}^{-1})$	$\nu_4(\text{cm}^{-1})$	晶格振动(cm^{-1})
天河石	1140、1123	474、453、402	812	513	372、332、285、258、199、179、152

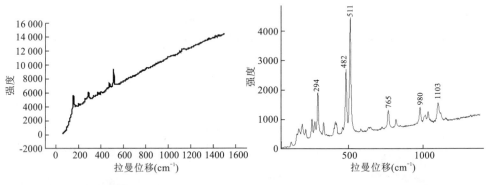

图 2.70　天河石拉曼光谱图　　　图 2.71　钠长石拉曼光谱图

14. 钠长石

钠长石拉曼光谱见图 2.71,1103cm^{-1} 属于 $\text{Si}-\text{O}_{nb}^-$ 的伸缩振动,980cm^{-1} 属于 $\text{Si}(\text{Al})-\text{O}$ 的伸缩振动。765cm^{-1} 属于 $\text{Si}-\text{O}-\text{Si}$ 的伸缩振动,482cm^{-1}、511cm^{-1} 是 $\text{O}-\text{Si}-\text{O}$ 弯曲振动与 $\text{Na}-\text{O}$ 伸缩振动之耦合,294cm^{-1} 属于 $\text{Si}-\text{O}-\text{Si}(\text{Al})$ 的弯曲振动,谱带归属见表 2.27。

表 2.27 钠长石拉曼光谱谱带归属

矿物	$\nu_1(cm^{-1})$	$\nu_2(cm^{-1})$	$\nu_3(cm^{-1})$	$\nu_4(cm^{-1})$	晶格振动(cm^{-1})
钠长石	1172、1103、1050、1020	482、407	980、819	765、702、671、591、511	331、294、279、264、210、189、153

15. 方钠石

方钠石矿物成分 $Na_8(AlSiO_4)_6(Cl_2,S)$，方钠石结构中，$[(Al,Si)O_4]$ 四面体以角顶相互联结形成笼子状的硅氧铝骨干单元。

方钠石拉曼光谱见图 2.72，可发现紫红色方钠石在 $168cm^{-1}$、$264cm^{-1}$、$410cm^{-1}$、$466cm^{-1}$、$685cm^{-1}$、$986cm^{-1}$、$1065cm^{-1}$、$1537cm^{-1}$ 处共有 8 个拉曼峰。$1065cm^{-1}$ 和 $986cm^{-1}$ 为紫色方钠石 Si—O—Si 的不对称振动峰；$685cm^{-1}$ 属于 Si—O—Si 的对称振动峰；$168cm^{-1}$、$264cm^{-1}$、$410cm^{-1}$ 和 $466cm^{-1}$ 为 O—Si—O 的弯曲振动峰，谱带归属见表 2.28。

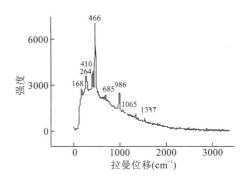

图 2.72 方钠石拉曼光谱图

表 2.28 方钠石拉曼光谱谱带归属

矿物	$\nu_1(cm^{-1})$	$\nu_2(cm^{-1})$	$\nu_3(cm^{-1})$	$\nu_4(cm^{-1})$	晶格振动(cm^{-1})
方钠石	685	410	1537、1065、985	466	264、168

小结：硅酸盐宝石矿物中，硅氧四面体的连接方式各不相同，主要分为岛状、双四面体状、环状、链状、层状、架状等基本结构类型。

在整个硅酸盐系列拉曼光谱中，$Si—O_{nb}$ 伸缩振动频谱在 $800\sim1200cm^{-1}$ 之间，$Si—O_{br}—Si$ 不对称伸缩振动与弯曲振动耦合之频谱在 $500\sim790cm^{-1}$ 之间。随着硅氧四面体基团由岛状→双四面体→环状→链状→层状→架状的变化，$Si—O_{nb}$ 伸缩振动由 $800cm^{-1}$ 逐渐增大到 $1250cm^{-1}$，$Si—O_{br}—Si$ 弯曲振动从 $790cm^{-1}$ 逐渐降低到 $500cm^{-1}$，形成规律性的递增（递减）规律，这也是利用拉曼光谱能较好鉴定宝石矿物的基本原理。

2.3.6.3 [XY₆]基团宝石的拉曼光谱研究

孤立$[XY_6]$基团的对称群为T_d,分析可得$\Gamma_{振}^{O_h}=A_{1g}+E_g+F_{2g}+2F_{1u}+F_{2u}$,其中$A_{1g}$、$E_g$为拉曼活性,$2F_{1u}$拉曼、红外均为活性,其拉曼谱带归属见表2.29。

表 2.29 [XY₆]基团振动的谱带归属

振动模式	对称性	活性	简并度
ν_1 对称伸缩	A_{1g}	R	
ν_2 对称伸缩	E_g	R	二重简并
ν_3 反对称伸缩	F_{1u}	R,IR	三重简并
ν_4 反对称伸缩	F_{1u}	R,IR	三重简并
ν_5 弯曲振动	F_{2g}	IR	三重简并
ν_6 弯曲振动	F_{2u}	IR	三重简并

红宝石矿物成分Al_2O_3,结构中O^{2-}作六方最紧密堆积,堆积层垂直于三次轴,Al^{3+}充填于由O^{2-}形成的八面体空隙数的2/3,$[AlO_6]$八面体以棱连接成层,稍有变形。

应用群论方法进行分析计算,其简正振动模式为:

$$\Gamma_{振动}=2A_{1g}+3A_{2g}+5E_g+2A_{1u}+2A_{2u}+4E_u$$

红宝石拉曼光谱图见图2.73,其中$3A_{2g}$、$2A_{1u}$是非活性振动,$2A_{1g}$、$5E_g$为拉曼活性,$2A_{2u}$、$4E_u$为红外活性,即红宝石有6个红外活性峰,7个拉曼活性峰。其中,416cm⁻¹处的强峰属于A_{1g}不可约表示,377cm⁻¹属于E_g不可约表示,是刚玉族宝石的特征峰,谱带归属见表2.30。

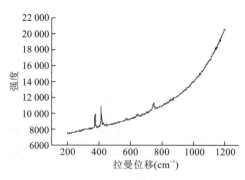

图 2.73 红宝石拉曼光谱图

表 2.30 红宝石的拉曼光谱谱带归属

矿物	$\nu_1(cm^{-1})$	$\nu_2(cm^{-1})$	$\nu_3(cm^{-1})$	$\nu_4(cm^{-1})$
红宝石	416	377	576、451、429	749、645

2.3.6.4 其他类型宝石的拉曼光谱研究

1. 钻石

钻石矿物成分为 C,薛理辉(1999)、岳文海(1999)、陈丰(1995)等认为纯净的无缺陷的天然金刚石中只存在一个由碳的 sp^3 杂化引起的位于 $1332cm^{-1}$ 处的拉曼特征峰。当金刚石中有少量杂质进入晶格或晶格发生畸变时,就会出现内部振动。但这种变化并没有影响金刚石的主体结构特征,所以其拉曼光谱 $1332cm^{-1}$ 处的峰位不变,但峰的强度随杂质含量增加或晶格变形加剧而减弱,钻石拉曼光谱见图 2.74。

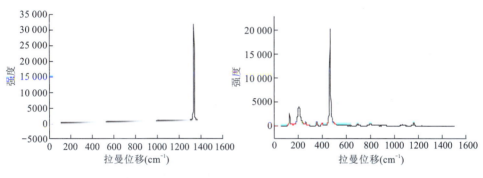

图 2.74　钻石拉曼光谱图　　　　图 2.75　水晶拉曼光谱图

2. 水晶

水晶矿物成分为 SiO_2。水晶的拉曼光谱见图 2.75,群论分析可得:$\Gamma_{振动}^{石英}=4A_1(R)+3E(R,IR)$,$1068cm^{-1}$、$465cm^{-1}$、$354cm^{-1}$、$205cm^{-1}$ 属于 A_1 振动模式,$1162cm^{-1}$、$796cm^{-1}$、$697cm^{-1}$、$394cm^{-1}$、$263cm^{-1}$、$128cm^{-1}$ 属于 E 振动模式,谱带归属见表 2.31。

表 2.31　水晶的拉曼光谱谱带归属

矿物	$A_1(cm^{-1})$	$E(cm^{-1})$
水晶	1068、465、354、205	1162、796、697、394、263、128

3. 陨石

玻璃陨石是地球上陨石成因的天然玻璃,一般认为,在玻璃相变点之上骤冷玻璃的结构骨架仍能反映熔体的结构。陨石拉曼光谱见图 2.76,谱带中 $1052\ cm^{-1}$、$1063cm^{-1}$ 处的双峰属于 Si—O 骨架的反对称伸缩振动,$810cm^{-1}$ 属于 O—Si—O

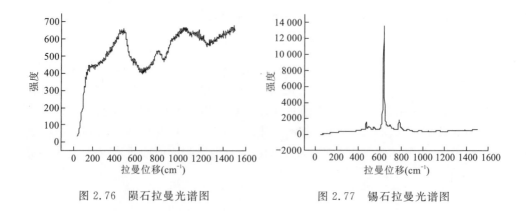

图 2.76 陨石拉曼光谱图　　　图 2.77 锡石拉曼光谱图

骨架的对称伸缩振动，450cm^{-1}属于O—Si—O骨架的弯曲振动。

4. 锡石

锡石矿物成分为SnO_2。群论分析可知：$\Gamma_{振动}^{锡石} = A_{1g}(R) + B_{1g}(R) + B_{2g}(R) + E_g(R) + A_{2u}(IR) + 3E_u(IR)$，锡石拉曼光谱见图 2.77，其中$A_{1g}$，$B_{1g}$，$B_{2g}$，$E_g$ 为拉曼活性，均属晶格振动，谱带归属见表 2.32。

表 2.32　锡石的拉曼光谱谱带归属

矿物	$\nu_1(cm^{-1})$	$\nu_2(cm^{-1})$	$\nu_3(cm^{-1})$	$\nu_4(cm^{-1})$
锡石	772	692	632	475

5. 尖晶石

尖晶石矿物成分为AB_2O_4，尖晶石拉曼光谱见图 2.78，A 在 T_d 对称位置，B 在 D_{3d} 位置上，O 在 C_{3v} 位置上。根据群论分析可得：$\Gamma_{振动}^{尖晶石} = A_{1g}(R) + 2A_{2u} + E_g(R) + 2E_u + F_{1g} + 3F_{2g}(R) + 4F_{1u}(IR) + 2F_{2u}$。

其中A_{1g}，E_g，F_{2g}模式为拉曼活性，理论上有 5 条拉曼谱线，谱带归属见表 2.33。

表 2.33　尖晶石的拉曼光谱谱带归属

矿物	$\nu_1(cm^{-1})$	$\nu_2(cm^{-1})$	$\nu_3(cm^{-1})$	$\nu_4(cm^{-1})$
尖晶石	765	668	406	312

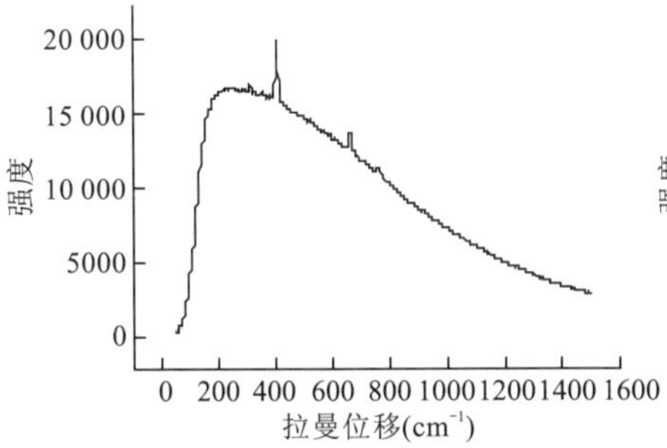

图 2.78　尖晶石拉曼光谱图

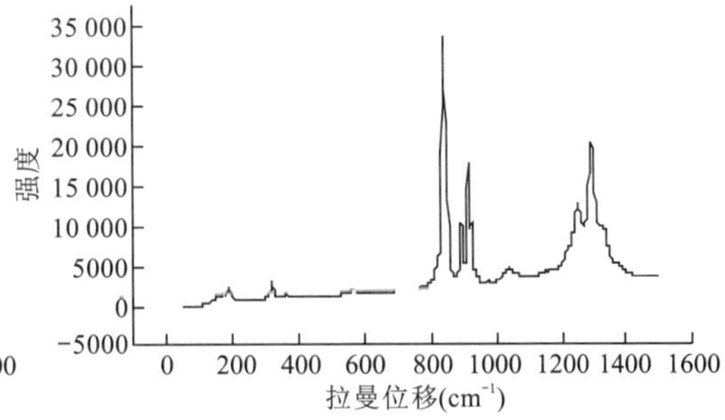

图 2.79　萤石拉曼光谱图

6. 萤石

萤石矿物成分 CaF_2。萤石拉曼光谱见图 2.79，群论分析可知：$\Gamma_{振动}^{萤石}=F_{1u}(IR)+F_{2g}(R)$。只有 F_{2g} 模式为拉曼活性，谱带归属见表 2.34。

表 2.34　萤石的拉曼光谱谱带归属

矿物	ν_1(cm^{-1})	ν_2(cm^{-1})	ν_3(cm^{-1})	ν_4(cm^{-1})
萤石	919、895、842	570	1295、1251	321、192、172

2.3.7　宝石包体、充填物的拉曼光谱研究

2.3.7.1　注蜡、注胶翡翠

高档翡翠(图 2.80)具有巨大的经济价值，因而市场上出现了有机胶、环氧树脂等充填的翡翠 B 货(天然翡翠人工处理产品)，给翡翠市场带来极大的困扰。但石蜡、有机胶、环氧树脂的化学成分、化学结构不同，从而在拉曼光谱中显示不同的特征峰(图 2.81～图 2.83)。

有机胶、环氧树脂属芳烃类，是含苯的碳氢化合物，有机胶、环氧树脂的 4 条特征谱带都与苯环有关，1609cm^{-1} 和 1116cm^{-1} 属苯环中具共价键的 C—C 伸缩振动，3069cm^{-1} 属苯环的 C—H 伸缩振动，1189cm^{-1} 属苯环的 C—H 面内弯曲振动。

石蜡、石蜡油亦同属碳氢化合物，但不含苯基，它们都含有甲基($-CH_3$)和亚甲基($-CH_2$)。石蜡的最强拉曼谱带只有 2 条，2882 cm^{-1} 和 2848cm^{-1}，且与较弱的 2890cm^{-1} 一起共同连成一个宽谱带，均为 $-CH_3$ 和 $-CH_2$ 的伸缩振动特征谱带。

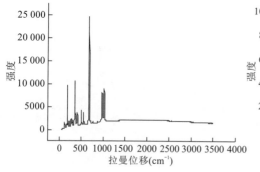

图 2.80 天然翡翠的拉曼光谱图　　图 2.81 充填石蜡翡翠的拉曼光谱图

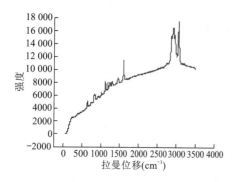

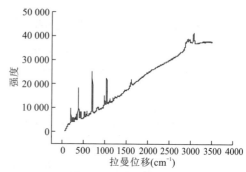

图 2.82 充填有机胶翡翠的拉曼光谱图　　图 2.83 充填环氧树脂翡翠的拉曼光谱图

2.3.7.2 金刚石中的包体

近年来,人们日益认识到地幔对地壳演化的控制,尤其是地幔流体的关键作用,地幔流体联系着对地幔交代作用的认识;天然金刚石形成于高温、高压条件下,其产出与地幔熔体有关。对其包裹体的研究受到国内外地学界的普遍重视,它已成为成矿机理和成矿环境研究的有力手段。

1. 湖南金刚石

湖南金刚石包体的拉曼光谱如图 2.84～图 2.87 所示。分析可知除了 $1332cm^{-1}$ 金刚石本征峰外,还有 $4165cm^{-1}$ 为 H_2 的振动谱,$3956cm^{-1}$ 为 HF 的振动谱,$3756cm^{-1}$ 为结构水的振动谱,$2362cm^{-1}$ 为 N_2 的振动谱,$2092cm^{-1}$ 为 HCN 中 C≡N 的伸缩振动,$810cm^{-1}$ 为高温、高压硅酸盐玻璃相的拉曼谱。

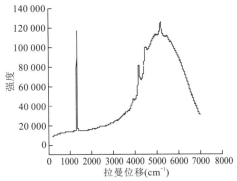

图 2.84 H328 锆石包体的拉曼光谱图

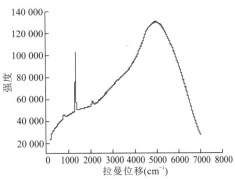

图 2.85 L418 钻石包体的拉曼光谱图

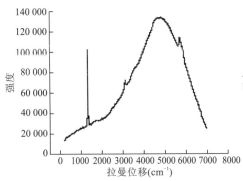

图 2.86 L442 锆石包体的拉曼光谱图

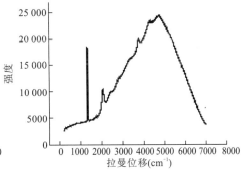

图 2.87 L454 钻石包体的拉曼光谱图

2. 山东蒙阴金刚石

山东蒙阴金刚石的拉曼光谱研究表明(图 2.88～图 2.89),除了 1332 cm^{-1} 金刚石本征峰外,普遍存在 200 cm^{-1}、400 cm^{-1} 处的振动谱,综合分析此谱可能为金刚石中硅酸盐或氧化物包裹体的晶格振动谱。

2.3.7.3 红宝石中的包体

研究表明,在红宝石热处理过程中作为熔剂和分散剂并能局部熔合红宝石而形成明亮玻璃的化学充填物主要有两类,即硼酸钠充填物,这类充填物都兼具有降低红宝石的熔点,提高熔体黏度的功能。高温下,熔融的硼酸钠流体沿红宝石原裂隙面发生局部熔合,而形成一种多成分混合的次生熔融体。随着温度逐渐下降,这种混合熔融体也随之发生分离重结晶,其中一部分重结晶为次生红宝石,但更多的

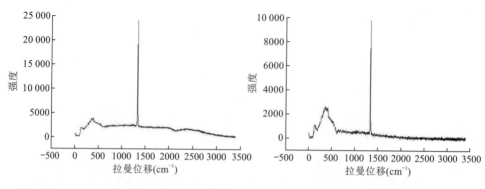

图 2.88　MD-18 钻石包体的拉曼光谱图　　图 2.89　MD-27 钻石包体的拉曼光谱图

往往来不及重结晶而形成明亮透明的非晶玻璃,最终使红宝石的裂隙得到了不同程度的修复、填补和愈合。

一般而言,红宝石中次生玻璃体中的分子振动模式与结构基团中的几何构型及对称性有关。拉曼光谱测试结果(图 2.90)表明,热处理红宝石中硼质钠铝玻璃的拉曼谱峰主要位于 $800\sim1200cm^{-1}$ 范围内,其中 $643cm^{-1}$ 拉曼谱峰属 Al—O 伸缩振动所致,$867cm^{-1}$ 拉曼谱峰归属 Si—O—Si 弯曲振动所致,而 $1089cm^{-1}$、$1129cm^{-1}$、$1378cm^{-1}$ 拉曼谱峰则属 Si—O 反对称伸缩振动所致。相比之下,合成红宝石中助熔剂残余物的拉曼谱峰特征与热处理红宝石中次生玻璃体的截然不同。图 2.91 显示,在 $600\sim800cm^{-1}$ 范围内,合成红宝石中助熔剂残余物的拉曼谱峰由一组分密集、强度相对较高的 LRM 锐谱峰组成,它们多应归属于 Al—F 或 Pb—F—Pb 的伸缩振动所致。

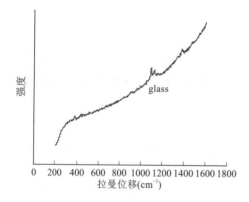 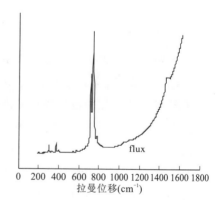

图 2.90　红宝石中次生玻璃的拉曼光谱图　　图 2.91　红宝石中助熔剂残余及次生玻璃的拉曼光谱图

2.3.7.4 云南祖母绿中的包体

图 2.92 和图 2.93 分别是从祖母绿本体材料和包体部分记录的拉曼光谱。$1068 cm^{-1}$、$1015 cm^{-1}$、$686 cm^{-1}$ 分别为祖母绿的 $\nu_{as\,Si-O-Si}$、$\nu_{s\,O-Si-O}$、$\nu_{s\,Si-O-Si}$ 振动,而 Si—O 弯曲振动在 $600 cm^{-1}$ 以下。

从图 2.93 可知,因该包体位于表面以下,所以拉曼谱为祖母绿和包体的混合信息。为了更清楚地获得纯包裹体的拉曼谱,采取了两种方法:①扣除荧光背景,得到较标准的祖母绿及包体的拉曼谱(图 2.94、图 2.95);②减去本体的拉曼谱,差谱所采用的公式为:包体谱=混台谱-标准谱×减数因子,得到包裹体的谱图(图 2.96)。主要峰值为 $143\ cm^{-1}$、$397\ cm^{-1}$、$517\ cm^{-1}$、$638 cm^{-1}$,与矿物标准拉曼谱中的锐钛矿谱图一致,该包裹体为锐钛矿型 TiO_2,而非常说的金红石型,金红石与锐钛矿的形成温度不同,所以此结果对祖母绿的成矿温度具有一定的指示意义。

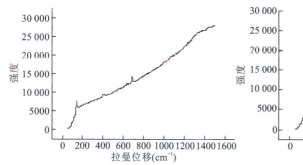

图 2.92 祖母绿的拉曼光谱图

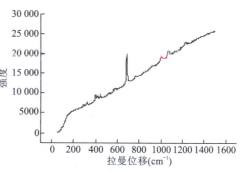

图 2.93 祖母绿中包体的拉曼光谱图

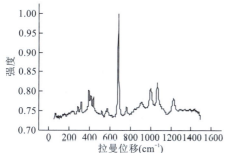

图 2.94 扣除荧光背景后祖母绿的拉曼光谱图

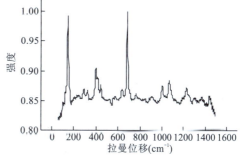

图 2.95 扣除荧光背景后祖母绿中包体的拉曼光谱图

2.3.8 含水矿物的拉曼光谱研究

电气石中的羟基有两个位置：第一个$-OH_1$位置位于由氧与3个Y位置阳离子组成的八面体的六角环的中心；第二个$+OH_3$位置位于由氧与1个Y和2个Z阳离子组成的八面体的六角环的边沿。Y和Z阳离子的占位影响$-OH$的频率和带宽。试样中$3650cm^{-1}$归属于$-OH_1$的振动，$3589\ cm^{-1}$、$3484cm^{-1}$归属于$-OH_3$的振动(图2.97)。

托帕石矿物成分$Al_2[SiO_4](F,OH)_2$，F^-与OH^-可相互替代，两者之比值随着托帕石的生成条件而异，其OH^-的伸缩振动位于$3650cm^{-1}$(图2.98)。

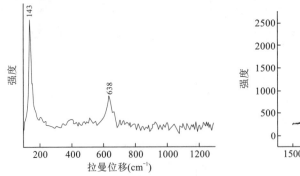

图2.96 差谱后祖母绿中包体的拉曼光谱图　　图2.97 电气石中水的拉曼光谱图

2.3.9 古文物的拉曼光谱

祖恩东等(2002)首次利用拉曼光谱对中国故宫博物院与云南腾冲地区文物管理局联合送来的3件石斧做了无损分析研究。石斧呈浅灰绿色，硬度与翡翠的硬度相仿。但拉曼光谱(图2.99)分析结果表明，石斧矿物成分并不是硬玉，而是蓝

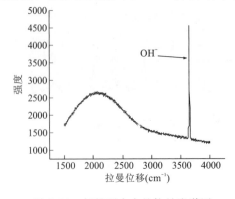
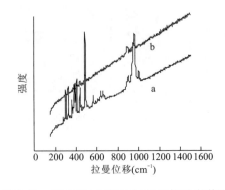

图2.98 托帕石中水的拉曼光谱图　　图2.99 蓝晶石(a)和石斧(b)的拉曼光谱图

晶石矿物,谱带归属见表 2.35。因此,"新石器时期翡翠就已从缅甸传入中国"的观点值得商榷。

表 2.35 蓝晶石拉曼光谱谱带归属

矿物	$\nu_1(cm^{-1})$	$\nu_2(cm^{-1})$	$\nu_3(cm^{-1})$	$\nu_4(cm^{-1})$	晶格振动(cm^{-1})
蓝晶石	960、903	487、450、439、405	1003	670、658、638、607、564、514	394、386、361、343、327、302、292、279、229
石斧	963、902	486、452、437、402	1001	638、610	392、385、360、347、326、304、274、228

2.3.10 合成宝石的拉曼光谱研究

根据分子振动转动原理,任何拉曼峰本质上都可以用一个洛伦兹函数(lorentzian function)描述:

$$L(\nu) = L_0 \frac{w_L^2}{(\nu - \nu_L)^2 + w_L^2} \qquad (2-41)$$

式中,ν 为波数变量;L_0 为峰高;ν_L 为峰的中心位置;w_L 为洛伦兹半宽。洛伦兹函数理想化表征了分子基团的拉曼散射效应。

实验得到的拉曼散射谱是由离散点集 (x_i, y_i) 构成,通过对离散点进行曲线拟合,得到基函数 $y = L(x)$。实验所得光功率的幅值与算法拟合所得曲线(基函数)的幅值之差的平方和为:

$$\varepsilon^2 = \sum_{i=0}^{m-1}(y_i - L(x_i)) \qquad (2-42)$$

只有式(2-41)达到最小时,基函数与散射谱数据的拟合度最高,此时基函数的峰值所对应的频率即为实际拉曼散射谱的中心频率,同时也可获得该谱带的半高宽值。

2.3.10.1 合成红宝石

同天然红宝石相比,人工合成红宝石,其特征主峰的半高宽均小于天然红宝石,如 $377cm^{-1}$、$417cm^{-1}$ 等拉曼谱的半高宽均小于 $10cm^{-1}$,一般为 $3\sim6cm^{-1}$,而天然红宝石的半高宽均大于 $10cm^{-1}$,一般为 $11\sim14cm^{-1}$。

对其 $417cm^{-1}$ 谱峰进行洛伦兹线性拟合后(图 2.100、图 2.101),得到天然、合成红宝石的半高宽值(表 2.36)。

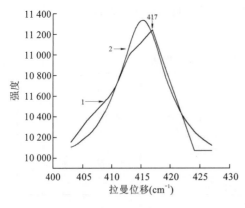

图2.100 天然红宝石 417cm^{-1} 谱峰洛伦兹线性拟合
1.原石曲线；2.拟合曲线

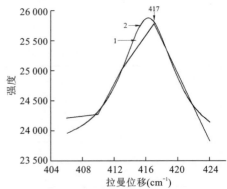

图2.101 合成红宝石 417cm^{-1} 谱峰洛伦兹线性拟合
1.原石曲线；2.拟合曲线

表2.36 天然、合成红宝石的半高宽数据

天然红宝石				合成红宝石					
样品号	半高宽(cm^{-1})	样品号	半高宽(cm^{-1})	样品号	半高宽(cm^{-1})	样品号	半高宽(cm^{-1})	样品号	半高宽(cm^{-1})
1	11	11	12	21	2	24	7	30	8
2	12		19		6		9		2
	11		17		9	27	7		7
4	13	12	24		8		8		8
	11		13	22	3		5		5
5	16	13	12		9	28	3	31	7
	12	14	23		2		3		9
6	12		12		9		3		9
7	11	16	11	23	8		5		8
	11	18	14		7	29	6	32	4
10	10		10		8		7		6
	13	19	19	26	8		8		7
			15		5		5		

2.3.10.2 合成水晶

采用 BTR111-785 微型近红外拉曼光谱仪,激发波长为(785 ± 1)nm,光学分辨率(FWHM)为 10cm^{-1},光谱覆盖范围为 $200\sim2800\text{cm}^{-1}$,积分时间为 90s。

对其谱图 205cm^{-1} 谱峰进行洛伦兹线性拟合后(图 2.102、图 2.103),得到天然、合成水晶的半高宽值(表 2.37)。

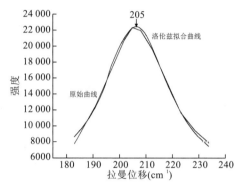

图 2.102 天然水晶 205cm^{-1} 谱峰的洛伦兹线性拟合

图 2.103 合成水晶 205cm^{-1} 谱峰的洛伦兹线性拟合

表 2.37 天然、合成水晶半高宽数据

天然水晶						合成水晶			
样品号	半高宽(cm^{-1})	样品号	半高宽(cm^{-1})	样品号	半高宽(cm^{-1})	样品号	半高宽(cm^{-1})	样品号	半高宽(cm^{-1})
1	30.8	5	31.1	9	35.7	13	25.5	17	24.6
1	31.4	5	30.4	9	34.2	13	24.9	17	26.0
1	31.4	5	31.0	9	30.8	13	25.2	18	25.3
1	30.8	6	30.3	10	31.2	14	22.7	18	23.8
2	30.7	6	31.0	10	33.5	14	23.5	18	24.2
2	38.3	6	30.8	11	35.7	14	24.2	19	24.7
2	31.2	6	32.3	11	37.3	15	24.3	19	26.1
3	31.7	7	31.8	11	31.8	15	26.6	19	23.3
3	30.0	7	33.6	12	32.1	15	25.3	19	23.6
3	34.9	7	34.8	12	34.0	16	26.3	20	
4	32.8	8	34.6	12	33.7	16	23.0	20	
4	31.9	8	35.2	12	22.5	16	22.5	20	24.6
4	30.9	8	32.9	12	33.9	17	23.4	20	
5	33.7	9	33.5			17	25.1		

从表 2.37 中可发现,天然水晶的半高宽值均在 $30cm^{-1}$ 以上,而合成水晶的均在 $30cm^{-1}$ 以下。这一半高宽的不同缘于红宝石、水晶生长环境的影响,目前人工合成宝石时,由于温度、压力控制比自然环境更理想,晶格应力较小,相应的声子寿命较长,对应线宽较窄。

2.3.11 宝石荧光光谱研究

光致发光是指某些物质受到电磁辐射而激发时,能重新发射出相同或较长波长光的现象。荧光光谱是指物质吸收了较短波长的光能,电子被激发跃迁至较高单线态能级,返回到基态时发射较长波长的特征光谱(图 2.104),包括激发光谱和发射光谱。激发光谱是荧光物质在不同波长的激发光作用下测得的某一波长处荧光强度的变化情况;发射光谱则是某一固定波长的激发光作用下荧光强度在不同波长处的分布情况。

在拉曼测试中,光荧光通常是对拉曼光谱的干扰。然而,实际上这也是样品的一种信息。不同环境下生成的宝石可能含有不同的荧光杂质,因此,可根据这一信息来研究样品的特性和生成环境。

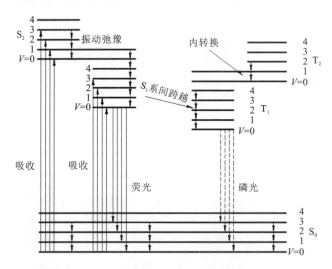

图 2.104 荧光光谱的能级分布

2.3.11.1 萤石的荧光光谱

天然萤石具有非常复杂的发光中心,诸如 RE^{3+}、RE^{2+}、Mn^{2+}、U^{3+}、U^{6+}、F 心、V_g 心以及有机质发光中心。其发光光谱的变化,反映其不同的晶体场能级和发光机理。

变彩萤石主要是在日光下呈现浅灰色,灯光下呈红色,有人认为其呈色机理为其片状包体对光的不同吸收。绿色萤石和变彩萤石的拉曼光谱基本一致。但可以从其光荧光光谱(图 2.105)发现其致色原因有所不同:绿色萤石发光光谱主要是 538nm、540nm(Tb^{3+} 谱线)、738nm(F 心谱线);变色萤石除有 538nm、540nm(Tb^{3+} 谱线)、740nm(F 心谱线)外,还有 694nm(Dy^{4+} 谱线),这也是不同于绿色萤石的发光机理。

2.3.11.2 珍珠的荧光光谱

天然海水珍珠、人工养殖海水珍珠、人工养殖淡水珍珠以及单晶 $CaCO_3$,在 $2000\sim6000cm^{-1}$ 区域出现的荧光光谱也能为鉴别珍珠提供信息:天然海水珍珠的荧光光谱极大值出现在 $4200cm^{-1}$ 附近,整个荧光光谱较为平整光滑;人工养殖珍珠,不论海水或淡水养殖,其荧光光谱的极大值均出现在 $3000cm^{-1}$ 左右(图 2.106)。此原因源于珍珠生长环境的不同。

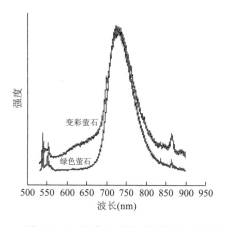

图 2.105　绿色及变色萤石的荧光光谱

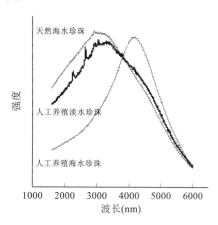

图 2.106　珍珠的荧光光谱

2.3.11.3 热处理祖母绿的荧光光谱

祖恩东等(2010)在分析热处理祖母绿荧光光谱时,得出其主要是 Cr 离子、Fe 离子的吸收谱线,其中 750nm、684nm 为 Cr^{3+} 离子,631nm 为 Fe^{3+} 离子的吸收谱线。同时云南祖母绿的光荧光光谱中同时还出现 $4744\ cm^{-1}$、$4812cm^{-1}$ V 离子谱带(图 2.107),说明云南祖母绿致色主要是由 Cr^{3+}、Fe^{3+} 及 V^{3+} 共同作用的结果。

2.3.11.4 尖晶石、红宝石的荧光光谱

天然红色尖晶石致色离子包括 Cr^{3+}、Fe^{3+}、Fe^{2+}、Co^{2+}。Cr^{3+} 八面体产生粉红和红色的色调,Fe^{2+} 四面体和 Cr^{3+} 八面体联合作用产生紫色色调。同时尖晶石中

还含有微量的 Cu、V、Mn 可能致色。多重突出谱带集中在 $4548cm^{-1}$、$4597cm^{-1}$、$4632cm^{-1}$、$4846cm^{-1}$、$5066cm^{-1}$、$5102cm^{-1}$、$5148cm^{-1}$、$5292cm^{-1}$、$5496cm^{-1}$，均与尖晶石中 Cr^{3+} 发光中心相关（图 2.108）。红色红宝石荧光光谱也具相似特征（图 2.109）。

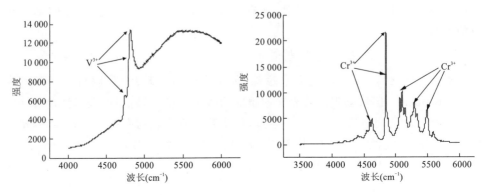

图 2.107　祖母绿的荧光光谱　　　　图 2.108　尖晶石的荧光光谱

2.3.11.5　锆石的荧光光谱

锆石晶体中常含有各种微量元素，除 REE、Y、Hf、P 之外，还有 U 和 Th 等放射性原子。锆石的拉曼光谱中有许多与 REE 相关的发光特性，特别是有关 Eu^{3+}、Sm^{3+}、Nd^{3+} 的发光中心。试样中 Sm^{3+} 发光谱带位于 $4127cm^{-1}$、$4178cm^{-1}$，Eu^{3+} 发光谱带位于 $4698cm^{-1}$、$5000cm^{-1}$、$5029cm^{-1}$（图 2.110）。

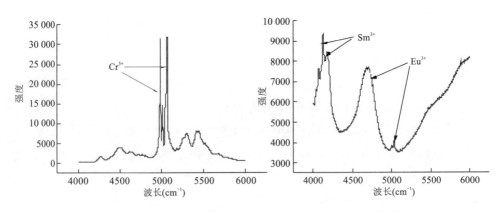

图 2.109　红宝石的荧光光谱　　　　图 2.110　锆石的荧光光谱

第 3 章　宝石矿物紫外-可见光谱学

3.1　量子力学的基本方程——薛定谔方程

3.1.1　物理基础

光既具有波动性又具有粒子性。根据确立了质量和能量等价性的爱因斯坦 (Einstein) 关系 $E=mc^2$ 以及普朗克 (Plank) 关系 $E=h\nu$ 得出：

$$mc^2 = h\nu \tag{3-1}$$

或

$$mc = \frac{h}{\lambda} \tag{3-2}$$

德布罗意 (de Broglie,1924) 提出电子也存在同样的关系,如果光子质量 m 用电子质量代替,光速 c 用电子速度 v 代替,则：

$$mv = \frac{h}{\lambda} \tag{3-3}$$

式中,左边项代表电子的粒子性,具有质量 m、速度 v 和动量 $p=mv$；右边项表示电子的波动性,具有 de Broglie 波长 λ：

$$\lambda = \frac{h}{mv} = \frac{h}{p} \tag{3-4}$$

这个假设不久被戴维逊 (Davisson) 和革末 (Germers,1927) 用晶体电子衍射的实验证实。电子具有波粒二象性必然导致电子行为的另一个重要特点,即电子运动的描述具有几率性质。

当一束光线穿过一个狭缝时,光强分布呈一个衍射图样,在屏幕上可见亮暗相间的条纹。按通常理论,光强分布与波振幅的平方相关联；另按照量子理论,衍射图中的光强度与碰撞在屏幕不同部分的光子数成正比。

若考虑单个光子,在整个衍射图中与屏幕碰撞的准确位置是不确定的。一个光子可以碰撞在屏幕上任一点,然而,光子碰撞不同点的几率是不同的,且可用波衍射理论来预测。

与电子相联系的 de Broglie 波的衍射也显示出相同特点：①在被电子碰撞的屏幕上的位置是不确定的；②用碰撞几率来描述电子与屏幕碰撞的分布；③该现象具有统计特征；④碰撞几率与电子波强度之间的对应关系；⑤碰撞几率与电子波振幅的平方成正比。

海森堡（Heisenberg）的测不准原理把这种不确定性表述成了普遍形式：

$$\Delta x \cdot \Delta p_x \geqslant h \tag{3-5}$$

式中，Δx 是一个电子位置的不确定度（上述观察中，电子通过衍射狭缝后，确定坐标 x 时的不准量）；Δp_x 是动量 $p_x = mv_x$ 的不准确度（电子通过衍射狭缝后，确定速度 v_x 时的不准量）。

在同时测定几何关系（空间位置）和动力学量（动量、角动量等）时，普朗克常数 h 决定着一个最小误差。

根据测不准原理还可以得出如下结论：一个电子态可以单独指明它的位置，或单独指明它的动量。

量子力学引入了波函数（或态函数，本征函数）概念来描述电子的波动的、统计的和几率的性质，从而代替轨道的概念。根据波函数导出一些形象化的概念，如电子云、界面和原子轨道。

φ 为波函数

$\varphi^2 \mathrm{d}v$ 为几率分布函数

$\varphi^2 4\pi r^2$ 为径向几率分布函数

波函数 φ 的平方是在核周围某一体积元中找到电子几率的度量。只有波函数绝对值的平方 φ^2 才有物理意义。几率分布函数 φ^2 的物理解释包含二个方面：①它表示在环绕 x、y、z 坐标点单位体积内找到一个电子的几率。在 x、y、z 处的体积元 $\mathrm{d}v$ 内找到电子的几率为 $\varphi^2 \mathrm{d}v = \varphi^2 \mathrm{d}x\mathrm{d}y\mathrm{d}z$；②它是在 x、y、z 处电子密度的度量，电子以"电子云"的形式弥散于核周围的整个空间。这时，必须考虑包含这个函数的波动方程，此方程适用于光、声波、弹性波、弦振动电磁波等的数学表述。

例如，晶体光学中熟知的正弦波方程为：

$$\varphi = a \cdot \sin 2\pi \left(\nu t - \frac{x}{\lambda} \right) \tag{3-6}$$

式中，a 和 x 为最大幅度和坐标；ν 和 λ 是频率和波长。

对于正弦驻波，方程为：

$$\varphi = a \cdot \sin 2\pi \cdot \frac{x}{\lambda} \tag{3-7}$$

正弦驻波方程对 x 的二重微分为：

$$\frac{\partial^2 \varphi}{\partial x^2} = -\frac{4\pi^2}{\lambda} \cdot a \cdot \sin 2\pi \cdot \frac{x}{\lambda} = -\frac{4\pi^2}{\lambda^2} \varphi \tag{3-8}$$

式中，振幅 φ 是坐标 x、y、z 的波函数，它与时间无关，因而相当于驻波。

3.1.2 薛定谔方程的推导

(1) 利用适合于所有波动不依赖时间的三维方程。

$$\frac{\partial^2 \varphi}{\partial x^2} + \frac{\partial^2 \varphi}{\partial y^2} + \frac{\partial^2 \varphi}{\partial z^2} = -\frac{4\pi^2}{\lambda^2} \cdot \varphi \qquad (3-9)$$

式中，φ 是电子的波函数；x、y、z 是空间坐标；λ 是波长。

(2) 对电子而言，λ 值是粒子的 de Broglie 波长，$\lambda = \dfrac{h}{p} = \dfrac{h}{mv}$。将电子的 de Broglie 波长值代入普遍的波动方程，就会得到电子的波动方程。

(3) 电子行为的量子力学描述还有另外一个标志性特征。由于在 de Broglie 表达式 $\lambda = h/mv$ 中，速度不能由实验观测，但实验测定的光谱线与能级相联系，因此，可以通过能量来表示它。

根据动量表达式 $T = mv^2/2$ 和能量守恒定律 $T = E - V$，得到：

$$v^2 = \frac{2T}{m} = \frac{2(E-V)}{m} \qquad (3-10)$$

因此，$\lambda^2 = \dfrac{h^2}{m^2 v^2} = \dfrac{h^2}{m^2} \cdot \dfrac{m}{2(E-V)} = \dfrac{h^2}{2m(E-V)} \qquad (3-11)$

(4) 将 λ 代入普通的波动方程，便获得薛定谔方程：

$$\frac{\partial^2 \varphi}{\partial x^2} + \frac{\partial^2 \varphi}{\partial y^2} + \frac{\partial^2 \varphi}{\partial z^2} = -\frac{8\pi^2 m}{h^2}(E-V)\varphi \qquad (3-12)$$

方程左边项可写成拉普拉斯(Laplace)算符，符号为 $\nabla^2 \varphi$。

$$\nabla^2 \varphi = -\frac{8\pi^2 m}{h^2}(E-V)\varphi \qquad (3-13)$$

因 $\hbar = \dfrac{h}{2\pi}$，

$$\nabla^2 \varphi = -\frac{2m}{\hbar^2}(E-V)\varphi \qquad (3-14)$$

或

$$-\frac{\hbar^2}{2m}\nabla^2 \varphi + V\varphi = E\varphi \qquad (3-15)$$

将笛卡尔坐标系转化为极坐标系(图3.1)，存在以下关系式：

$$x = r \cdot \sin\theta \cdot \cos\varphi$$
$$y = r \cdot \sin\theta \cdot \sin\varphi$$
$$z = r \cdot \cos\theta$$
$$r = \sqrt{x^2 + y^2 + z^2}$$

将薛定谔方程从笛卡尔坐标系变换成极坐标系是借助于一个标准的数学运算

完成的,这种运算包括把在笛卡尔坐标系中的拉普拉斯算符:

$$\nabla^2(x,y,z) = \frac{\partial^2}{\partial x^2} + \frac{\partial^2}{\partial y^2} + \frac{\partial^2}{\partial z^2} \quad (3-16)$$

替换为在极坐标系中的拉普拉斯算符:

$$\nabla^2(r,\theta,\varphi) = \frac{1}{r^2} \cdot \frac{\partial}{\partial r}\left(r^2 \frac{\partial}{\partial r}\right) + \frac{1}{r^2 \sin\theta} \cdot \frac{\partial}{\partial \theta}\left(\sin\theta \frac{\partial}{\partial \theta}\right) + \frac{1}{r^2 \sin^2\theta} \cdot \frac{\partial^2}{\partial \varphi^2} \quad (3-17)$$

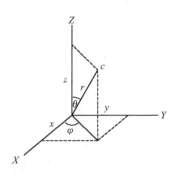

图 3.1　电子在空间的极坐标

对氢原子来说,须把势能值 $V = -e^2/r$ 代入。

这样笛卡尔坐标系的薛定谔方程:

$$\nabla^2 \varphi(x,y,z) + \frac{8\pi^2 m}{h^2}(E-V)\varphi(x,y,z) = 0 \quad (3-18)$$

将变为:

$$\nabla^2 \varphi(r,\theta,\varphi) + \frac{8\pi^2 m}{h^2}\left(E + \frac{e^2}{r}\right)\varphi(r,\theta,\varphi) = 0 \quad (3-19)$$

将拉普拉斯算符的表示式 $\nabla^2 \varphi(r,\theta,\varphi)$ 分解,获得极坐标系的薛定谔方程:

$$\frac{1}{r^2}\frac{\partial}{\partial r}\left(r\frac{\partial \varphi}{\partial r}\right) + \frac{1}{r^2 \sin\theta}\frac{\partial}{\partial \theta}\left(\sin\theta \frac{\partial \varphi}{\partial \theta}\right) + \frac{1}{r^2 \sin^2\theta}\frac{\partial \varphi}{\partial \varphi^2}$$
$$+ \frac{8\pi^2 m}{h^2}\left(E + \frac{e^2}{r}\right)\varphi = 0 \quad (3-20)$$

以极坐标表示的薛定谔方程可以分离成 3 个更简单的方程,每个简单方程只含有一个变量:r 或 θ 或 φ,这 3 个方程可以分别求解。

$R(r)$,只与 r 有关的径向函数。

$\Theta(\theta)$,只与 θ 有关的角度函数。

$\Phi(\varphi)$,只与 φ 有关的角度函数。

总的波函数是这些函数的乘积:

$$\Psi(r,\theta,\varphi) = R(r) \cdot \Theta(\theta) \cdot \Phi(\varphi)$$

将 $\Psi = R \cdot \Theta \cdot \Phi$ [$R(r)$ 缩写成 R,$\Theta(\theta)$ 缩写成 Θ,$\Phi(\varphi)$ 缩写成 Φ]代入上面的薛定谔方程中,并遍乘 $r^2 \sin^2\theta/(R \cdot \Theta \cdot \Phi)$,将获得只含一个变量各分离项组成的方程(由于每个函数只取决于一个变量,则偏导符号 ∂ 用普通导数符号 d 来代替):

$$\frac{\sin^2\theta}{R}\frac{d}{dr}\left(r^2 \frac{dR}{dr}\right) + \frac{\sin\theta}{\Theta}\frac{d}{d\theta}\left(\sin\theta \frac{d\Theta}{d\theta}\right) + \frac{1}{\Phi}\frac{d^2\Phi}{d\varphi^2} +$$
$$r^2 \sin^2\theta \frac{8\pi^2 m}{h^2}\left(E + \frac{e^2}{r}\right) = 0 \quad (3-21)$$

方程中第三项 $\frac{1}{\Phi}\frac{d^2\Phi}{d\varphi^2}$ 只取决于 φ，只有此项等于一个常数时，对于全部 φ 值来说，这些项的总和才能等于零。将这一常数表示为 $-m_l^2$，这样从薛定谔方程中分离出只含 φ 的第一个方程：

$$\frac{1}{\Phi}\frac{d^2\Phi}{d\varphi^2} = -m_l^2 \tag{3-22}$$

将式(3-22)代入到式(3-21)，并将整个式子除以 $\sin^2\theta$，得到：

$$\frac{1}{R}\frac{d}{dr}\left(r^2\frac{dR}{dr}\right) + \frac{r^2 8\pi^2 m}{h^2}\left(E + \frac{e^2}{r}\right) = -\frac{1}{\Theta\sin\theta}\frac{d}{d\theta}\left(\sin\theta\frac{d\Theta}{d\theta}\right) + \frac{m_l^2}{\sin^2\theta} \tag{3-23}$$

式中，等号左边只取决于 r，右边只取决于 θ。因此，可以推断两边必等于同一个常数，该常数称为 β。

这时可获得只含 r 的第二个方程：

$$\frac{1}{R}\frac{d}{dr}\left(r^2\frac{dR}{dr}\right) + \frac{r^2 8\pi^2 m}{h^2}\left(E + \frac{e^2}{r}\right) = \beta \tag{3-24}$$

以及只含 θ 的第三个方程：

$$\frac{1}{\Theta\sin\theta}\frac{d}{d\theta}\left(\sin\theta\frac{d\Theta}{d\theta}\right) - \frac{m_l^2}{\sin^2\theta} = -\beta \tag{3-25}$$

Φ 方程的解：磁量子数 m_l。

波函数 $\Phi = N\sin(m_l\varphi)$ 和 $\Phi = N\cos(m_l\varphi)$ 是 $\frac{d^2\Phi}{d\varphi^2} + m_l^2\Phi = 0$ 的解（不再推导）。为了使 Φ 是 φ 的单值函数，它应是整数 m_l 的周期性函数。

m_l 值相当于磁量子数，它是求解波动方程的直接结果。Φ 函数必须归一（即在 φ 从 0 到 2π 的区间找到电子的几率等于 1）。

因此，归一化常数 N 可用从 0 到 2π 整个区间的积分并使这个积分等于 1 来加以确认。

$$\int_0^{2\pi}\Phi^2 d\varphi = \int_0^{2\pi} N\sin^2(m_l\varphi)d\varphi = 1 \tag{3-26}$$

由于 $\sin^2(m_l\varphi)d\varphi = \frac{1}{2}[1 - \cos(2m_l\varphi)d\varphi]$

则 $\int_0^{2\pi}\Phi^2 d\varphi = N^2\left[\int_0^{2\pi}\frac{d\Phi}{2} - \int_0^{2\pi}\frac{1}{2}\cos(2m_l\varphi)d\varphi\right]$

$$= N^2\left(\frac{2\pi}{2} - 0\right) = 1 \tag{3-27}$$

得 $N = \frac{1}{\sqrt{\pi}}$

因此， $\Phi_{m_l}(\varphi) = \frac{1}{\sqrt{\pi}}\sin(m_l\varphi) \tag{3-28}$

Θ 和 R 方程的解：量子数 n 和 l，方程的解法与磁量子数 m_l 相似，但过程复杂得多，在此直接讨论它们的结果。

从 Θ 方程的解，获得轨道量子数 l，它的允许解 $\beta=l(l+1)$，$l=0,1,2,\cdots,(n-1)$；$l \geqslant m_l$，$m_l = l, l-1, \cdots, -l-1, -l$。除 l 外，Θ 函数还取决于 m_l 值，即是 $\Theta_{lm_l}(\theta)$ 函数。

从 R 方程的解，获得主量子数 n。R 函数由 n 和 l 值确定，即 $R_{nl}(r)$。

3.1.3 原子轨道

如果把某一个电子在各瞬间运动的总波函数值相等的各点连结起来，就可以确定电子运动的空间区域，在此区域范围内，电子出现的几率最大（达 90%～95%），这就是电子的原子轨道（或称量子轨道），它表征原子中一个电子的空间分布和运动状态。

原子中可以有许多这样的原子轨道，每一个轨道的总波函数及其组成因子都可以用 4 个参变数来描述，这些参变数称为量子数，分别用 n、l、m、s 表示。仅当量子数有确定值时，才能得到总波函数 Ψ 的特征解，也就是确定了原子轨道。

3.1.3.1 主量子数 (n)

主量子数表示电子云与原子核之间的平均距离，它决定波函数的径向函数 $R(r)$ 的性质。n 可以取任意正整数值，即 $n=1,2,3,\cdots$。它代表原子结构中壳层序数，有时也用 K、L、M、N、O、P、Q 等表示。就能量状态而言，主量子数是决定一个电子能量的最主要因素，或者说是决定原子轨道能级的主导因素。n 值越大，电子能量越高，距核平均距离也越大。

3.1.3.2 角动量量子数 (l)

角动量量子数简称角量子数，也称副量子数，它代表电子在轨道中运动的角动量，决定轨道的形状。角量子数与 $\Theta(\theta)$ 有关，它的取值受主量子数限制，所取值也只能是正整数，即：

$$l = 0, 1, 2, 3, \cdots, (n-1)$$

当 n 值相同时，即在同一个原子壳层中，电子在能量上仍有差异，可以用 l 加以区别，这样就构成了亚层。对应于 $l=0,1,2,3,\cdots$ 的亚层可用 s、p、d、f、…符号标注，l 值越大，表明电子能量越高。

3.1.3.3 磁量子数 (m_l)

磁量子数表示轨道角动量相对于某些场方向（如磁场方向）是如何取向的，它近似地代表电子云在空间上的最大伸展方向，决定着亚层中的原子轨道。磁量子数可以取从 $+l$ 至 $-l$ 之间的全部整数值，故它有 $(2l+1)$ 个值。亚层中轨道数等于磁量子数(m),即 s 亚层中,$l=0$,$m=2l+1=1$,只有 1 个轨道;p 亚层中,$l=1$,$m=2l+1=3$,故有 3 个轨道;d 亚层有 5 个轨道,f 亚层有 7 个轨道等。

4. 自旋量子数(m_s)

电子不仅围绕原子核运动,同时还绕一定轴自转,因此具有自旋角动量,按电子旋转方向可分为顺时针方向和逆时针方向,分别以 $m_s=+1/2$ 和 $m_s=-1/2$ 来标注。

表 3.1 列出了这些量子数的可能组合,导出了全部可能的单电子波函数。

表 3.1 波函数 Ψ_{nlm_l}

n	l	n_l	m_l	原子轨道
1	0	1s	0	1s
2	0	2s	0	2s
	1	2p	1,0,−1	$2p_x$,$2p_y$,$2p_z$
3	0	3s	0	3s
	1	3p	1,0,−1	$3p_x$,$3p_y$,$3p_z$
	2	3d	2,1,0,−1,−2	$3d_{xy}$,$3d_{xz}$,$3d_{yz}$,$3d_{x^2-y^2}$,$3d_{z^2}$
4	0	4s	0	4s
	1	4p	1,0,−1	$4p_x$,$4p_y$,$4p_z$
	2	4d	2,1,0,−1,−2	$4d_{xy}$,$4d_{xz}$,$4d_{yz}$,$4d_{x^2-y^2}$,$4d_{z^2}$
	3	4f	3,2,1,0−1,−2,−3	$4f_{xyz}$,$4f_{x^3}$,$4f_{y^3}$,$4f_{xz^3}$,$4f_{xz^2}$,$4f_{yz^2}$,$4f_{z(x^2-y^2)}$

3.1.4 原子轨道的形状

在描述原子轨道时,一般要考虑原子轨道的大小和形状,原子轨道的大小决定于主量子数(n),较大 n 值给出较大的电子云,而原子轨道的形状由波函数中角度因子决定,它主要由 l 和 m 量子数来确定,其中 l 量子数决定原子轨道图形(界面图)的取向,m 量子数的值决定轨道可能的取向数目。对于同一量子数 l 的所有轨道的形状都是相同的,如第一层($n=1$)s 轨道与第二层($n=2$)s 轨道及第三层($n=3$)s 轨道的形状是一样的,只是大小和电子云密度有一定差异而已。其他轨道,如 p 轨道、d 轨道等都是如此。

这种情况不仅对于单电子的氢原子是这样,对于多电子原子也是这样。另外,所有原子和离子的基态和激发态,其原子轨道图形都是相同的,而且对于所有原子和所有能量态来讲,只有 s、p、d、f 4 种类型的原子轨道界面图,这种界面图只是一种对原子轨道形状的粗略表示,因为原子轨道实际并没有截然界线。

如果没有任何特定方向的外场作用,没有电场或磁场方向,则同一亚层(l值相同)的轨道是等价的,对应于同一能级,这些轨道称为简并的。简并度与轨道的可能取向数目一致。如 s 亚层的简并度为 1,p 亚层的简并度为 3。下面分别介绍各类原子轨道的特点。

1. s 轨道

s 轨道有两个基本特点:①其原子轨道界面图呈球形(图 3.2),无角度依赖关系,其电子云密度与 θ 角和 φ 角无关,只取决于半径 r;②只有 s 轨道在原子核处有非零值的电子密度,而 p、d、f 轨道上电子不直接与原子核接触。主量子数(n)不同的 s 轨道,如 1s、2s、3s 等,它们的形状相同,但电子云密度不同。

2. p 轨道

p 轨道的性质除了与半径 r 有关外,还与电子所处的方位即角度函数 θ 和 φ 有关。因此,p 轨道不是球形对称的,p 亚层有 3 个简并的 p 轨道,它们的轨道取向不同,分别沿笛卡尔坐标的 x、y、z 轴伸展,分别标为 p_x、p_y、p_z(图 3.2)。各轨道都呈哑铃状,每个轨道分为两瓣,所代表的波函数符号相反,一正一负。

3. d 轨道

d 轨道即为 $l=2$ 的轨道,从主量子

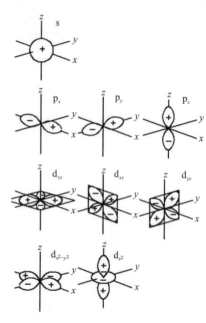

图 3.2 s、p、d 原子轨道的形状图

数 $n=3$ 起有 d 轨道。d 轨道共有 5 个,分别为 d_{xy}、d_{xz}、d_{yz}、d_{z^2} 和 $d_{x^2-y^2}$,每个轨道由相互垂直的 4 个瓣构成,如图 3.2 所示。其中 d_{z^2} 和 $d_{x^2-y^2}$ 是沿笛卡尔坐标的 x、y、z 轴方向展布,而 d_{xy}、d_{xz}、d_{yz} 轨道则沿各坐标轴构成的平面上的 4 个象限伸展,相对 2 个象限的瓣的波函数符号相同,而相邻 2 个象限的波函数符号相反。d 亚层的 5 个轨道根据其空间方向可分为 2 组:d_ε(或 t_{2g}):d_{xy}、d_{xz}、d_{yz};d_γ(或 e_g):d_{z^2} 和 $d_{x^2-y^2}$。

4. f 轨道

f 轨道即为 $l=3$ 的轨道,从主量子数 $n=4$ 起有 f 轨道。f 轨道共有 7 个,因 $l=3$,则 $m_l=3,2,1,0,-1,-2,-3$ 七种类型,通常将它们写成以下线性组合:

f_{xyz}、$f_{z\perp^2}$、f_{yz^2}、f_{z^3}、$f_{z(x^2-y^2)}$、$f_{x(x^2-3y^2)}$、$f_{y(3x^2-y^2)}$。共有 3 种形状,其中磁量子数 $m=\pm1$ 或 ±3 时,f_{xz^2}、f_{yz^2}、$f_{x(x^2-3y^2)}$、$f_{y(3x^2-y^2)}$ 为豆子形;磁量子数 $m=\pm2$ 时,f_{xyz}、$f_{z(x^2-y^2)}$ 为八哑铃形;而磁量子数 $m=0$ 时,f_{z^3} 轨道是 7 个 f 轨道中形状较特别的一个,类似于 d 轨道中的 d_{z^2},但多了一个环。

3.1.5 电子组态

为了描述一个电子在原子中的状态,需指出 4 个量子数的值(n、l、m_l、m_s),因为 4 个量子数明确确定了电子态。按照 Pauli 不相容原理,在一个原子体系中没有任何两个电子具有完全相同的 4 个量子数。

在原子壳层中的电子数,根据 n、l、m_l、m_s 的可能值和可能组合以及 Pauli 不相容原理容易确定。除表 3.1 外,还必须考虑两种自旋态。壳层是由主量子数 $n=1,2,3,4,5,6,\cdots$(K,L,M,N,O,P,$\cdots$)来确定的,亚壳层由轨道量子数 $l=0,1,2,3,4,5,\cdots$(s,p,d,f,$\cdots$)来确定。壳层和亚壳层中的电子数是由磁轨道量子数 m_l 和磁自旋量子数 m_s 来确定的。电子在壳层和亚壳层中的分布称为电子组态。

原子的电子组态由原子轨道(1s、2s、2p、3d 等)加上以每一轨道中的电子数作为上标来表示:2 个 1s 电子记作 $1s^2$,5 个 3d 电子记作 $3d^5$ 等。例如 Na 的电子组态写成 $1s^2 2s^2 2p^6 3s^1$。

描述电子组态也可用一种量子方格图来描绘,如下。

s 轨道由一个单一方格 ↑↓ 来表示,对应于具有两种可能自旋类型的非简并轨道态,↑ 表示 $m_s=+\dfrac{1}{2}$,而 ↓ 表示 $m_s=-\dfrac{1}{2}$。

p 轨道:↑↓|↑↓|↑↓,对应于 $m_l=1,0,-1$(相当于 p_x,p_y,p_z),每个方格中具有 1 个或 2 个电子,最多 6 个电子。

d 轨道:↑↓|↑↓|↑↓|↑↓|↑↓ ($m_l=2,1,0,-1,-2$;或 d_{xy},d_{xz},d_{yz}、$d_{x^2-y^2},d_{z^2}$),最多 10 个电子。

f 轨道:↑↓|↑↓|↑↓|↑↓|↑↓|↑↓|↑↓ ($m_l=3,2,1,0,-1,-2,-3$ 或 f_{xyz} 等),最多 14 个电子。

为确定电子占据原子轨道的顺序,需要知道对每个给定原子轨道的能量。主量子数 n 值(l 值较小时)表明轨道能量的相对顺序:1s、2s、2p、3s、3p、4s、3d、4p、5s、4d、5p、6s、4f、5d、6p、7s、5f、6d。

轨道能的计算:①根据 X 射线光谱,内电子能级间跃迁相当于光谱的 X 射线区域;②根据光学光谱,外层电子(价电子)和它们的激发态。

轨道中的电子分布还服从洪特(Hund)规则:电子占据尽可能多的轨道且自旋

平行(不成对);只是在每一类型的轨道方格全被单个(未成对)电子占据后,才继续被两个具有反向平行自旋(成对的)电子占据。

3.1.6 谱项符号和原子态

作为一个整体的原子态的描述,除了考虑电子与原子核之间的相互作用之外,还要考虑电子之间的相互作用。

图 3.3 和图 3.4 提供了一种表示原子相互作用的矢量模型的图示方法。

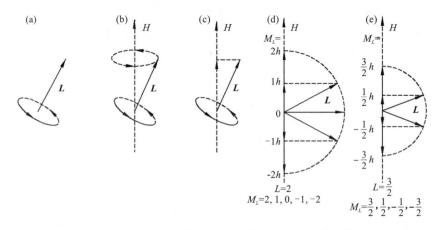

图 3.3 原子的矢量模型:原子的轨道角动量及其量子化

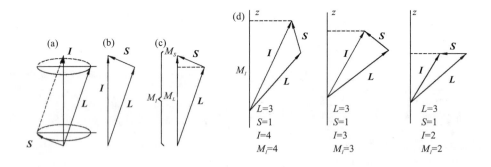

图 3.4 原子的矢量模型:原子的轨道角动量 L 和自旋角动量 S 的矢量和

原子中有两种相互作用的情况:

(1)对于 $Z<30$ 的原子,电子-电子相互作用是通过量子数 L、S 和 I 来描述的,L 和 S 分别为总的轨道角动量和总的自旋角动量,I 为原子的总角动量。这种

情况称为 LS 耦合。首先确定原子的总轨道角动量 L 和总自旋角动量 S,然后得到原子的角动量总和 I。

$$L = l_1 + l_2 + \cdots = \Sigma l$$
$$S = s_1 + s_2 + \cdots = \Sigma s$$
$$I = L + S \tag{3-29}$$

(2)对于重原子,使用相互作用的 $j-j$ 图,首先确定每个电子的总角动量 j,然后用各个 j 的矢量和获得原子的总角动量 I。

总角动量 L 用与单电子轨道量子数 l 值相同的字母表示,但以大写字母代替:

$$l = s \quad p \quad d \quad f \quad g \quad h \quad i \cdots (\text{对一个电子而言})$$
$$\ 0 \quad 1 \quad 2 \quad 3 \quad 4 \quad 5 \quad 6 \cdots$$
$$L = S \quad P \quad D \quad F \quad G \quad H \quad I \cdots (\text{对一个原子而言})$$

显然,原子的总自旋量子数与一个电子的自旋量子数不同,一个电子的自旋量子数总是 $s=1/2$,而一个原子的总自旋量子数可以是整数,也可以是半整数,$S = 0, 1/2, 1, 3/2, 2, 5/2, \cdots$。

磁量子数 M_L、M_S 和 M_I 分别表示一个原子的总轨道角动量、总自旋角动量及总角动量在磁(或电)场方向上的投影。

量子数 n, l, m_l, m_s 确定一个电子的态,而确定一个原子态的是 L、S、I、M_I。

电子的量子数:

n:主量子数,$n = 1, 2, 3, 4, 5, 6 \cdots$

l:轨道量子数,$l = s, p, d, f \cdots (0, 1, 2, 3, \cdots)$

m_l:磁轨道量子数,$m_l = l, l-1, \cdots, -l$

s:自旋量子数,$s = 1/2$

m_l:磁自旋量子数,$m_l = \pm 1/2$

j:总量子数(内量子数),$j = l \pm s$

m_j:磁总量子数,$m_j = j, j-1, \cdots, -j$

原子的量子数:

L:轨道量子数($L = l_1 + l_2 + \cdots = \Sigma l$),$L = S, P, D, F \cdots$

M_L:磁轨道量子数,$M_L = L, L-1, \cdots, -L$

S:自旋量子数($S = s_1 + s_2 \cdots = \Sigma s$),$S = 0, 1/2, 1, 3/2 \cdots$

M_S:磁自旋量子数,$M_S = S, S-1, \cdots, -S$

I:总量子数,I 从 $(L+S)$ 到 $(L-S)$

M_I:磁总量子数,$M_I = I, I-1, \cdots, -I$

一个原子的总角动量 $I(L+S$ 矢量和$)$ 和一个电子的总角动量$(l+s)$以及总轨道角动量 $L(\Sigma l)$ 和总自旋角动量 $S(\Sigma s)$ 皆按照图 3.4 所示的矢量相加的方式获

得。总角动量的投影,由相应的各角动量的投影相加获得,如 $M_J = M_L + M_S$。

图 3.4 所示的矢量模型是表示原子相互作用的普遍方法,电子间相互排斥作用产生的 LS 谱项,自旋轨道耦合产生的以 J 值表征的多重态,由 M_J 值表征的与外磁场的相互作用。

必须指出:因通常计算 l、s、L、S 时均采用其标量值,故文中除此处外,均以标量处理。

谱项符号

谱项是考虑电子间相互作用而给予原子态的标记。它由 L 和 S 值来描述,谱项符号写成:

$$^{2S+1}L \tag{3-30}$$

式中,$L=S$、P、D、F、G、H、I;左上角 S 是原子的总自旋量子数,$(2S+1)$ 是自旋多重度。

如,与 Cr^{3+} 离子的 ^4F 谱项对应的态具有 $L=F=3$,$2S+1=4$,因此 $S=3/2$。

为了标记一个多重态能级,给谱项符号再加上 J 值。

$$^{2S+1}L_J \tag{3-31}$$

式中,一个原子的总量子数 J 的取值可从 $(L+S)$ 到 $(L-S)$。如 ^3F 谱项,$L=F=3$,$2S+1=3$,因此 $S=1$,$L+S=4$,$L-S=2$。因此 ^3F 谱项有 $J=4$、3、2 三个多重能级,即 $^3F_4$、$^3F_3$、$^3F_2$。

借助于电子按 Hund 规则(尽可能多的平行自旋)在量子方格中的分布,很容易得到基态谱项。

如 Cr^{3+},$3d^3$ 电子组态,对 d 电子来说,$l=d=2$,$m_l=2,1,0,-1,-2$,即有 $(2l+1)=5$ 个 m_l 值,把 3 个 d 电子放在 5 个量子方格中:

$m_l = 2 \quad 1 \quad 0 \quad -1 \quad -2$

↑	↑	↑		

$M_L = \Sigma m_l = 2+1+0 = 3$

因为 $M_L \leq L$,所以,$L=3=F$。从 $M_S = \Sigma m_s = 1/2+1/2+1/2 = 3/2$,可得到 $S=3/2$ 和自旋多重度 $2S+1=4$。

因此,$3d^3$ 电子组态的基态谱项为 ^4F。

J 值范围从 $(L+S) = 3+3/2 = 9/2$ 到 $(L-S) = 3-3/2 = 3/2$,即 $J=9/2,7/2,5/2,3/2$。因此,$3d^3$ 组态的多重能级是 $^4F_{9/2}$、$^4F_{7/2}$、$^4F_{5/2}$、$^4F_{3/2}$。

np^2 电子组态:

$m_l=$	1	0	-1
	↑	↑	

$M_L = \Sigma m_l = 1+0 = 1, L = 1 = P$

$M_S = \Sigma m_s = 1, S = 1, 2S+1 = 3$

谱项 $^{2S+1}L = {}^3P$

$$J = L+S = 2, J = L-S = 0, J = 2, 1, 0$$

多重能级为 $^3P_2, {}^3P_1, {}^3P_0$。

需注意 3 种特殊情况：

(1) 对于所有全满的亚壳层 ns^2、np^6、nd^{10}、nf^{14}，基态谱项是 $^1S_0$。因 $M_L = \Sigma m_l = 0, L = 0 = S$；又因在每一个量子方格中都有两个成对电子，$M_S = \Sigma m_l = 0, S = 0, 2S+1 = 1, J = L+S = 0$。

(2) 对于半满的亚壳层 ns^1、np^3、nd^5、nf^7，每一个量子方格中有一个电子，因此 $M_L = \Sigma m_l = 0$，而自旋多重度 $2S+1$ 由电子数确定，即可得到基态谱项 ^2S、^4S、^6S、^8S。

(3) 对于一个电子的组态 ns^1、np^1、nd^1、nf^1，获得的基态谱项最简单，$L = l, S = s = 1/2, 2S+1 = 2$，基态谱项分别为 $^2S, {}^2P, {}^2D, {}^2F$。

在原子光谱学和固体光谱学中，不仅需要知道基态谱项，还要知道全部激发态谱项，所有这些谱项都可由基态电子组态和激发态电子组态推导出来。

在此讨论 nd^1 和 np^1。

nd^1：

$M_L = m_l = 2, M_S = m_s = \pm 1/2$，因而 $L = 2 = D, S = 1/2, 2S+1 = 2$，谱项为 ^2D。$J = L+S = 2+1/2 = 5/2$ 和 $J = L-S = 2-1/2 = 3/2$。因此，有两个多重态能级 $^2D_{5/2}$ 和 $^2D_{3/2}$。

$^2D_{5/2}, J = 5/2$，则 $M_J = 5/2, 3/2, 1/2, -1/2, -3/2, -5/2$，共有 $(2J+1) = 6$ 个态。

$^2D_{3/2}, J = 3/2$，则 $M_J = 3/2, 1/2, -1/2, -3/2$，共有 $(2J+1) = 4$ 个态。

因此与 nd^1 谱项对应的有 10 个态：$(2L+1) \cdot (2S+1) = 5 \cdot 2 = 10$。

np^1：

$M_L = m_l = 1, M_S = m_s = 1/2$，因而 $L = 1 = P, S = 1/2$，谱项为 ^2P。多重态能级为 $^2P_{3/2}$ 和 $^2P_{1/2}$。

$^2P_{3/2}, J = 3/2$，共有 $(2J+1) = 4$ 个态。

$^2P_{1/2}, J = 1/2$，共有 $(2J+1) = 2$ 个态。

因此与 np^1 谱项对应的有 6 个态：$(2L+1) \cdot (2S+1) = 3 \cdot 2 = 6$。

表 3.2 中给出了 d^n 组态的谱项及基态多重态能级。

表 3.2　d^n 组态离子的谱项

电子组态	谱项符号	离子种类
$d^1\ d^9$	^2D	Ti^{3+}, $V^{4+}(d^1)$; $Cu^{2+}(d^9)$
$d^2\ d^8$	$^3F\ ^3P$ $^1G\ ^1D\ ^1S$	$V^{3+}(d^2)$; $Ni^{2+}(d^8)$
$d^3\ d^7$	$^4F\ ^4P$ $^2H\ ^2G\ ^2F\ ^2D\ ^2D\ ^2P$	V^{2+}, Cr^{3+}, $Mn^{4+}(d^3)$; $Co^{2+}(d^7)$
$d^4\ d^6$	^5D $^3H\ ^3G\ ^3F\ ^3F\ ^3D\ ^3P\ ^3P$ $^1I\ ^1G\ ^1G\ ^1F\ ^1D\ ^1D\ ^1S\ ^1S$	$Mn^{3+}(d^4)$; $Fe^{2+}(d^6)$
d^5	^6S $^4G\ ^4F\ ^4D\ ^4P$ $^2I\ ^2H\ ^2G\ ^2G\ ^2F\ ^2F\ ^2D\ ^2D\ ^2D\ ^2P\ ^2S$	Mn^{2+}, Fe^{3+}

3.2　晶体场理论

宝石颜色往往与元素周期表中过渡金属元素(Sc、Ti、V、Cr、Mn、Fe、Co、Ni等)在晶体中的结合规律有关。晶体场理论就是研究过渡金属离子在晶体结构中，由于受周围配位离子电场的影响，而发生的电子轨道能量和电子排布的变化，进而说明金属离子在受外界能量(光子)激发时所产生的光谱学变化，从而解释宝石颜色的形成机理。

晶体场理论中把过渡金属阳离子当作中心离子，其周围的阴离子或偶极子基团(或络阴离子)通称为配位体，并当作负电荷处理。配位体对中心阳离子的作用主要取决于配位体的类型、空间位置和对称性。作用的本质是静电场力。

第一系列过渡元素电子层结构一般为 $1s^22s^22p^63s^23p^63d^{10-n}4s^{1-2}$，失去 4s 亚层电子及某些 3d 亚层电子便形成过渡元素不同价态的离子，表 3.3 列出了第一系列过渡元素的电子层结构。

表3.3 第一系列过渡元素电子层结构

原子序数	元素	电子层结构			
		原子	M(Ⅱ)	M(Ⅲ)	M(Ⅳ)
21	Sc	$3d^14s^2$	$3d^1$	—	—
22	Ti	$3d^24s^2$	$3d^2$	$3d^1$	—
23	V	$3d^34s^2$	$3d^3$	$3d^2$	$3d^1$
24	Cr	$3d^54s^1$	$3d^4$	$3d^3$	$3d^2$
25	Mn	$3d^54s^2$	$3d^5$	$3d^4$	$3d^3$
26	Fe	$3d^64s^2$	$3d^6$	$3d^5$	
27	Co	$3d^74s^2$	$3d^7$	$3d^6$	
28	Ni	$3d^84s^2$	$3d^8$	$3d^7$	$3d^6$
29	Cu	$3d^{10}4s^1$	$3d^9$	$3d^8$	—

3.2.1 晶体场分裂及晶体场稳定能

在晶体结构中,中心阳离子周围的配位体产生一个称为晶体场的静电势场,这种非球状的晶体场对未充满的 d 轨道发生排斥作用。由于对不同方位 d 轨道的排斥效应不同,导致轨道围绕能级中心(对称中心)发生能级分裂,从而破坏了 d 轨道的五重简并。d 轨道在四面体、立方体配位中,过渡金属元素离子两种 d 轨道的能量分裂类似,而八面体配位中,能级分裂的性质与之相反。

在正八面体配位中,过渡金属离子的 5 个 d 轨道都受到配位体负电荷的排斥,使轨道的总体能级提高。如果配位体呈球形对称,则使 5 个 d 轨道能级增高相等,仍处于同等能级(无分裂)。但在八面体配位中[图3.5(a)],属于 $d_\gamma(e_g)$ 组的两个轨道 d_{z^2} 和 $d_{x^2-y^2}$ 的轨道瓣是指向配位体的[图3.5(b)],而属于 $d_\varepsilon(t_{2g})$ 组的 3 个轨道 d_{xy}、d_{yz} 和 d_{xz} 的轨道瓣是指向配位体质点之间的方向,因此 2 个 d_γ 轨道被排斥的程度大于 3 个 d_ε 轨道,结果使 d_γ 轨道的能量升得较高,d_ε 轨道能量升高的幅度较小,两者之间产生了明显的能量差,这就是轨道的能级分裂。两者的能级差称为晶体场分裂能 Δ_O 或 $10Dq$。如果以球形配位体中各轨道能级升高的平均能量为重心,则 3 个 d_ε 轨道比能量重心低 $2/5\ \Delta_O$,即 d 轨道中每个电子使离子稳定性增强了 $2/5\ \Delta_O$;同时 2 个 d_γ 轨道比能量重心升高了 $3/5\ \Delta_O$,其中的每一个电子使离子

稳定性降低了 $3/5 \Delta_O$。这样经过代数计算得到的净稳定能称为晶体场稳定能,以 CFSE(Crystal Field Stabilization Energies)表示,如图 3.6 所示。

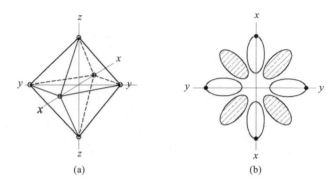

图 3.5　八面体配位中,配位体和过渡金属离子 d 轨道的方位图

(a)配位体方位;(b)八面体配位晶体场的 $x-y$ 平面,过渡金属离子的 d_{xy} 和 $d_{x^2-y^2}$ 轨道分别以带斜线的椭圆和空白椭圆表示,配位体以黑点表示

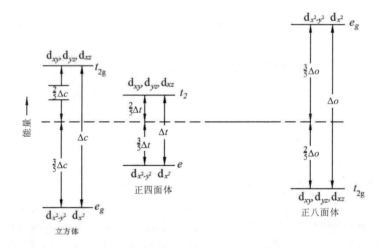

图 3.6　晶体场稳定能(CFSE)示意图

正八面体场中轨道的能量是:

e_g：$+3/5 \Delta$ 或 $+6Dq$

t_{2g}：$-2/5 \Delta$ 或 $-4Dq$

正四面体场中轨道的能量是:

t_2：$+2/5 \Delta$ 或 $+4Dq$

e：$-3/5 \Delta$ 或 $-6Dq$

Δ_O、Δ_c 和 Δ_t 三者之间的关系是：

$$\Delta_t = -\frac{4}{9}\Delta_O, \quad \Delta_c = -\frac{8}{9}\Delta_O \tag{3-32}$$

或

$$Dq_{四面体} = \frac{4}{9}Dq_{八面体}, \quad Dq_{立方体} = \frac{8}{9}Dq_{八面体} \tag{3-33}$$

式中，负号表示两种配位中的两组 d 轨道的相对稳定性是相反的。由式(3-32)、式(3-33)可导出：

$$\Delta_c = 2\Delta_t$$

d 轨道分裂的结果，使 d 电子分布受两种相反力的控制：①电子相互间的排斥力（汉密顿算符中的 H_{ee}）有利于产生不成对的电子（具有平行自旋）；八面体配位中，当 t_{2g} 能级中有 3 个不成对的电子时，这种相互作用迫使第 4 个电子和其后电子进入较高的 e_g 能级，以阻止自旋成对态的产生，这与洪特规则相对应，即基态是具有最大自旋的态，也就是具有最大未偶电子数的态。②另一方面，决定 t_{2g} 和 e_g 能级间隔的晶体场强度 $\Delta = 10Dq$（哈密顿算符中的 H_{CF}）对抗电子向较高的 e_g 态转移，晶体场分裂效应使电子倾向占据能量较低的轨道。由于这两种作用力的相对强弱不同，有些过渡金属离子的 d 电子分布可以有高自旋和低自旋两种构型。

如表 3.4 所示，具有 1、2、3 和 8、9、10 个 d 电子的过渡金属离子只可能有一种电子构型，而具有 4、5、6 和 7 个 d 电子的金属离子，其电子层构型则可能有高、低自旋两种构型。另外从表 3.4 中还可看出，d^3、d^8 及低自旋的 d^6 电子层构型的离子在八面体配位中获得较大的晶体场稳定能。因此，可以预料 Cr^{3+}、Ni^{2+} 和 Co^{3+} 等将强烈选择八面体配位位置。

实际晶体结构中，过渡金属离子更常处于畸变的非等轴的配位多面体中，同一配位位置上，金属离子-氧离子之间距离可能并不相等，有时配位体还可能不相同或不等价，如在有些宝石矿物中，阳离子的配位体除氧以外，还可能有 OH^-、F^-、Cl^- 等，且在同一配位位置上。所有这些情况都可能使作用于阳离子的静电场发生各种复杂的变化，使处于这种低对称晶体场中的过渡金属离子的 d 轨道能级进一步发生分裂，形成更多能级的不同轨道，因此，在此状况下的晶体场分裂能（Δ）就不止一个，而会有多个。Δ 值相当于可见光区和红外区域内的电磁辐射，它的大小与晶体场的强度、配位体的性质与类型、中心阳离子与配位体之间的距离，以及配位体的对称性等有关。例如，当八面体沿 z 轴压缩时，将使 $d_{x^2-y^2}$ 轨道低于 d_{z^2} 轨道，d_{xz}、d_{yz} 轨道能量低于 d_{xy}。当八面体沿 z 轴拉伸时，亦将产生类似的分裂，但具有相反的能级位置。

表 3.4 正八面体配位中过渡金属离子的 3d 电子构型和晶体场稳定能

3d电子数	离子	高自旋状态 3d电子层构型 d_ϵ			d_γ		未成对电子	晶体场稳定能(CFSE)	低自旋状态 3d电子层构型 d_ϵ			d_γ		未成对电子	晶体场稳定能(CFSE)
0	Sc^{3+}, Ti^{4+}						0	0						0	0
1	Ti^{3+}, V^{4+}	↑					1	$2/5 \Delta_o$	↑					1	$2/5 \Delta_o$
2	Ti^{2+}, V^{3+}	↑	↑				2	$4/5 \Delta_o$	↑	↑				2	$4/5 \Delta_o$
3	V^{2+}, Cr^{3+}, Mn^{4+}	↑	↑	↑			3	$6/5 \Delta_o$	↑	↑	↑			3	$6/5 \Delta_o$
4	Cr^{3+}, Mn^{3+}	↑	↑	↑	↑		4	$3/5 \Delta_o$	↑↓	↑	↑			2	$8/5 \Delta_o$
5	Mn^{2+}, Fe^{3+}	↑	↑	↑	↑	↑	5	0	↑↓	↑↓	↑			1	$10/5 \Delta_o$
6	Fe^{2+}, Co^{3+}, Ni^{4+}	↑↓	↑	↑	↑	↑	4	$2/5 \Delta_o$	↑↓	↑↓	↑↓			0	$12/5 \Delta_o$
7	Co^{2+}, Ni^{3+}	↑↓	↑↓	↑	↑	↑	3	$4/5 \Delta_o$	↑↓	↑↓	↑↓	↑		1	$9/5 \Delta_o$
8	Ni^{2+}	↑↓	↑↓	↑↓	↑	↑	2	$6/5 \Delta_o$	↑↓	↑↓	↑↓	↑	↑	2	$6/5 \Delta_o$
9	Cu^{2+}	↑↓	↑↓	↑↓	↑↓	↑	1	$3/5 \Delta_o$	↑↓	↑↓	↑↓	↑↓	↑	1	$3/5 \Delta_o$
10	Cu^+, Zn^{2+}	↑↓	↑↓	↑↓	↑↓	↑↓	0	0	↑↓	↑↓	↑↓	↑↓	↑↓	0	0

由于过渡金属离子在晶体场中发生能级分裂,而 d 电子一般又充填于低能级的轨道上(基态),当外界光辐射作用于 d 电子时,这些 d 电子可能吸收光辐射的能量,变为激发态电子,并从基态跃迁到较高能级的 d 轨道上,这种现象称为电子的 d-d 跃迁。只有当光辐射能近等于晶体场分裂能时,电子才能吸收该光辐射,并跃迁到相应的能级轨道,未被吸收的光辐射(大于或小于晶体场分裂能)就呈现为宝石的颜色,这就是宝石呈色的机理。

3.2.2 晶体场参量:Tanabe - Sugano 图

在确定晶体场谱项定性分裂后,再来定量估计晶体场能级之间的分离程度。在一个离子中,电子相互作用的所有层次可用能级分裂图表示(图 3.6),也可以在哈密顿算符中引入一些附加项,用几个参数把它们定量地表示出来:

$$H = H_0 + H_{ee} + H_{CF} + H_{LS} \qquad (3-34)$$
$$\qquad\qquad \downarrow \quad\;\; \downarrow \quad\;\; \downarrow$$
$$\qquad\qquad B,C \;\; Dq \quad\; \zeta$$

式中，B、C 是电子间排斥(H_{ee})参量，决定着由于电子间库伦排斥力造成的谱项分离；Dq 是立方晶体场参量，确定由立方晶体场(H_{CF})作用而产生的谱项分裂；ζ 是自旋轨道耦合参量，即在晶体中由于离子的轨道角动量和自旋角动量间相互作用(H_{LS})而引起的离子能级进一步分裂。

在光吸收光谱解释中，电子间相互作用参量取 Racah B 和 Racah C 参量的形式(Racah A 参量对应于已知电子组态所有谱项的平行移动，因此在光学跃迁中不予考虑)。在自由离子光谱计算中使用 Slater - Condon - Shortley 参量 F_0、F_2、F_4，它们与 Racah 参量的关系如下：

$$B = F_2 - 5F_4 ; \quad C = 35F_4 ; \quad A = F_0 - 49F_4$$

由 Racah 参量表示的自由离子谱项的能量，可用一些简单方程表示，根据这些方程应用自由离子光学光谱的实验数据，可获得这些参量的数值。

例如 d^2 组态(V^{3+} 离子)有：

(1) 谱项：^3F、^3P、^1G、^1D、^1S(见表 3.5)。

(2) 从光学光谱获得这些谱项的能量(可以从资料中查出)，单位 cm^{-1}。

$$^3F_2 \quad 0 \qquad\quad ^3P_0 \quad 13\,121$$
$$^3F_3 \quad 318 \qquad ^3P_1 \quad 13\,283$$
$$^3F_4 \quad 730 \qquad ^3P_2 \quad 13\,435$$
$$^1D_2 \quad 10\,960 \quad\; ^1G_4 \quad 18\,389$$

(3) 用 Racah 参量来表示这些谱项能量：

$$E(^3F) = A - 8B$$
$$E(^3P) = A + 7B$$
$$E(^1D) = A - 3B + 2C$$
$$E(^1G) = A + 4B + 2C$$

因此得到：

$$^3P - {}^3F = 15B = 1300\,cm^{-1}$$
$$^1D - {}^3F = 5B + C = 10\,600\,cm^{-1}$$

因而，对于自由离子 V^{3+}，B 和 C 参量是：$B = 866\,cm^{-1}$，$C = 3135\,cm^{-1}$。注意，对于相同的多重度谱项(如 $^3F - {}^3P$ 或 $^1D - {}^1G$)，其能量间隔只由 B 参量确定，但对于不同多重度谱项(如 $^1D - {}^3F$)，能量间隔由 B 和 C 参量确定。

表 3.5 在不同对称点群中 S、P、D、F 谱项变换的对称类型(不可约表示)

	O_h	$D_{3d}\ D_3\ C_{3v}\ C_3\ S_6$	$D_{4h}\ D_4\ C_{4v}\ C_{4h}\ C_4\ S_4$	$D_{2v}\ D_2\ C_{2v}$	$C_{2h}\ C_2\ C_s$	C_1
S	A_{1g}	$A_{1g}\ A_1\ A_1\ A\ A_g$	$A_{1g}\ A_1\ A_1\ A_g\ A\ A$	$A_g\ A\ A_1$	$A_g\ A\ A'$	A_g
P	T_{1g}	$A_{2g}\ A_2\ A_2\ A\ A_g$ $E_g\ E\ E\ E\ E_g$	$A_{2g}\ A_2\ A_1\ A_g\ A\ A$ $E_g\ E\ E\ E_g\ E\ E$	$B_{3g}\ B_3\ B_1$ $B_{2g}\ B_2\ B_2$ $B_{1g}\ B_1\ A_1$	$B_g\ B\ A'$ $A_g\ A\ A''$ $A_g\ A\ A''$	A_g A_g A_g
D	T_{2g}	$A_{1g}\ A\ A_1\ A\ A_g$ $E_g\ E\ E\ E\ E_g$	$B_{2g}\ B_2\ B_2\ B_g\ B\ B$ $E_g\ E\ E\ E_g\ E\ E$	$B_{1g}\ B_1\ A_2$ $B_{2g}\ B_2\ B_1$ $B_{3g}\ B_3\ B_2$	$A_g\ A\ A'$ $B_g\ B\ A''$ $B_g\ B\ A''$	A_g A_g A_g
	E_g	$E_g\ E\ E\ E\ E_g$	$A_{1g}\ A_1\ A_1\ A_g\ A\ A$ $B_{1g}\ B_1\ B_1\ B_g\ B\ B$	$A_g\ A\ A_1$ $A_g\ A\ A_1$	$A_g\ A\ A'$ $A_g\ A\ A'$	A_g A_g
F	A_{2g}	$A_{2g}\ A_2\ A\ A\ A_g$	$A_{2g}\ A_2\ A_2\ A\ A\ A$	$B_{1g}\ B_1\ A_2$	$A_g\ A\ S'$	A_g
	T_{2g}	$A_{1g}\ A_1\ A_1\ A\ A_g$ $E_g\ E\ E\ E\ E_g$	$A_{1g}\ A_1\ A_1\ A_g\ A\ A$ $E_g\ E\ E\ E_g\ E\ E$	$A_g\ A\ A_1$ $B_{2g}\ B_2\ B_1$ $B_{3g}\ B_3\ B_2$	$A_g\ A\ A'$ $B_g\ B\ A''$ $B_g\ B\ A''$	A_g A_g
	T_{1g}	$A_{2g}\ A_2\ A_2\ A\ A_g$ $E_g\ E\ E\ E\ E_g$	$A_{2g}\ A_2\ A_2\ A_g\ A\ A$ $E_g\ E\ E\ E_g\ E\ E$	$B_{1g}\ B_1\ A_2$ $B_{2g}\ B_2\ B_1$ $B_{3g}\ B_3\ B_3$	$A_g\ A\ A'$ $B_g\ B\ A''$ $B_g\ B\ A''$	A_g A_g

注:①在 T_d 群(四面体)中,具有与表中 O_h 群相同的对称类型,只是不带符号"g"。②在 O_h 中谱项 G 变换成 A_{1g}、E_g、T_{1g}、T_{2g} 对称类型;谱项 H 变换成 E_g、$2T_{1g}$、T_{2g};谱项 I 变换成 A_{1g}、A_{2g}、E_g、T_{1g}、$2T_{2g}$;它们的进一步分裂与 A_{1g}、A_{2g}、E_g、T_{1g}、T_{2g} 的进一步分裂相同。③自由原子的自旋多重度在由相应的谱项导出的对称类型中保持不变;例如 ^6S 在 O_h 中变换成 $^6A_{1g}$,而 ^3F 变换成 $^3A_{2g}$、$^3T_{1g}$、$^3T_{2g}$ 等。

C/B 比值通常接近于 4,因而在许多情况中,电子之间的相互作用只通过 B 参量来考虑。根据晶体的光学吸收光谱测得的 B 和 C 值总是小于自由离子的值。与自由离子的值相比,晶体中 B 和 C 值的变化,以及 B 和 C 值与过渡金属配位离子的关系,可以通过比较这些参量的物理意义和参与形成过渡金属-配位络合物相互作用的意义加以理解。

自由离子中,B 和 C 参量是电子间排斥作用的度量。晶体中 B 和 C 参量还同时是化学键共价性的度量。

无论是自由离子还是晶体中的离子,电子的相互作用都取决于离子半径:离子半径越大,电子彼此间的距离也越大,它们的排斥力就越小,反之亦然。

因此,B 和 C 值减小的规律是:①随着氧化态的降低而减小(M^{2+} 半径比 M^{3+} 大,M^{2+} 中的相互作用要比 M^{3+} 中为弱);②随第一过渡系到第二、第三过渡系而减小;③在每个系内,从第一个离子到最后一个离子逐步减小(随 d 电子的数目增多离子半径在增大)。

对于晶体中的一个离子来说,过渡金属和配位体轨道的重叠,伴随有两种效应出现,并都导致 B 和 C 值减小:①d 电子部分转移到配位体轨道中去,这意味着增加了 d 轨道的范围,增大了平均半径并降低了有效电荷;②配位体轨道"侵入"到 d 亚壳层中,从而扩大了屏蔽效应,降低了有效电核,并导致 d 轨道沿径向扩展。

换言之,键的共价性越强,晶体中的 B 值与自由离子相比就越小。

对于一个给定过渡金属离子,化学键的共价性取决于配位离子,在电子云扩展系列中把配位离子按 B 递减的顺序排列起来。

$$B_{自由离子}: F^- > O^{2-} > Cl^- > Br^- > S^{2-} > I^- > Se^{2-}$$

晶体中 B 值通常减小到自由离子 B 值的 $0.7 \sim 0.8$ 倍左右。B 值的减小预示着谱项间距的缩小。

立方晶体场参量 Dq(晶体场强度)是谱项分裂间隔的定量量度。

从 d^1、d^4、d^6、d^9 组态即在 d^0、d^5、d^{10} 壳层上有一个未偶 d 电子组态得出的 D 谱项(^2D、^3D),它的分裂只由晶体场强度 Dq 来决定。

从 d^2、d^3、d^7、d^8 组态推导出的 F 谱项(^3F、^4F)的分裂以及激发谱项 G、H、… 的分裂,用 Dq、B 和 C 值表示。

Dq 值由配位体上的有效电荷 Q、d 轨道的平均半径 r 以及过渡金属-配位体距离 R 来确定:

$$Dq = 常数 \cdot \frac{Q(r^4)}{R^5} \tag{3-35}$$

式(3-35)表明 Dq 值存在以下关系:

(1)与过渡金属种类的关系:M^{3+} 的 Dq 值要比 M^{2+} 的大;对于同价的和处于相同配位的离子,Dq 值在很小的范围内变化。

第一过渡元素系 Dq 值要比第二过渡元素系小约 30%,而第二过渡元素系 Dq 值要比第三过渡元素系小约 30%,即 $Dq(3d) < Dq(4d) < Dq(5d)$。

d^5 离子的 Dq 值比 d^4 和 d^6 的 Dq 值小。存在一个按 Dq 递增顺序排列的光谱化学系列:

$$Mn^{2+} < Ni^{2+} < Co^{2+} < Fe^{2+} < V^{2+} \sim Cu^{2+} < Fe^{3+} < Cr^{3+}$$
$$< V^{3+} < Ti^{3+} < Mn^{3+}$$

(2)与配位体的关系,同样存在一个按 Dq 递增顺序排列的光谱化学系列:

$$I^- < Br^- < Cl^- < F^- \lesssim O^{2-} \lesssim H_2O$$

(3)与过渡金属-配位体距离 R 的关系:Dq 随 R 减小而增加,但不总是与 R 的 5 次方成反比。

(4) 与配位数的关系:$Dq_{八面体}:Dq_{立方体}:Dq_{四面体}=1:8/9:4/9$

根据光学吸收光谱确定 Dq、B、C,先指定各吸收带所属的跃迁,这些跃迁是在立方晶体场中基态谱项分裂所形成的能级之间的跃迁,根据下述简单关系确定参数 Dq、B、C。

(1) 对于 d^1、d^4、d^6、d^9 组态(基态为 ^2D、^5D),只能从允许跃迁确定 $\Delta=10Dq$:

$$d^1(^2D): {}^2T_2 \to {}^2E = \Delta$$
$$d^4(^5D): {}^5E \to {}^5T_2 = \Delta$$
$$d^6(^5D): {}^5T_2 \to {}^5E = \Delta$$
$$d^9(^2D): {}^2E \to {}^2T_2 = \Delta$$

(2) 对于 d^2、d^3、d^7、d^8 组态(基态为 ^3F、^4F),可确定 $\Delta=10Dq$ 和 B:

$$d^2(^3F): {}^3T_1 \to {}^3T_2 = -7.5B + 0.5\Delta + (b^+)$$
$${}^3T_1 \to {}^3A_2 = -7.5B + 1.5\Delta + (b^+)$$
$${}^3T_1 \to {}^3T_1(^3P) = 2(b^+)$$
$${}^3T_2(^3F) - {}^3A_2(^3F) = \Delta$$

$$d^7(^4F): {}^4T_1 \to {}^4T_2 = -7.5B + 0.5\Delta - (b^+)$$
$${}^4T_1 \to {}^4A_2 = -7.5B + 1.5\Delta - (b^+)$$
$${}^4T_1 \to {}^4T_1(^4P) = 2(b^+)$$
$${}^4T_2(^4F) - {}^4A_2(^4F) = \Delta$$

$$d^3(^4F): {}^4A_2 \to {}^4T_2 = \Delta$$
$${}^4A_2 \to {}^4T_1 = 7.5B + 1.5\Delta - (b^-)$$
$${}^4A_2 \to {}^4T_1(^4P) = 7.5B + 1.5\Delta + (b^-)$$
$${}^4T_1(^4F) - {}^4T_1(^4P) = 2(b^-)$$

$$d^8(^3F): {}^3A_2 \to {}^3T_2 = \Delta$$
$${}^3A_2 \to {}^3T_1 = 7.5B + 1.5\Delta - (b^-)$$
$${}^3A_2 \to {}^3T_1(^3P) = 7.5B + 1.5\Delta + (b^-)$$
$${}^3T_1(^3F) - {}^3T_1(^3P) = 2(b^-)$$

式中,
$$(b^+) = 1/2[(9B+\Delta)^2 + 144B^2]^{1/2}$$
$$(b^-) = 1/2[(9B-\Delta)^2 + 144B^2]^{1/2}$$

(3) 对于 d^5 组态,^6S 基态谱项变换成单一能级 $^6A_1$,其 B、C、Δ 值根据基态能级 ^6A 和激发态之间的跃迁来确定,激发能级可由其他谱项得到。

$$d^5(^6S): {}^6A_1 \to {}^4T_1(^4G) = -\Delta + 10B + 6C - 26B^2/\Delta$$
$${}^6A_1 \to {}^4T_2(^4G) = -\Delta + 18B + 6C - 26B^2/\Delta$$

对由 d^n 组态得到的全部谱项而言,立方场中完整的能级图可由 Tanabe-

Sugano 图表示。这些图是对于给定的 B 和 C/B 值画出的晶体场能级的能量(单位为 E/B)与晶体场参量 $10Dq$(单位为 Dq/B)的函数关系图形。在图中,基态谱项与水平坐标重合,而其他自由离子谱项位置表示在垂直坐标上。晶体场能级就由这些基态和激发态的自由离子谱项得出。

Tanabe-Sugano 图的局限性与下述因素有关:①晶体场模型本身的局限性;②只用一组 B 和 C 值计算作图;③使用的是自由离子的 B 和 C 值,而它们与晶体中的 B、C 值相差显著;④只给出了立方晶体场的分裂,而最常见的却是较低对称的晶体场。所有限制使得这些图只是半定量的,它们给出能级的相对位置和它们的能量变化与晶体场强度的函数关系。

基态到激发态的跃迁,可以是自旋允许的或自旋禁戒的。在相同多重度的态之间的跃迁是自旋允许的,即通常在同一基态谱项分裂而成的能级之间的跃迁;在不同多重态之间的跃迁是自旋禁戒的。允许跃迁产生强的吸收带,禁戒跃迁则对应弱的吸收带,常常观察不到。

3.2.3 自旋轨道相互作用

用参数 Dq、B、C 描述立方晶体场的分裂,并用 Tanabe-Sugano 图把它们联系起来。虽然由 Dq、B、C 描述的晶体场分裂代表晶体中离子相互作用的主要部分,比其他作用要大一到两个数量级,然而还存在其他相互作用的情况。

被晶体场分裂的 $3d^n$ 离子态的自旋轨道相互作用与自由离子的轨道角动量(L)和自旋角动量(S)之间的耦合是完全相同的。在自由离子中,L 与 S 的耦合取决于自旋-轨道耦合参量 λ 并由此推导出量子数 I(谱项 $^{2S+1}L \to$ 多重态 $^{2S+1}L_1$),在此考虑的是晶体场作用之后的情况,并且是作用于晶体场中对称类型表示的态上(T、E、A 分别代表轨道的三重、二重和非简并态的标记)。态的自旋多重度,如 ^3T、^3E、^3A、…,与自由离子中一样,表示自旋简并度($2S+1$),其中 S 是离子的自旋角动量。

离子的轨道角动量和自旋角动量相互作用会产生以下结果:①导致立方场能级进一步分裂,引起吸收带的加宽,或者在低温下,造成吸收光谱中的精细结构;如果离子位置的局部对称性不是立方的,则自旋轨道耦合与对称性的降低共同导致能级的分裂。②导致在不同多重度态之间产生弱的允许跃迁,否则这些跃迁是禁戒的。选律不再是 $\Delta S=0$,而是由 $\Delta I=\pm 1,0$(即由量子数 $I=L+S$)来确定可能的跃迁。③导致磁化率值与纯自旋的值不一致。④导致电子顺磁共振波谱中自旋亚能级的原始分裂,它决定着 g 因子的数值。

自旋轨道偶合值可以用自旋轨道偶合的单电子参量 ξ_{3d}(表 3.6)表示,它是描述已知电子组态的一个单电子的自旋角动量和轨道角动量之间相互作用强度的;

它反映了该已知电子组态的特征，ξ_{3d} 是正值，并且对于给定组态产生的所有谱项都是相同的，它与核的有效电荷 $Z_{有效}$ 以及 $3d^n$ 轨道的平均半径 $\bar{r}$ 有关：

$$\xi_{3d} = \frac{\dfrac{Z_{有效} \cdot e^2}{2m^2c^2}}{\bar{r}^3} \tag{3-36}$$

λ 是与离子的谱项有关的自旋轨道耦合参量：

$$\lambda = \pm \xi/2S \tag{3-37}$$

例如，Cr^{3+}（$3d^3$），$\xi_{3d} = 270 cm^{-1}$（表 3.6），由此组态产生的谱项为 ^4F（或 $^4T_2$，$^4T_1$）$\lambda = \dfrac{1}{3}\xi_{3d} = 90 cm^{-1}$（因为 $2S+1=4$，$S=3/2$，$\lambda = \xi_{3d}/2S$）。

表 3.6　铁族离子自旋轨道耦合的单电子参数 ξ_{3d}

离子	$\xi_{3d}(cm^{-1})$	离子	$\xi_{3d}(cm^{-1})$	离子	$\xi_{3d}(cm^{-1})$
Ti^{2+}	120	Cr^{2+}	230	Co^{2+}	515
Ti^{3+}	155	Cr^{3+}	275	Co^{3+}	580
V^{2+}	170	Mn^{2+}	300	Ni^{2+}	630
V^{3+}	210	Mn^{3+}	255	Ni^{3+}	715
V^{4+}	250	Fe^{2+}	400	Cu^{2+}	830
		Fe^{3+}	460		

因而参量 λ 是离子的特征，一个谱项的自旋轨道耦合的强度是 $\lambda \cdot LS$。

ξ_{3d} 总是一个正的参量，λ 可能为正也可能为负。对于电子壳层不到半满的情况（$d^1 - d^4$、p^1、p^2），λ 为正值，对于超过半满的电子壳层（$d^6 - d^9$、p^4、p^5），λ 为负值；对于 d^5、p^3，λ 值为零。

自旋轨道能级的能量可按下式(3-38)确定：

$$\varepsilon = -\frac{1}{2} \cdot \xi_{3d} \cdot \frac{1}{2} [I(I+1) - L(L+1) - S(S+1)] \tag{3-38}$$

3.3　分子轨道理论

3.3.1　分子轨道的描述和分类

3.3.1.1　波函数

正如原子轨道是单电子波函数，它描述一个原子中每个电子的行为，并代表原子的电子结构模型。分子轨道也是单电子波函数，它描述在两个或多个核场中电子的行为,并代表一种分子或络合物电子结构的化学键模型。

分子轨道是原子轨道的线性组合:

$$\varphi_{MO} = \varphi_A \pm \varphi_B \tag{3-39}$$

靠近原子 A 时电子的行为用原子轨道 φ_A 近似表示,而靠近原子 B 时则用 φ_B 近似表示。这里的波函数 φ_A 和 φ_B 是原子轨道 1s,2s,2p,3p 等。

例如,H_2 分子(氢原子轨道为 1s):

$$\varphi_{AB} = 1s_A \pm 1s_B$$

对于 CO 分子(C 的原子轨道为 $2s^2, 2p^3$;氧的原子轨道为 $2s^2, 2p^4$),一些分子轨道是:$\varphi'_{MO} = 2s_C \pm 2s_O; \varphi''_{MO} = 2p_C \pm 2p_O$ 以及其他等。

波函数 φ_{MO} 具有与原子轨道相同的物理意义,它的平方 φ_{MO}^2 给出单位体积内找到一个电子的概率。为了使在一个给定波函数的全部空间中找到一个电子的概率等于 1,引入归一化常数 N:

$$N^2 \int \varphi_{MO}^2 dv = 1 \tag{3-40}$$

于是分子轨道可写成:

$$\varphi_{MO} = N(\varphi_A \pm \varphi_B)$$

考虑每个原子轨道(φ_A 和 φ_B)在分子轨道中的贡献,引入参数 c_i:

$$\varphi_{MO} = N(c_1 \varphi_A \pm c_2 \varphi_B) \tag{3-41}$$

得出归一化常数 N 的表达式:

$$N^2 \int \varphi_{MO}^2 dv = 1$$

$$N^2 \int (c_1 \varphi_A + c_2 \varphi_B)^2 dv = 1$$

$$N^2 \left(c_1^2 \int \varphi_A^2 dv + c_2^2 \int \varphi_B^2 dv + 2c_1 c_2 \int \varphi_A \varphi_B dv \right) = 1$$

由于所使用的原子轨道 φ_A 和 φ_B 已经归一化,则:

$$\int \varphi_A^2 dv = 1$$

$$\int \varphi_B^2 dv = 1$$

积分 $\int \varphi_A \varphi_B dv$ 用 S 表示,称为重叠积分,则:

$$N^2 (c_1^2 + c_2^2 + 2c_1 c_2 S) = 1$$

$$N = \frac{1}{\sqrt{c_1^2 + c_2^2 + 2c_1 c_2 S}}$$

$$\varphi_{MO} = N(c_1 \varphi_A + c_2 \varphi_B)$$

$$= \frac{1}{\sqrt{c_1^2 + c_2^2 + 2c_1 c_2 S}} (c_1 \varphi_A + c_2 \varphi_B) \qquad (3-42)$$

对于同核分子(H_2、O_2 等),$N = 1/\sqrt{2c^2 + 2c^2 S}$。假如忽略重叠积分,即取 $S=0$,则:

$$c_1^2 + c_2^2 = 1$$
$$2c^2 = 1$$
$$c = \frac{1}{\sqrt{2}}$$

因而,$\varphi_{MO} = \frac{1}{\sqrt{2}} (\varphi_A + \varphi_B)$。

3.3.1.2 σ 和 π 分子轨道,成键、反键和非键分子轨道

对于各种类型原子中的电子,只有 s、p、d、f 四种类型的原子轨道界面。通过原子轨道适当的线性组合而得到分子轨道时,需要考虑 s、p、d、f 轨道之间所有可能的重叠。

对于 s、p、d、f 轨道,全部可能的成对组合只有两种类型:σ 键和 π 键轨道。这主要取决于原子轨道重叠原则:①只有同号轨道才能实现有效重叠(能量最低),这就是原子轨道的对称性匹配条件;②原子轨道在相互重叠时,总是沿着重叠最多的方向进行,重叠越多,分子轨道能量越低,这就是原子轨道的最大重叠条件。σ 和 π 分子轨道的每一种可以是成键(σ^b,π^b)分子轨道和反键(σ^*,π^*)分子轨道。

原子轨道通过瓣的重叠而构成 σ 分子轨道(图 3.7),这种轨道相对于绕键轴方向(z 轴)的转动是对称的。σ 分子轨道可由 s—s、s—p_z、s—$d_{x^2-y^2}$、s—d_{z^2} 原子轨道重叠而成(即 s 轨道只形成 σ 分子轨道),也可以由 p_z—p_z、p_z—d_{z^2}、p_z—$d_{x^2-y^2}$ 重叠而成。

π 轨道是由 p_x—p_x、p_y—p_y、p_x—d_{xy} 原子轨道重叠构成的,且相对绕键方向的转动不对称(图 3.8)。π 键总是远不如 σ 键稳定。

反键 σ^* 和 π^* 分子轨道是由与 σ 和 π 分子轨道相同的原子轨道对构成,但不是同号电子云相叠加,而是异号电子云相重叠的产物。在成键(σ^b,π^b)分子轨道中,两个原子核内电子云密度增高,分子轨道能低于原子轨道能,这种键是稳定的,重叠积分 $S>0$,电子自旋是反向平行的。在反键轨道中,由于电子之间的排斥作用,使电子云密度减少到零,分子轨道能量高于原子轨道,这种键是不稳定的,重叠积分 $S<0$。

形成分子轨道的每对原子轨道不仅是产生一个成键分子轨道,而且还要同时产生一个相应的反键轨道(图 3.9),这表现为它们总是构成两个能级,较低能级为 σ^b、π^b,较高能级为 σ^* 和 π^*。在基态时,成键轨道通常是被电子完全占据,而反键

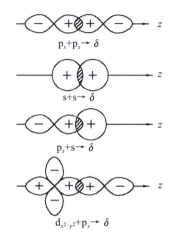 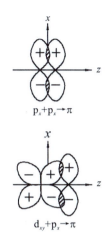

图 3.7 由原子 s、p、d 轨道构成 σ 分子轨道　　图 3.8 由原子 p 和 d 轨道构成 π 分子轨道

轨道则是空的或部分被 d 电子充填。

不能与金属原子轨道之中任何类型的轨道重叠的配位体原子轨道称为非键轨道,如 n^b,它们不形成分子轨道(图 3.10)。

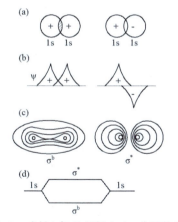 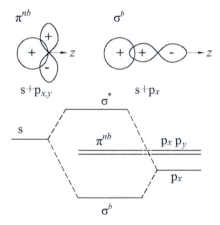

图 3.9　成键($σ^b$)和反键($σ^*$)σ 分子轨道图
(a)两个原子的 s 轨道界面重叠;(b)s 轨道波函数的重叠;
(c)$σ^b$ 和 $σ^*$ 分子轨道的电子密度等值线;(d)相应的分子轨道图

图 3.10　非键和成键轨道图
s 和 p_x 原子轨道的总重叠是零,这些轨道相对其他分子轴,表现出不同的对称

3.3.1.3　能级图,电子组态和谱项

正如原子能级图表示出 1s、2s、2p、…原子轨道和占据它们的电子数一样,分

子能级图表示出原子轨道每种可能的线性组合所构成的分子轨道的能量。

为此,每个原子轨道按下列条件构成分子轨道:①原子轨道具有相近的能级;②原子轨道必须有显著的重叠;③原子轨道必须有相同的对称类型;④构成成键分子轨道的每对原子轨道,必定同时提供一个反键分子轨道;⑤每个原子轨道对具有相同对称类型的所有分子轨道都有贡献,只是贡献的大小不同。

同原子一样,把分子轨道中的电子分布写成电子组态,如氧原子写成 $1s^2 2s^2 2p^4$;氧分子(具有 12 个价电子)则表示为:

$$[1s^2][1s^2](\sigma_s^b)^2(\sigma_s^*)^2(\sigma_z^b)^2(\pi_x^b,\pi_y^b)^4(\pi_x^*)^1(\pi_y^*)^1$$

每一个非简并的分子轨道中,从最低能级向高能级的分子轨道依次充填电子,每一轨道不能多于成对自旋的 2 个电子(Pauli 不相容原理)。

把一个分子作为一个整体,其电子态用一套所有可能的分子轨道表示,并用分子谱项来描述,这种分子谱项的获得与原子谱项类似。

原子: ^{2S+1}L $L=0,1,2,3,4,\cdots$
  $S,P,D,F,G,\cdots$

线型分子: $^{2S+1}\Lambda$ $\Lambda=0,1,2,3,4,\cdots$
  $\Sigma,\Pi,\Delta,\Phi,\Gamma,\cdots$

非线型分子和络合物:$^{2S+1}\Gamma$,其中 Γ 是对称类型(A、B:一维的,非简并类型;E:二维的,二重简并;T:三维的,三重简并)。

对于具有封闭电子壳层或分子轨道中全部是配对电子的分子和络合物,角动量和自旋均等于零,因而线型分子的谱项是 $^1\Sigma$,非线型分子的谱项是 $^1A_1$。

若分子轨道中一个轨道具有一个不成对电子($S=1/2$ 和 $2S+1=2$),则对这样的分子,$[\cdots]\sigma^1$ 分子轨道谱项是 $^1\Sigma$,$[\cdots]\pi^1$ 分子轨道谱项是 $^1\Pi$,$[\cdots]a^1$ 是 ^2A,$[\cdots]b^1$ 为 ^2B,$[\cdots]e_g^1$ 为 ^2E_g,$[\cdots]t_{2g}^1$ 是 $^2T_{2g}$ 等。而对于具有 2 个和多个不成对电子的电子组态,则有几个谱项,即基态谱项及 1 个或多个激发态谱项。如对 $[\cdots]\pi^2$ 来说,基态谱项是 $^3\Sigma$,激发态谱项是 $^1\Sigma$、$^1\Delta$。

3.3.1.4 A_2、AB、AB_2 线型分子和分子离子的分子轨道

这些类型的分子轨道可按下述顺序讨论。

1. 双原子分子

同核的:具有 $2,4,\cdots,14$ 个电子的 A_2 分子和具有 $1,3,\cdots,15$ 个电子的 A_2 分子离子。

异核的:具有 $4,6,\cdots,14$ 个电子 AB 分子和具有 $3,5,\cdots,15$ 个电子的 AB 分子离子。

2. 三原子分子

线型 AB_2 分子

双原子 A_2 分子和 A_2 分子离子的分子轨道图见图 3.11,对于所有 A_2 化合物,其分子轨道相同。例如氮原子的电子数是 $5(2s^2 2p^3)$,氧原子是 $6(2s^2 2p^4)$,氟原子是 $7(2s^2 2p^5)$;N_2 分子是 10,O_2 是 12,F_2 为 14,电子数均为偶数,而 N_2^- 分子离子为 11,O_2^- 为 13,F_2^- 为 15,电子数均为奇数。

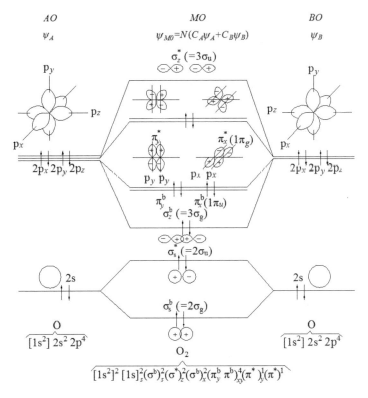

图 3.11 A_2 类型分子的分子轨道图

这些分子和分子离子的电子组态是用同一分子轨道(图 3.11)分别填充各自的电子数而获得。除 O_2 外的 A_2 分子,所有被充填的分子轨道都具有成对电子,因此以单一谱项 $^1\Sigma_g$ 为其特征。在具有 12 个电子的 O_2 分子中,$(\pi_x^*)^1 (\pi_y^*)^1$ 分子轨道中的电子是不配对的,并以 3 个谱项:$^3\Sigma_g$(基态),$^1\Delta_g$ 和 $^1\Sigma_g$ 来表征。

A_2 分子离子具有奇数个电子,最后一个分子轨道中具有单一不成对电子,为顺磁性,标示这类基团的态如下。

11 个电子 $(\pi_2^*)^1$ 基团(如 N_2^-):$(\sigma_1)^2 (\sigma_2)^2 (\pi_1)^4 (\sigma_3)^2 (\pi_2^*)^1$

13 个电子 $(\pi_2^*)^3$ 基团(如 O_2^-、S_2^-):$(\sigma_1)^2 (\sigma_2)^2 (\pi_1)^4 (\sigma_3)^2 (\pi_2^*)^3$

15 个电子 $(\sigma_2^*)^1$ 基团(如 F^{2-}、Cl^{2-}、O_2^{2-}、S_2^{2-}):$(\sigma_1)^2 (\sigma_2)^2 (\pi_1)^4 (\sigma_3)^2 (\pi_2^*)^4 (\sigma_2^*)^1$

对于双原子 AB(异核的),可使用相同的分子轨道图,并有相同类型的基团离子:

11 个电子 $(\pi_2^*)^1$ 基团:NO、CO^-、SO^-、PF^+…

13 个电子 $(\pi_2^*)^3$ 基团:SO^-、ClO^-、PF^-…

15 个电子 $(\sigma_2^*)^1$ 基团:FCl…

线型 AB_2 分子,例如 CO_2 分子不同于 A_2 和 AB 分子,但可从 O⋯O 群轨道着手以获得 O_2 分子轨道的同样方式(图 3.12)得出。然后再确定碳原子轨道的 σ 或 π 的特性:s 总是 σ 类型的、总是偶数的,因而 s→σ_g;p 轨道总是奇数的,且 p_z→σ_u、p_x 和 p_y→π_u。这样便可获得作为碳原子轨道和 O⋯O 群轨道线性组合的 CO_2 的分子轨道(图 3.12)。

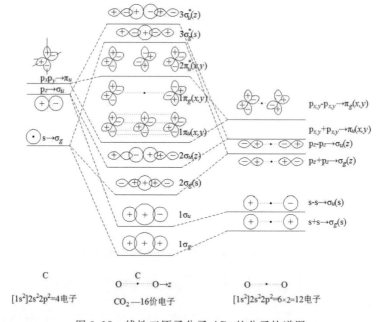

图 3.12 线性三原子分子 AB_2 的分子轨道图

3.3.1.5 分子轨道按对称类型分类:弯曲型 CO_2^- 离子的分子轨道图

将分子轨道按 σ 和 π 类型分类,只对简单的双原子分子和线型三原子分子适用。这种分类也与对称性有关,这种对称性不是指点群对称,而是旋转对称:σ 轨道对分子轴是圆柱形对称的,而 π 轨道则不是。

在 AB_2 弯曲型分子离子以及 AB_3、AB_4、AB_6 络合物中,分子轨道的构成是由这些分子离子或络合物的点群对称来决定的,且分子轨道不是用 σ 和 π 标记,而是用对称型来表示。

弯曲分子的分子轨道图按下述方式构成(以 CO_2 为例,图 3.13)。

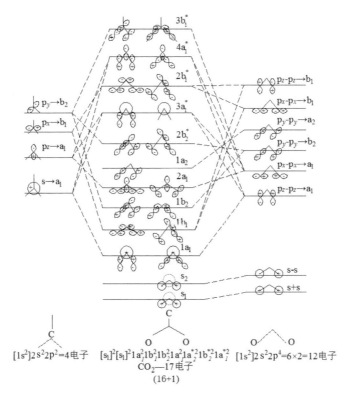

图 3.13 弯曲型三原子分子 AB_2 的分子轨道图

(1)确定该分子、基团或络合物的对称点群。CO_2^- 点群为 C_{2v},再写出这一点群的对称要素:C_{2z}(二次轴与分子离子轴重合),$\sigma_v(xz)$(垂直对称面,与 xz 坐标面重合)和 $\sigma_v(yz)$。

(2)考虑相应对称操作的作用。①对每个中心原子(这里为 C)的原子轨道的作用;②对每个配体群(这里为 O⋯O)轨道的作用。对此只区分出两种不同性质:一个轨道对所给对称操作是对称的(即原子轨道的正瓣和负瓣在绕 C_2 轴旋转或在 σ_v 平面上反映时不改变符号),或是反对称(正瓣和负瓣变换);这两种结果分别标记为 +1 和 -1。例如 C 的 p_z 轨道,通过 C_{2z}、$\sigma_v(xz)$、$\sigma_v(yz)$ 操作得出 +1、+1、+1;p_x 轨道得出 -1、+1、-1 等。在 C_{2v} 点群中共有 4 种行为类型,标记为 a_1、b_1、

a_2、b_2；对 C_{2z} 操作对称的类型标记为 a，反对称类型标记为 b；对 $\sigma_v(xz)$ 操作对称的类型用下标 1 来标记（a_1，b_1），而对 $\sigma_v(xz)$ 操作反对称类型和 $\sigma_v(yz)$ 对称的类型均用下标 2 来表示（a_2，b_2）。

在此有两个考虑是新的：①不仅要考虑中心原子的 d 轨道，还要考虑它的 s 和 p 轨道；②通过群轨道，还要考虑配位原子。如在 CO_2^- 中的两个氧原子的 p_z 和 p_z 原子轨道，若它们相加，则按 a_1 类型变换；若相减，则按 b_1 类型变换，如表 3.7、表 3.8 所示。

表 3.7 CO_2^- 中 $C(2s^2 2p^4)$ 的轨道类型

	C_{2z}	$\sigma_v(xz)$	$\sigma_v(yz)$	
S	+1	+1	+1	a_1
P_x	−1	+1	−1	b_1
P_y	−1	−1	+1	b_2
P_z	+1	+1	+1	a_1

表 3.8 CO_2^- 中 O⋯O 的轨道类型

	C_{2z}	$\sigma_v(xz)$	$\sigma_v(yz)$	
S_1+S_2	+1	+1	+1	a_1
S_1-S_2	−1	+1	−1	b_1
P_x-P_x	−1	+1	−1	b_1
P_x+P_x	+1	+1	+1	a_1
P_y+P_y	−1	−1	+1	b_2
P_y-P_y	+1	−1	−1	a_2
P_z+P_z	+1	+1	+1	a_1
P_z-P_z	−1	+1	−1	b_1

（3）由中心原子的原子轨道和配位原子群轨道组合而获得分子轨道。可从以下两方面做：①只有相同对称类型的原子轨道才能组合形成分子轨道，这些分子轨道用构成它的原子轨道的对称型符号标记；②具有相同对称性的原子轨道互相作用，对相应的分子轨道均做出贡献。这些原子轨道中每一个对分子轨道贡献的大小，都取决于轨道重叠的多少和原子轨道的能量差。

图 3.13 中每一个分子轨道类型,例如 a_1 分子轨道($1a_1$、$2a_1$、$3a_1$、$4a_1$),应当表示成所有 a_1 碳原子轨道和所有 a_1 氧群轨道构成。然而,在这个图中只表示出了能量最相近的原子轨道和群轨道之间的相互作用,因为远离的轨道所做的贡献很弱。

3.3.2 分子轨道能量和系数的计算

分子轨道能量和系数的计算揭示出处理化学键问题的量子力学方法的核心——全部结论都可由薛定谔方程推导出来。在薛定谔方程求解过程中引入的一些量,定性和定量地表征着不同类型键力的贡献,如量子化学积分、分子轨道能和轨道系数。

在计算分子中的电子行为时,都要从薛定谔方程入手:

$$\hat{H}\varphi = E\varphi$$

这里哈密顿算符 $\hat{H}$ 与自由原子计算中的算符相同,但计算时要考虑附加的相互作用,这是由于在分子中,电子处于两个或更多个核场中。

(H) $\quad \hat{H} = \dfrac{h^2}{8\pi^2 m}\nabla^2 - \dfrac{e^2}{r}, \varphi_A - \varphi_{1s}$

(H_2^+) $\quad \hat{H} = \dfrac{h^2}{8\pi^2 m}\nabla^2 - \dfrac{e^2}{r_A} - \dfrac{e^2}{r_B}, \varphi_{MO} = c_1\varphi_A + c_2\varphi_B$

(H_2) $\quad \hat{H} = \dfrac{h^2}{8\pi^2 m}(\nabla_1^2 + \nabla_2^2) - \dfrac{e^2}{r_{A_1}} - \dfrac{e^2}{r_{B_1}} - \dfrac{e^2}{r_{A_2}} - \dfrac{e^2}{r_{B_2}} + \dfrac{e^2}{r_{1-2}} + \dfrac{e^2}{R_{AB}}$

$\varphi_{MO} = \varphi_{MO_1} \cdot \varphi_{MO_2} = (c_1\varphi_{A_1} + c_2\varphi_{B_1})(c_3\varphi_{A_2} + c_4\varphi_{B_2})$

上述表达式中,第一项为动能,其他项为两个电荷之间的库伦相互作用势能,电子-核、电子-电子、核-核之间,相互距离分别为 r_A、r_B、r_{1-2}、r_{AB}。

在氢原子中,相互作用就是核电荷 Z_e 与半径为 r 的电子电荷 $-e$ 之间相互作用,即 $-\dfrac{e^2}{r}$,这一表示式相当于点电荷模型,它描述了点电荷和核之间的相互作用。然而,由于电子密度是分布在一个电子云体积中,由波函数(φ^2)来描述,因此,量子力学中所有的作用都是联系着波函数,并写成算符形式:

$$\hat{H}\varphi = \left(\dfrac{h^2}{2m}\nabla^2 - \dfrac{e^2}{r}\right)\varphi \tag{3-43}$$

H_2^+ 的能量算符包括电子与两个核之间的静电相互作用。氢分子 H_2 的能量算符包括每个电子与它自身的核及与其他核之间的相互作用,以及两个电子之间和两个核之间的相互作用。

原子间化学键的相互作用力主要是电子以及核的静电相互作用力。

分子轨道中,对于 H_2^+,代入薛定谔方程的波函数 φ 是用分子轨道 $\varphi_{MO} = $

$c_1\varphi_A + c_2\varphi_B$ 表示，它是由两个氢原子 A 和 B 的相同原子轨道（$\varphi_A=1s$ 和 $\varphi_B=1s$）线性组合而成。对于具有两个电子的 H_2 来说，波函数 φ 是两个电子相同的分子轨道（φ_{MO_1} 和 φ_{MO_2}）的乘积，每一个分子轨道都是由原子轨道线性组合而成。

能量表示式可以用 φ 乘薛定谔方程的两边，然后遍及变量的全部空间积分，并把 E 提到积分符号之外：

$$\hat{H}\varphi = E\varphi$$

$$\int \varphi H\varphi \mathrm{d}\tau = \int \varphi E\varphi \mathrm{d}\tau$$

$$\int \varphi H\varphi \mathrm{d}\tau = E\int \varphi^2 \mathrm{d}\tau$$

$$E = \frac{\int \varphi H\varphi \mathrm{d}\tau}{\int \varphi^2 \mathrm{d}\tau}$$

$\mathrm{d}\tau$ 是体积元。

因而，如果两个点电荷的相互作用能是 $E=\dfrac{e^2}{r_{1-2}}$，则相互作用算符用 $H=\dfrac{e^2}{r_{1-2}}$ 来表示，对于由波函数 φ_1 和 φ_2 表征的两个电子来说，它们的相互作用能即为：

$$E = \int \varphi_1 H\varphi_2 \mathrm{d}\tau = \int \varphi_1 \frac{e^2}{r_{1-2}} \varphi_2 \mathrm{d}\tau \tag{3-44}$$

能量值 E 利用变分原理来确定，真实的能量值 E 可通过上述能量 E 相对波函数 φ 中的每个系数 c_i 取极小值来确定，即

$$\frac{\partial E}{\partial c_1} = 0 \text{ 和 } \frac{\partial E}{\partial c_2} = 0$$

把 φ_{MO} 表示式代入能量方程中：

$$E = \frac{\int (c_1\varphi_A + c_2\varphi_B)H(c_1\varphi_A + c_2\varphi_B)\mathrm{d}\tau}{\int (c_1\varphi_A + c_2\varphi_B)^2 \mathrm{d}\tau}$$

$$= \frac{\int (c_1\varphi_A Hc_1\varphi_A + c_1\varphi_A Hc_2\varphi_B + c_2\varphi_B Hc_1\varphi_A + c_2\varphi_B Hc_2\varphi_B)\mathrm{d}\tau}{\int (c_1^2\varphi_A^2 + 2c_1c_2\varphi_A\varphi_B + c_2^2\varphi_B^2)\mathrm{d}\tau}$$

$$= \frac{c_1^2\int \varphi_A H\varphi_A \mathrm{d}\tau + 2c_1c_2\int \varphi_A H\varphi_B \mathrm{d}\tau + c_2^2\int \varphi_B H\varphi_B \mathrm{d}\tau}{c_1^2\int \varphi_A^2 \mathrm{d}\tau + 2c_1c_2\int \varphi_A\varphi_B \mathrm{d}\tau + c_2^2\int \varphi_B^2 \mathrm{d}\tau} \tag{3-45}$$

按式(3-45)，可把能量的确定归结为对量子化学中 4 种重要积分的计算。引入下述符号：

$\int \varphi_A H \varphi_A \mathrm{d}\tau = H_{AA}$ 和 $\int \varphi_B H \varphi_B \mathrm{d}\tau = H_{BB}$ 称为库伦积分；

$\int \varphi_A H \varphi_B \mathrm{d}\tau = \int \varphi_B H \varphi_A \mathrm{d}\tau = H_{AB}$ 称为交换积分；

$\int \varphi_A \varphi_B \mathrm{d}\tau = S_{AB}$ 或简写为 S 称为重叠积分；

$\int \varphi_A^2 \mathrm{d}\tau = S_{AA}$ 和 $\int \varphi_B^2 \mathrm{d}\tau = S_{BB}$ 称为归一化积分。

因此，能量表示式可写为：

$$E = \frac{c_1^2 H_{AA} + 2c_1 c_2 H_{AB} + c_2^2 H_{BB}}{c_1^2 + 2c_1 c_2 S + c_2^2} \qquad (3-46)$$

为获得最小能量，把表示式对 c_1 偏微分，令 $\dfrac{\partial E}{\partial c_1} = 0$。

$$\frac{\partial E}{\partial c_1} = \left[(c_1^2 + 2c_1 c_2 S + c_2^2)(2c_1 H_{AA} + 2c_2 H_{AB}) - (c_1^2 H_{AA} + 2c_1 c_2 H_{AB} + c_2^2 H_{BB})(2c_1 + 2c_2 S) \right] \bigg/ (c_1^2 + 2c_1 c_2 S + c_2^2)^2$$

$$= 0$$

于是　　$(c_1^2 + 2c_1 c_2 S + c_2^2)(2c_1 H_{AA} + 2c_2 H_{AB})$

$$= (c_1^2 H_{AA} + 2c_1 c_2 H_{AB} + c_2^2 H_{BB})(2c_1 + 2c_2 S)$$

两边除 $(c_1^2 + 2c_1 c_2 S + c_2^2)$：

$$(2c_1 H_{AA} + 2c_2 H_{AB}) = \frac{(c_1^2 H_{AA} + 2c_1 c_2 H_{AB} + c_2^2 H_{BB})}{(c_1^2 + 2c_1 c_2 S + c_2^2)}(2c_1 + 2c_2 S)$$

$$(2c_1 H_{AA} + 2c_2 H_{AB}) = E(2c_1 + 2c_2 S)$$

或　　$c_1 (H_{AA} - E) + c_2 (H_{AB} - SE) = 0$

对 c_2 微分，并取 $\dfrac{\partial E}{\partial c_2} = 0$，同样可以获得：

$$c_1 (H_{AB} - SE) + c_2 (H_{BB} - E) = 0$$

这样得到两个关于 c_1、c_2 的线性方程。齐次线性方程组有非零解的条件是系数行列式等于零，即：

$$\begin{vmatrix} H_{AA} - E & H_{AB} - SE \\ H_{AB} - SE & H_{BB} - E \end{vmatrix} = 0 \qquad (3-47)$$

这就是量子力学和光谱学中广泛使用的久期方程。

久期方程的解给出电子在所给定的分子轨道 φ_{MO} 中的能量值 E_1，知道 E 值后，从上述线性方程组可确定系数 c_1 和 c_2。为此，每一项均除以 $H_{AB} - SE$（取 $H_{AA} = H_{BB}$，因为此处 A 和 B 同样都是氢原子的 1s 轨道）：

$$\begin{vmatrix} \dfrac{H_{AA}-E}{H_{AB}-SE} & 1 \\ 1 & \dfrac{H_{AA}-E}{H_{AB}-SE} \end{vmatrix} = 0$$

于是，

$$\dfrac{H_{AA}-E}{H_{AB}-SE} = -1, \text{ 即 } E_1 = \dfrac{H_{AA}+H_{AB}}{1+S}$$

$$\dfrac{H_{AA}-E}{H_{AB}-SE} = +1, \text{ 即 } E_2 = \dfrac{H_{AA}-H_{AB}}{1-S}$$

E_1 和 E_2 相当于成键和反键分子轨道的能量值。

从线性方程获得：

$$c_1(H_{AA}-E) + c_2(H_{AB}-SE) = 0$$

$$c_1 = -c_2\left(\dfrac{E_{AB}-SE}{H_{AB}-E}\right)$$

对于同核分子($H_{AA}=H_{BB}$)来说，获得$(H_{AB}-SE)=\pm(H_{AA}-E)$，因而$c_1 = \pm c_2$，即在同核分子中，在 $\varphi_{MO} = c_1\varphi_A + c_2\varphi_B$ 中系数 c_1 和 c_2 显然是相等的。

c_1 和 c_2 值由归一化条件确定：

$$\int \varphi_{MO}^2 d\tau = 1$$

$$\int (c_1\varphi_A + c_2\varphi_B)^2 d\tau = 1$$

$$\int (c_1^2\varphi_A^2 + 2c_1c_2\varphi_A\varphi_B + c_2^2\varphi_B^2) d\tau = 1$$

$$c_1^2\int \varphi_A^2 d\tau + 2c_1c_2\int \varphi_A\varphi_B d\tau + c_2^2\int \varphi_B^2 d\tau = 1$$

由于 φ_A 和 φ_B 波函数已经是归一的，即 $\int \varphi_A^2 d\tau = 1$ 和 $\int \varphi_B^2 d\tau = 1$；并且 $\int \varphi_A\varphi_B d\tau = S$ 和 $c_1 = \pm c_2$，因此：

$$c_1^2 + 2c_1c_2 S + c_1^2 = 1$$

$$c_1^2(2 \pm 2S) = 1$$

$$c_1 = c_2 = \dfrac{1}{\sqrt{2+2S}} \text{ 和 } c_1 = -c_2 = \dfrac{1}{\sqrt{2-2S}}$$

接下去的问题就是求分子轨道能的数值(E_1 和 E_2)和系数值(c_1 和 c_2)。只需计算 3 个积分：H_{AA}、H_{AB} 和 S。以 H_2^+ 为例来讨论这些计算。

把 H_2^+ 的 $\hat{H}$ 算符表示式展开，并把它代入 H_{AA} 和 H_{AB} 的表达式：

$$H_{AA} = \int \varphi_A H \varphi_A \mathrm{d}\tau = \int \varphi_A (-\frac{h^2}{2m}\nabla^2 - \frac{e^2}{r_A} - \frac{e^2}{r_B})\varphi_A \mathrm{d}\tau$$

因 $\hat{H}\varphi_B = E\varphi_B$ 或 $(-\frac{h^2}{2m}\nabla^2 - \frac{e^2}{r_A})\varphi_A = E_A\varphi_A$，代入 H_{AA} 中得出：

$$H_{AA} = \int \varphi_A (E_A - \frac{e^2}{r_B})\varphi_A \mathrm{d}\tau = E_A - \int \varphi_A \frac{e^2}{r_B}\varphi_A \mathrm{d}\tau = E_A + I$$

$$H_{AA} = E_A + I$$

这样，H_{AA} 积分代表电子与其自身核以及其他核的相互作用能。它能够代表由于密度为 $e\varphi_A^2$ 的电荷云受氢分子离子 H_2^+ 中另一个核的静电吸引（I）而引起的氢原子能量 E_A 的降低。用 $\varphi_A = \varphi_B$ 的分析式代入，获得：

$$-I = \int \varphi_A \frac{e^2}{r_B}\varphi_A \mathrm{d}\tau = \int \varphi_{1s} \frac{e^2}{r_B}\varphi_{1s} \mathrm{d}\tau = \int e^{-r_A} \frac{e^2}{r_B} e^{-r_A} \mathrm{d}\tau$$

$$= e^2 \left[\frac{1}{R_{AB}} - \frac{e^{-2R}}{R_{AB}}(1 + R_{AB})\right]$$

同样将同一算符 $\hat{H}$ 的表示式代入积分 H_{AB} 表达式中：

$$H_{AB} = \int \varphi_A H \varphi_B \mathrm{d}\tau = \int \varphi_A (-\frac{h^2}{2m}\nabla^2 - \frac{e^2}{r_A} - \frac{e^2}{r_B})\varphi_B \mathrm{d}\tau$$

$$= \int \varphi_A (E_A - \frac{e^2}{r_B})\varphi_B \mathrm{d}\tau = E_A \int \varphi_A \varphi_B \mathrm{d}\tau - \int \varphi_A \frac{e^2}{r_B}\varphi_B \mathrm{d}\tau$$

$$= E_A S + K$$

积分 K 称为交换积分，它反映了分子轨道 φ_{MO} 是由原子轨道 φ_A、φ_B 两者构成，而电子分布在两个核的区域中，电子性质部分为 φ_A 的性质，部分为 φ_B 的性质。交换积分在单电子体系内也存在，它的意义是与电子密度分布的统计和概率的图像相联系。

重叠积分 S 可以分析计算：

$$S = \int \varphi_A \varphi_B \mathrm{d}\tau = \int \varphi_{1s}^2 \mathrm{d}\tau = \frac{1}{\pi}\int e^{-r_A + r_B} \mathrm{d}\tau \text{（原子单位）}$$

使用椭圆坐标：

$$\mu = \frac{r_A + r_B}{R_{AB}} \text{ 和 } \nu = \frac{r_A - r_B}{R_{AB}}$$

并进行积分获得：

$$S = e^{-R}(1 + R_{AB} + \frac{1}{3}R_{AB}^2)$$

比较 I、K 和 S 的最终表达式可以看出，对于 s 电子（考虑的是氢 1s 原子轨道及其所构成的分子轨道），这些积分只取决于核间的距离 R_{AB}。势能随椭圆距离的变化。将这样得到的 H_{AA}、H_{AB} 代入求解久期方程得出的 E_1 和 E_2 表达式：

$$E_1 = \frac{H_{AA} + H_{AB}}{1+S} = \frac{(E_A + I) + (E_A S + K)}{1+S}$$

$$= \frac{E_A(1+S) + I + K}{1+S} = E_A + \frac{I+K}{1+S}$$

$$E_2 = \frac{H_{AA} - H_{AB}}{1-S} = E_A + \frac{I-K}{1+S}$$

为获得总势能,将核间排斥能 $\frac{e^2}{R_{AB}}$ 加到电子相互作用能的这些值上,即:

$E_1 + \frac{e^2}{R_{AB}}$ 和 $E_2 + \frac{e^2}{R_{AB}}$

其中,每一个值以及它们的和都是核间距离 R_{AB} 的函数。图 3.14 中 2 条曲线,一条表示具有 $E_{MO} = E_1 + e^2/R_{AB}$ 的成键状态,另一条表示具有 $E_{MO} = E_2 + e^2/R_{AB}$ 的反键状态,在 $R_{AB} \to \infty$ 时,E_1 和 E_2 趋向于一个极限值,$E_A = E_B = 0.5e^2/a_0 = -13.6\text{eV}$,也就是氢原子 1s 的状态能。在成键态能量曲线(图 3.14E^b)上的极小值,对应于平衡的核间距离 R_{AB},表明 H_2^+ 是稳定的,表明 φ_{MO} 分子轨道能比自由原子的能量 E_A 低,E_{MO} 和 E_A 之间的能量差相当于分子的离解能。

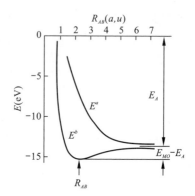

图 3.14 在 H_2^+ 中作为核间距离 R_{AB} 函数的能量变化

3.3.3 八面体和四面体络合物的分子轨道构成

构成分子轨道所用的基原子轨道是:①非过渡元素络合物中的中心离子轨道:ns、np 和空的 nd。例如 Al 为 $3s^2 3p^1$ 及空的 3d。②过渡金属络合物中的中心离子的轨道:nd、$(n+1)s$、$(n+1)p$。例如 Cr 为 $3d^5 4s^1$ 及空的 4p。③配位离子轨道:ns、np。例如氧为 $2s^2 2p^4$,氟为 $2s^2 2p^5$。

这样,对于 CrF_6^{3-} 络合物的讨论具有更普遍的意义。定性分子轨道图的不同取决于原子轨道的相对能量和分子轨道中的电子数,以及导致偏离八面体对称的配位多面体的畸变。

2s 和 2p 轨道之间的能量差比较大,且氧、氟等的 2s 轨道相对于阳离子的 3s、3p、3d 轨道,能量更低。因而,通常考虑键的构成是在阳离子的 3s、3p、3d 轨道与 6 个氧或氟离子的 2p 轨道之间。

(1)考虑八面体络合物中这些原子轨道变换成的对称类型。对于八面体 O_h 点群,金属 s、p、d 原子轨道变换成的对称类型可从表 3.5 得出。

在图 3.15 中，仅将 O_h 点群变换的最后结果列出：

$$s \to a_{1g}; \quad p \to t_{1u}; \quad d_{xy}、d_{yz}、d_{xz} \to t_{2g}; \quad d_{x^2-y^2}、d_{z^2} \to e_g$$

氟（或氧等）配位离子不是分别考虑而是合在一起考虑，因为它们在八面体中是等效的，而且分子轨道在整个络合物中是非定域的。因此，配位离子通过几个离子的原子轨道组合构成群轨道。

在络合物中心的 3 个 p_x、p_y、p_z 金属轨道只对分子轨道中的一种轨道做出贡献（图 3.15），而位于八面体顶点的 6 个氟离子的 6 个 p_x、6 个 p_y、6 个 p_z 原子轨道构成几个群轨道，它们属于不同的对称类型，但具有相同的能量。它们与中心离子原子轨道一起表示在图 3.15 中，从而可以直观地表达出相关的群轨道与中心离子的原子轨道是属于相同对称类型的。

标明群轨道时，如同图 3.15 那样，把配位离子标上号，并对每个配位离子都规定一个坐标系，使 z 轴指向中心离子。

有 2 种类型的配位体 p 轨道：有 6 个 p_z 轨道指向中心离子的 s、p、d 轨道，形成 σ 键；6 个配位离子的 p_x 和 p_y 轨道则形成 π 键。

(2) 将中心离子的原子轨道与具有相同对称性的配位群轨道组合，从而获得八面体络合物的分子轨道。

σ 成键分子轨道：

$$a_{1g} = (s \to a_{1g})_{中心} + \left[\frac{1}{\sqrt{6}}(p_{z_1} + p_{z_2} + p_{z_3} + p_{z_4} + p_{z_5} + p_{z_6}) \to a_{1g}(\sigma_p)\right]$$

$$t_{1u} = (p_x \to t_{1u})_{中心} + \left[\frac{1}{\sqrt{2}}(p_{z_1} - p_{z_2}) \to t_{1u}\sigma_p\right]$$

$$= (p_y \to t_{1u})_{中心} + \left[\frac{1}{\sqrt{2}}(p_{z_3} - p_{z_4}) \to t_{1u}\sigma_p\right]$$

$$= (p_z \to t_{1u})_{中心} + \left[\frac{1}{\sqrt{2}}(p_{z_5} - p_{z_6}) \to t_{1u}\sigma_p\right]$$

$$e_g = (d_{x^2-y^2} \to e_g)_{中心} + \left[\frac{1}{\sqrt{2}}(p_{z_1} + p_{z_2} - p_{z_3} - p_{z_4}) \to e_g\sigma_a\right]$$

$$= (d_{z^2} \to e_g)_{中心} + \left[\frac{1}{2\sqrt{3}}(2p_{z_5} + 2p_{z_6} - p_{z_1} - p_{z_2} - p_{z_3} - p_{z_4}) \to e_g\sigma_a\right]$$

π 成键分子轨道：

$$t_{1u} = (p_x \to t_{1u})_{中心} + \left[\frac{1}{2}(p_{x_3} + p_{y_5} + p_{x_4} + p_{y_6}) \to t_{1u}\pi_p\right]$$

$$= (p_y \to t_{1u})_{中心} + \left[\frac{1}{2}(p_{y_1} + p_{x_5} + p_{y_2} + p_{x_6}) \to t_{1u}\pi_p\right]$$

$$= (p_z \to t_{1u})_{中心} + \left[\frac{1}{2}(p_{x_1} + p_{y_3} + p_{x_2} + p_{y_4}) \to t_{1u}\pi_p\right]$$

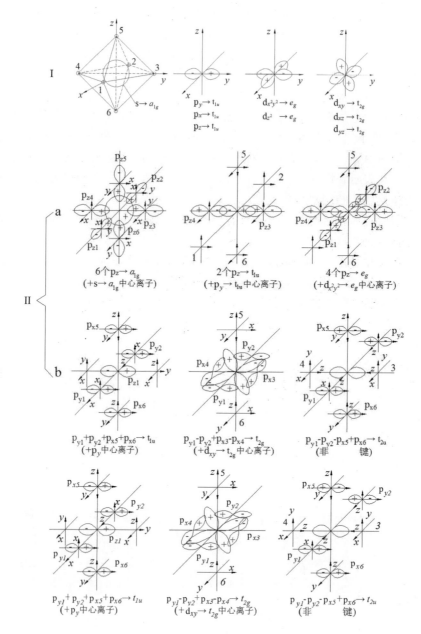

图 3.15 八面体络合物分子轨道的构成

Ⅰ.在八面体内中心离子的 s、p、d 原子轨道的对称类型;Ⅱ.从 p_x、p_y、p_z 轨道形成的 6 个配位氧离子的群轨道的对称类型;a. 与 $s→a_{1g}$,$p→t_{1u}$,$d→e_g$ 中心离子轨道形成 σ 键的 p_z 轨道;b. 与 $p→t_{1u}$ 和 $d→t_{2g}$ 中心离子轨道形成 π 键的 p_x 和 p_y 轨道以及非键轨道

$$t_{2g} = (d_{xy} \to t_{2g})_{中心} + \left[\frac{1}{2}(p_{y_1} - p_{y_2} + p_{x_3} - p_{x_4}) \to t_{2g}\pi_d\right]$$

$$= (d_{xz} \to t_{2g})_{中心} + \left[\frac{1}{2}(p_{x_1} - p_{x_2} + p_{y_5} - p_{y_6}) \to t_{2g}\pi_d\right]$$

$$= (d_{yz} \to t_{2g})_{中心} + \left[\frac{1}{2}(p_{y_3} - p_{y_4} + p_{x_5} - p_{x_6}) \to t_{2g}\pi_d\right]$$

非键配体群轨道:

$$t_{2u} = 1/2(p_{x_3} - p_{y_5} + p_{x_4} - p_{y_6}) = 1/2(p_{y_1} - p_{x_5} + p_{y_2} - p_{x_6})$$
$$= 1/2(p_{x_1} - p_{y_3} + p_{x_2} - p_{y_4})$$

$$t_{1g} = 1/2(p_{x_1} - p_{y_5} - p_{x_2} + p_{y_6}) = 1/2(p_{y_3} - p_{x_5} - p_{y_4} + p_{x_6})$$
$$= 1/2(p_{y_1} - p_{x_3} - p_{y_2} + p_{x_4})$$

由于没有哪个中心离子轨道属于 t_{2u} 和 t_{1g} 对称类型,所以相应的配位体群轨道为非键轨道。

因此,八面体络合物(过渡金属元素和非过渡金属元素)共有 3 个 σ 成键分子轨道:a_{1g}(由 s+6 个 p_z 构成)、t_{1u}(由 p+2 个 p_z 构成)、e_g(由 $d_{x^2-y^2}$、d_{z^2} +4 个 p_z 构成),2 个 π 成键分子轨道:t_{1u}(由 p+2 个 p_x 和 2 个 p_y 构成)、t_{2g}(由 d_{xy}、d_{xz}、d_{yz} +2 个 p_x 和 2 个 p_y 构成)及相应的反键轨道,并且还有 2 个非键配体轨道。

按照中心离子原子轨道 3s−3p−3d 的顺序得出非过渡元素络合物的分子轨道,而按 3d−4s−4p 的顺序则获得过渡金属络合物的分子轨道(图 3.16)。

例 1:分子轨道能级和系数的计算

分子轨道计算的原始资料有:价原子轨道(Cr 的 3d、4s、4p,F 的 2s、2p),配位情况和原子间距离,局部的点对称性。

为计算分子轨道,应知道:①原子轨道的能量;②电子密度的径向分布。

原子轨道能可以从实验的原子光谱获得,作为所给原子(在此为 Cr)的 3d、4s 和 4p 电子的电离能。考虑到化合物中的原子不是以 Cr^{3+} 形式出现,而是具有一分数的有效电荷,例如以 $Cr^{+0.77}$ 的形式出现,它的电子组态不是 $3d^5 4s^1 4p^0$,而是对应于部分有效电荷的组态,如 $3d^{4.73} 4s^{0.21} 4p^{0.29}$。

化合物中,一个原子真实的分数电荷和电子组态具有介于自由原子整数电荷值 $M^0 - M^+ - M^{2+}$ 之间的某些中间值和介于整数电子组态 $3d^n 4s - 3d^{n-1} 4s^2 - 3d^{n-1} 4s 4p$ 等之间的电子组态。

实际上,为确定电离能所需知道的那些有效电荷($Cr^{+0.77}$)和有效电子组态($3d^{4.73} 4s^{0.21} 4p^{0.29}$)本身只能在电离能计算的最后结果中估算出来。

因此,解是从迭代法得出的结果:先假定合理的有效电荷值和电子组态来估算分子轨道能和系数,再根据这些计算出的电荷值和组态作为输入,用迭代程序修正,直到输入值和输出值相互一致,这时,此解就看作是自洽的。因此,分子轨道参

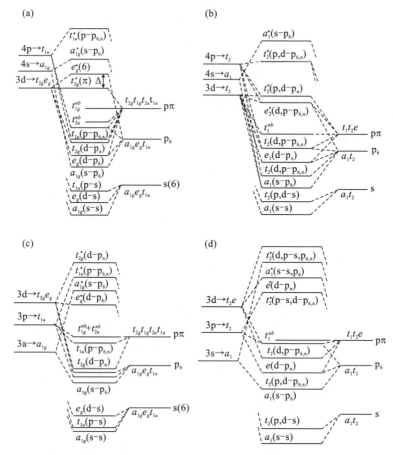

图 3.16 八面体和四面体络合物中,过渡金属和第三行元素的分子轨道图
(a)八面体中的过渡金属;(b)四面体中的过渡金属;
(c)八面体中的第三行元素;(d)四面体中的第三行元素

数代表原子的电子性质与晶体或络合物结构之间的一种自洽性的结果和表现。

现讨论过渡金属八面体络合物(CrF_6^{5-})的分子轨道。

(1)写出 4 个 Cr 原子轨道:$3d(t_{2g}、e_g)$、$4s(a_{1g})$、$4p(t_{1u})$ 和 7 个氟的群轨道:$2p_\sigma(a_{1g}、t_{1u}、e_g)$、$2p_\pi(t_{1u}、t_{2g}、t_{2u}、t_{1g})$,构成的分子轨道(图 3.16):

$$\varphi(a_{1g}) = c_1\varphi(a_{1g}4s) \pm c_2\varphi(a_{1g}2p_\sigma)$$

$$\varphi(e_g) = c_3\varphi(e_g3d) \pm c_4\varphi(e_g2p_\sigma)$$

$$\varphi(t_{2g}) = c_5\varphi(t_{2g}3d) + c_6\varphi(t_{2g}2p_\pi)$$

$$\varphi(t_{1u}) = c_7\varphi(t_{1u}4p) \pm c_8\varphi(t_{1u}2p_\sigma) \pm c_9\varphi(t_{1u}2p_\pi)$$

$$\varphi(t_{1g}) = \varphi(t_{1g}2p_\pi) \text{——非键}$$

$$\varphi(t_{2u}) = \varphi(t_{2u}2p_\pi) \text{——非键}$$

总共6种类型11个分子轨道。上面写的这一组分子轨道对所有八面体络合物都是相同的。如果还考虑F的2s原子轨道,则获得另外3个群轨道:$2s \to a_{1g}$、e_g、t_{1u},那样,所得分子轨道数应是14。

(2)现有4种类型分子轨道(不算非键轨道t_{1g}和t_{2u}),即$\varphi(a_{1g})$、$\varphi(e_g)$、$\varphi(t_{2g})$、$\varphi(t_{1u})$,对其中的每一种写出久期方程:

$$\begin{vmatrix} H_{AA} - E & H_{AB} - GE \\ H_{AB} - GE & H_{BB} - E \end{vmatrix} = 0$$

如同氢分子一样,对角线上的项含有库伦积分H_{AA}、H_{BB},非对角项含有交换积分H_{AB}和群重叠积分G(替代S)。

对于由Cr4s轨道和F2p$_\sigma$群轨道构成的分子轨道$\varphi(a_{1g})$,久期方程写成:

$$\begin{array}{c|cc} & 4s & 2p_\sigma \\ 4s & H_{4s4s} - E_{a_{1g}} & H_{4s2p} - G_{4s2p}E_{a_{1g}} \\ 2p_\sigma & H_{4s2p_\sigma} - G_{4s2p}E_{a_{1g}} & H_{2p2p} - E_{a_{1g}} \end{array} = 0$$

对于由Cr3d轨道和F2p$_\sigma$群轨道构成的分子轨道$\varphi(e_g)$,久期方程为:

$$\begin{array}{c|cc} & 3d & 2p_\sigma \\ 3d & H_{3d3d} - E_{e_g} & H_{3d2p} - G_{3d2p}E_{e_g} \\ 2p_\sigma & H_{3d2p} - G_{3d2p}E_{e_g} & H_{2p2p} - E_{e_g} \end{array} = 0$$

对于由Cr4p和F2p$_\sigma$、2p$_\pi$构成的$\varphi(t_{1u})$分子轨道,久期方程为:

$$\begin{array}{c|ccc} & 4p & 2p_\sigma & 2p_\pi \\ 4p & H_{4p4p} - E_{t_{1u}} & H_{4p2p} - G_{4p2p}E_{t_{1u}} & H_{4p2p} - G_{4p2p}E_{t_{1u}} \\ 2p_\sigma & H_{2p4p} - G_{2p4p}E_{t_{1u}} & H_{2p2p} - E_{t_{1u}} & H_{2p2p} - G_{2p2p}E_{t_{1u}} \\ 2p_\pi & H_{2p4p} - G_{2p4p}E_{t_{1u}} & H_{2p2p} - G_{2p2p}E_{t_{1u}} & H_{2p2p} - E_{t_{1u}} \end{array} = 0$$

(3)解这些久期方程得到分子轨道能量值:

$$E_{MO} = \frac{H_{AA} + H_{BB} - 2H_{AB}G_{AB} \pm \sqrt{(H_{AA} - H_{BB})^2 + 4[H_{AB}^2 + H_{AA}H_{BB}G_{AB}^2 - H_{AB}G_{AB}(H_{AA} + H_{BB})]}}{2(1 - G_{AB}^2)}$$

对于$\varphi(a_{1g})$、$\varphi(e_g)$、$\varphi(t_{2g})$,方程的两个根各自给出成键和反键分子轨道的能量值E_1和E_2;对于$\varphi(t_{1u})$,方程的3个根给出了3个t_{1u}分子轨道的能量值。要计算出这些能量值,必须确定库伦积分H_{AA}和H_{BB},即Cr的H_{3d3d}、H_{4s4s}、H_{4p4p}和F的H_{2s2s}、H_{2p2p};交换积分H_{AB},即$H_{4s2p}(a_{1g})$、$H_{3d2p}(e_g)$、$H_{3d2p}(t_{2g})$、$H_{4p2p}(t_{2u})$和$H_{4p2p}(t_{1u})$;群重叠积分G_{AB},即G_{4s2p}等。

(4)计算CrF_6^{5-}中Cr的库伦积分H_{3d3d}、H_{4s4s}、H_{4p4p}。

在计算H_2^+时,库伦积分$H_{AA} = E_A + I$,即H_{AA}代表氢原子基态电子能量即加

上与 H_2^+ 中其他核的相互作用能。对于像 CrF_6^{5-} 一样较复杂的体系，H_{AA} 近似为价态电离能（VSIE）的负值或价态电离势（VSIP）的负值。

确定从 d^n、$d^{n-1}s^1$、$d^{n-1}p^1$（即 $3d^6$、$3d^5 4s^1$、$3d^5 4p^1$）组态中电离一个 3d 电子的价态电离能，这些组态是具有整数电荷 $q=0$、$+1$、$+2$ 的 M^0、M^+、M^{2+} 原子（即 Cr^0、Cr^+、Cr^{2+}）的组态。确定从 M^0、M^+、M^{2+} 原子的 $d^{n-1}s^1$、$d^{n-2}s^2$、$d^{n-2}s^1 p^1$（$3d^5 4s^1$、$3d^4 4s^2$、$3d^4 4s^1 4p^1$）组态中电离 4s 电子的价态电离能，以及从 M^0、M^+、M^{2+} 原子的 $d^{n-1}p^1$、$d^{n-2}s^1 p^1$、$d^{n-2}p^2$（$3d^5 4p^1$、$3d^4 4s^1 4p^1$、$3d^4 4p^2$）组态中电离 4p 电子的价态电离能，即总共从 9 个组态确定电子的 9 个价态电离能值。

价态电离能与电离能（IE）不同，需要考虑电子间的相互作用，对于起始的（如 M^0）和最终的（如 M^+）电子组态，可能有几个由不同谱项描述的不同状态（图 3.17）。

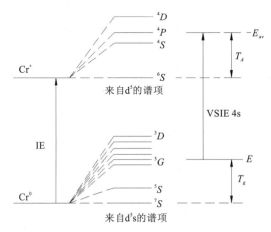

图 3.17　电离势（IP）与价态电离能（VSIE）之间的关系
E_{av} 是基态谱项的平均能和电离态谱项的平均能（T_A 为 $T_{电离态}$，T_g 为 $T_{基态}$）

$$\text{VSIE} = \text{IE} - T_{基态} + T_{电离态} \tag{3-48}$$

式中，IE 是一电子组态中的一个给定电子的电离能，即 M^0 的基态谱项和 M^+ 离子的基态谱项之间的能级差；$T_{基态}$ 是起始的 M^0（或 M^+，M^{2+}，⋯）给定组态中谱项的最低激发能，$T_{激发能}$ 为已电离的 M^+ 离子的激发能。

价态电离能值前人已计算过，有现成的资料可查，从表 3.9 能查出 Cr 的价态电离能。

现已确定整数电荷的价态电离能，对于同样的整数电子组态，具分数有效电荷 $Cr^{+0.77}$ 的价态电离能，可以进一步估算。这些价态电离能可用下列公式分析求解：

$$\text{VSIE} = Aq^2 + Bq + C \tag{3-49}$$

式中,q 是电荷;A、B、C 是给定电子组态和电子类型的参数,可在价态电离表中查到。Cr 的参数列于表 3.10 中。按 Aq^2+Bq+C 来求 $Cr^{+0.77}$ 的价态电离能(以 $\times 10^3 cm^{-1}$ 为单位)。

3d 从下列组态得出的价态电离能:

$$d^n = 101.41 (\times 10^3 cm^{-1})$$
$$d^{n-1}s^1 = 137.56 (\times 10^3 cm^{-1})$$
$$d^{n-1}p^1 = 148.13 (\times 10^3 cm^{-1})$$

表 3.9 具有整数电子组态 d^n、$d^{n-1}s^1$、$d^{n-1}p^1$ 和整数电荷 $q=0$、$+1$、$+2$ 的 Cr 电子价态电离能(VSIE)(以 $\times 10^3 cm^{-1}$ 为单位)

	$Cr^0 (Cr^0 \to Cr^+)$		$Cr^+ (Cr^+ \to Cr^{2+})$		$Cr^{2+} (Cr^{2+} \to Cr^{3+})$	
3d 电子的价态电离能						
d^n	$d^6 \to d^5$	35.1	$d^5 \to d^4$	124.6	$d^4 \to d^3$	243.6
$d^{n-1}s^1$	$d^5 s^1 \to d^4 s^1$	57.9	$d^4 s^1 \to d^3 s^1 d^4 p^1$	163.6	$d^3 s^1 \to d^2 s^1$	288.8
$d^{n-1}p^1$	$d^5 p^1 \to d^4 p^1$	67.7	$\to d^3 p^1$	174.4	$d^3 p^1 \to d^2 p^1$	—
4s 电子的价态电离能						
$d^{n-1}s^1$	$d^5 s^1 \to d^5$	53.2	$d^4 s^1 \to d^4$	118.8	$d^3 s^1 \to d^3$	200.5
$d^{n-2}s^1p^1$	$d^4 s^1 p^1 \to d^4 p^1$	63.3	$d^3 s^1 p^1 \to d^3 p^1$	138.2	$d^2 s^1 p^1 \to d^2 p^1$	—
$d^{n-2}s^2$	$d^4 s^2 \to d^4 s^1$	74.7	$d^3 s^2 \to d^3 s^1$	143.2	$d^2 s^2 \to d^2 s^1$	—
4p 电子的价态电离能						
$d^{n-1}p^1$	$d^5 p^1 \to d^5$	28.4	$d^4 p^1 \to d^4$	83.2	$d^3 p^1 \to d^3$	152.5
$d^{n-2}s^1p^1$	$d^4 s^1 p^1 \to d^4 s^1$	37.8	$d^2 s^1 p^1 \to d^3 s^1$	—	$p^2 s^1 p^1 \to d^2 s^1$	—
$d^{n-2}p^2$	$d^4 p^2 \to d^4 p^1$	38.1	$d^3 p^2 \to d^3 p^1$	98.2	$d^2 p^2 \to d^2 p^1$	—

表 3.10 Cr 的 A、B、C 常数

初始的电子组态		A	B	C
d	d^n	14.75	74.75	35.1
	$d^{n-1}s^1$	9.75	95.95	57.9
	$d^{n-1}p^1$	9.75	96.45	67.7
s	$d^{n-1}s^1$	8.05	57.55	53.2
	$d^{n-2}s^2$	8.05	66.85	63.3
	$d^{n-2}s^1p^1$	8.05	60.45	74.7
p	$d^{n-1}p^1$	7.25	47.55	28.4
	$d^{n-2}p^2$	7.25	52.85	37.3
	$d^{n-2}s^1p^1$	7.25	52.85	38.1

4s 从下列组态得出的价态电离能：

$$d^{n-1}s^1 = 102.28 \times 10^{-3} \text{cm}^{-1}$$
$$d^{n-2}s^1p^1 = 119.54 \times 10^{-3} \text{cm}^{-1}$$
$$d^{n-2}s^2 = 126.02 \times 10^{-3} \text{cm}^{-1}$$

4p 从下列组态得出的价态电离能：

$$d^{n-1}p^1 = 69.3 \times 10^{-3} \text{cm}^{-1}$$
$$d^{n-2}s^1p^1 = 82.79 \times 10^{-3} \text{cm}^{-1}$$
$$d^{n-2}p^2 = 82.09 \times 10^{-3} \text{cm}^{-1}$$

最后，对于有效电荷 $q=+0.77$，通过分数有效电子组态 $3d^{4.73}4s^{0.21}4p^{0.29}$ 来计算 3d、4s、4p 电子的价态电离能，它们代表库伦积分 H_{3d3d}、H_{4s4s}、H_{4p4p} 的值。

①把有效电子组态 $d^{q(d)}s^{q(s)}p^{q(p)}$（即 $3d^{4.73}4s^{0.21}4p^{0.29}$）表示为整数电子组态的线性组合。

$$H_{dd}: d^{q(d)}s^{q(s)}p^{q(p)} = ad^n + bd^{n-1}s^1 + cd^{n-1}p^1$$
$$H_{ss}: d^{q(d)}s^{q(s)}p^{q(p)} = ad^{n-1}s^1 + bd^{n-2}s^2 + cd^{n-2}s^1p^1$$
$$H_{pp}: d^{q(d)}s^{q(s)}p^{q(p)} = ad^{n-1}p^1 + bd^{n-2}p^2 + cd^{n-2}s^1p^1$$

规定：m 是电子数，Cr 的 $m=6$；q 是 Cr 的有效电荷，$q=+0.77$；$n=m-q=5.23$；$q_d=4.73, q_s=0.21, q_p=0.29$。

例如 $H_{dd}(\text{Cr})$ $d^{4.73}s^{0.21}p^{0.29} = ad^{5.23} + bd^{5.23}s + cd^{5.23}p$

②确定这些表示式中的系数 a, b, c。

$$s \to a \cdot 0 + b \cdot 1 + c \cdot 0 = q_s, \qquad b = q_s$$
$$p \to a \cdot 0 + b \cdot 0 + c \cdot 1 = q_p, \qquad c = q_p$$
$$d \to a \cdot n + b \cdot (n-1) + c \cdot (n-1) = q_d, \qquad a = 1 - q_s - q_p$$

以同样方式获得 H_{ss} 和 H_{pp} 的系数 a, b, c。

③最后取定 H_{dd}、H_{ss}、H_{pp} 值，代入系数 a, b, c 值以及对于 $q=+0.77$ 和整数组态情况的价态电离能。

$$H_{dd} = (1-q_s-q_p)(d^n \text{ 的 } d-\text{VSIE}) + q_s(d^{n-1}s \text{ 的 } d-\text{VSIE}) + q_p(d^{n-1} \text{ 的 } d-\text{VSIE})$$

$$H_{ss} = (2-q_s-q_p)(d^{n-1}s \text{ 的 } s-\text{VSIE}) + (q_s-1)(d^{n-2}s^2 \text{ 的 } s-\text{VSIE}) + q_p(d^{n-2}sp \text{ 的 } s-\text{VSIE})$$

$$H_{pp} = (2-q_s-q_p)(d^{n-1}p \text{ 的 } p-\text{VSIE}) + (q_p-1)(d^{n-2}p^2 \text{ 的 } p-\text{VSIE}) + q_s(d^{n-2}sp \text{ 的 } p-\text{VSIE})$$

对于 Cr 原子，利用表 3.9 并代入系数，$q_s=0.21, q_p=0.29$。

$$H_{dd} = 0.50 \cdot 101.41 + 0.21 \cdot 137.56 + 0.29 \cdot 148.13$$
$$= 122.7 \times 10^3 \text{cm}^{-1}$$

$$H_{ss} = 1.50 \cdot 102.28 - 0.79 \cdot 119.54 + 0.29 \cdot 126.02$$
$$= 95.6 \times 10^3 \text{cm}^{-1}$$
$$H_{pp} = 1.50 \cdot 69.31 - 0.71 \cdot 82.79 + 0.21 \cdot 83.09$$
$$= 62.5 \times 10^3 \text{cm}^{-1}$$

这样，CrF_6^{5-} 中 Cr 的库伦积分被定为 $H_{3d3d} = 122\ 700 \text{cm}^{-1}$，$H_{4s4s} = 95\ 600 \text{cm}^{-1}$，$H_{4p4p} = 62\ 500 \text{cm}^{-1}$。

(5) 计算 CrF_6^{5-} 中 F 的库伦积分 H_{2p2p}（和 H_{2s2s}）。计算 H_{2p2p} 可用两种方法：①将 H_{2p2p}、H_{2s2s} 确定为价态电离能（如上述 Cr 原子），将不同的整数电子组态下氟（或氧等）的价态电离能与电荷的依赖关系绘制成曲线或一个分析表达式，利用曲线或表达式获得对给定有效电荷和给定电子组态的 VSIE，有效电荷和电子组态需要针对金属原子的电荷和组态进行调整；②给 H_{2p2p} 或 H_{2s2s} 选择一个固定值，这个值通过比较自由原子、氢化物和其他化合物的电离能，并利用不同化合物中配位离子有效电荷的实验估计值，近似地估算出来。因配体的 VSIE 随电荷不同所发生的变化要比金属原子小得多，所以估算在此场合是允许的。

取 CrF_6^{5-} 中 F 的 $H_{2p_\sigma 2p_\sigma} = -160\ 400 \text{cm}^{-1}$，$H_{2p_\pi 2p_\pi} = -150\ 500 \text{cm}^{-1}$。

(6) 估算与它们有关的重叠积分和变换积分。

首先，找到标准的双原子重叠积分 $S = \int \varphi_M \varphi_F d\tau$，即 $S(4s2p_\sigma)$、$S(4p2p_\sigma)$、$S(3d2p_\sigma)$、$S(4p2p_\pi)$、$S(3d2p_\pi)$。它们可以用相应波函数的分析表达式计算出来，但也可以直接从相关重叠积分表查到。在此需要知道原子间的距离，因为 S 是原子间距离的函数（CrF_6^{5-} 中 Cr—F 距离为 0.193nm）。

因为分子轨道是由金属原子轨道和配位体群轨道构成的，因此需要求出群重叠积分 $G = \int \varphi_M \varphi_L d\tau$，$G$ 与双原子重叠积分由简单的表示式相关联。转换系数取决于配位体情况，对于八面体，CrF_6^{5-} 的数值为：

$$G_{a_{1g}} = \sqrt{6} \cdot S(4s, 2p_\sigma) = 0.2673$$
$$G_{e_g\sigma} = \sqrt{3} \cdot S(3d, 2p_\sigma) = 0.2321$$
$$G_{t_{2g}\pi} = \sqrt{4} \cdot S(3d, 2p_\pi) = 0.1728$$
$$G_{t_{1u}\sigma} = \sqrt{2} \cdot S(4p_\sigma, 2p_\sigma) = 0.1427$$
$$G_{t_{1u}\pi} = \sqrt{4} \cdot S(4p_\pi, 2p_\pi) - 0.2788$$

(7) 交换积分 H_{AB} 与重叠积分成正比，通常表示为：

$$H_{AB} = K \cdot \frac{H_{AA} + H_{BB}}{2} \cdot G_{AB}$$

或

$$H_{AB} = K \sqrt{H_{AA} \cdot H_{BB}} \cdot G_{AB}$$

式中，$K_{八面体}=1.67$，$K_{四面体}=2$。

(8) 有了 H_{AA}、H_{AB} 和 G_{AB} 值，便可以用数字写出每个类型的分子轨道的久期方程，如 $\varphi(e_g)$：

$$\begin{vmatrix} H_{3d3d}-E_{e_g} & H_{3d2p}-G_{3d2p}E_{e_g} \\ H_{3d2p}-G_{3d2p}E_{e_g} & H_{2p2p}-E_{e_g} \end{vmatrix}=0$$

$$\begin{vmatrix} (-122.98-E) & (-65.12-0.2321E) \\ (-65.12-0.2321E) & (-160.4-E) \end{vmatrix}=0$$

这个久期方程有两个解：

$$E=\frac{H_{dd}+H_{pp}-2H_{dp}G_{dp}\pm\sqrt{(H_{dd}-H_{pp})^2+4[H_{dp}^2+H_{dd}H_{pp}G_{dp}^2-H_{dp}G_{dp}(H_{dd}+H_{pp})]}}{2(1-G_{dp}^2)}$$

$E_1=-163\ 480\text{cm}^{-1}$，$E_2=-92\ 520\text{cm}^{-1}$

按同样方法可获得其他分子轨道能（表 3.11）。

表 3.11 CrF_6^{5-} 分子轨道的能量和系数

MO	$E(\times 10^3\text{cm}^{-1})$	c_1	c_2	c_3
$1a_{1g}$	-174.68	$c_{4s}=0.2260$	$c_{2p_\sigma}=0.9156$	—
$1e_g$	-169.73	$c_{3d}=0.4387$	$c_{2p_\sigma}=0.8028$	—
$1t_{2g}$	-163.48	$c_{3d}=0.3917$	$c_{2p_\sigma}=0.8549$	—
$1t_{1u}$	-162.86	$c_{4p}=0.0826$	$c_{1p_\sigma}=0.8664$	$c_{2p_\pi}=0.4240$
$2t_{2u}$	-150.06	$c_{4p}=0.0809$	$c_{2p_\sigma}=0.4905$	$c_{2p_\pi}=-0.8670$
t_{2u}	-149.15	—	—	$c_{2p_\pi}=1.0000$
t_{1g}	-145.62	—	—	$c_{2p_\pi}=1.0000$
$3t_{2g}^*$	-105.93			
$2e_g^*$	-92.52			
$2a_{1g}^*$	-73.12			
$3t_{1u}^*$	-43.05			

(9) 利用下述两个方程：

$$c_1(H_{AA}-E)+c_2(H_{AB}-G_{AB}E)=0$$
$$c_1(H_{AB}-G_{AB}E)+c_2(H_{BB}-E)=0$$

和归一化条件：

$$c_1^2 + c_2^2 + 2c_1c_2G_{1,2} = 1$$

来确定分子轨道系数 c_i，如 $\varphi(e_g)$ 分子轨道：

$$c_1(H_{3d3d} - E_{e_g}) + c_2(H_{3d2p} - G_{3d2p}E_{e_g}) = 0$$

$$c_{3d}(-122\,680 + 169\,770) + c_{2p}(-651\,130 + 0.2321 \cdot 169\,770) = 0$$

$$c_{3d} = 0.547 c_{2p}$$

利用归一化条件，并将 $G_{3d2p} = 0.2321$ 代入，获得 $c_{3d} = 0.4387$，$c_{2p} = 0.8028$。因此，将 $\varphi(e_g)$ 分子轨道写成 3d 和 2p 组合：

$$\varphi(e_g) = c_1\varphi(3d) + c_2(2p) = 0.4387 \cdot \varphi(3d) + 0.8028 \cdot \varphi(2p)$$

同理，可计算其他分子轨道系数。

分子轨道的能量和系数表（表 3.11）表示分子轨道计算的最后结果。

(10) 用这些值计算有效电荷和有效电子组态，把它们当作新一轮计算的初始值，如此反复多次，直到计算得出的电荷和组态与初始值一致为止。求解自洽的电荷和组态的整个过程可用计算机自动迭代运算程序。

例 2：过渡金属四面体络合物（以 MnO_4^- 为例）

四面体络合物的分子轨道计算的程序与八面体相同，其差别在于 MnO_4^- 的对称性不同。

(1) 分子轨道图的构制。

$Mn(3d^54s^2)$ 的原子轨道与 $Cr(3d^54s^1)$ 的原子轨道相同，即为 3d、4s、4p，但在四面体对称中，它们的对称变换不同：$s \to a$、$p \to t_2$、$d \to t_2$。

基配体群轨道，虽然是由相同的氧（或氟）2s 和 2p 原子轨道构成，但在四面体对称中的变换是不同的。在四面体络合物中，4 个氧原子的 2s 轨道（8 个电子）构成 σ 群轨道 a_1（2 个电子）和 t_2（6 个电子）；4 个氧原子的 $2p_x$、$2p_y$、$2p_z$ 轨道构成 σ 群轨道 a_1（2 个电子）和 t_2（6 个电子）以及 π 群轨道 e、t_1 和 t_2（4 个、6 个和 6 个电子）。

将同一对称性的中心原子轨道和配体群轨道进行组合，可获得如下四面体络合物的分子轨道：

| MO | AO(Mn) | 4 个氧的群轨道 |

$$\varphi(a_1) = c_1\varphi(a_14s) \pm c_2\varphi(a_12s) \pm c_3\varphi(a_12p_\sigma)$$

$$\varphi(e) = c_4\varphi(3de) \pm c_5\varphi(2p_\pi e)$$

$$\varphi(t_2) = c_6\varphi(3dt_2) \pm c_7\varphi(4pt_2) \pm c_8\varphi(2p_\sigma t_2) \pm c_9(2p_\pi t_2)$$

$$\varphi(t_1) = \varphi(2p_\pi t_1) \longrightarrow 非键$$

总共 11 个分子轨道：3 个 a_1、2 个 e、5 个 t_2 和 1 个 t_1。

对于所有四面体络合物，这 4 种类型的 11 个分子轨道都是相同的。过渡金属和非过渡金属元素一样,只是分子轨道的顺序和系数有所不同。

四面体络合物分子轨道图[图 3.16(b)]中,过渡金属中心原子的基轨道排布顺序是 3d4s4p,因而所形成的 11 个分子轨道的位置顺序对于所有的过渡金属四面体络合物具有普遍性。

(2)分子轨道能和系数的计算。

对 a_1、e、t_2 3 种分子轨道类型可写成 3 个久期方程。它们的解给出:由 3 个轨道构成 $\varphi(a_1)$ 的 3 个根,由 2 个轨道构成的 $\varphi(e)$ 的 2 个根,由 5 个轨道构成的 $\varphi(t_2)$ 的 5 个根。

为获得这些方程的数值解,需计算库伦积分作为价态电离能,对于 MnO_4^- 库伦积分等于:

Mn $H_{3d3d} = 121\ 280 cm^{-1}$

$H_{4s4s} = 93\ 410 cm^{-1}$

$H_{4p4p} = 58\ 400 cm^{-1}$

$Mn^{+0.66}(3d^{5.82}4s^{0.18}4p^{0.34})$

O $H_{2s2s} = 260\ 800 cm^{-1}$

$H_{2p2p} = 101\ 780 cm^{-1}$

对于四面体络合物,群重叠积分是:

$$G_{t_2} = \frac{2}{\sqrt{3}} \cdot S(3d_\sigma 2p_\sigma)$$

$$G_{t_2} = \frac{2}{\sqrt{2/3}} \cdot S(3d_\pi 2p_\pi)$$

$$G_{t_2} = \frac{2}{\sqrt{3}} \cdot S(3d_\sigma 2s)$$

$$G_{t_2} = \frac{2}{\sqrt{3}} \cdot S(4p2p_\sigma)$$

$$G_{t_2} = \frac{2}{\sqrt{3}} \cdot S(4p2s)$$

$$G_{t_2} = \frac{2}{\sqrt{2\cdot 3}} \cdot S(4p2p_\pi)$$

$$G_{t_2} = \frac{2}{\sqrt{2\cdot 3}} \cdot S(3d_\pi 2p_\pi)$$

$$G_{a_1} = 2 \cdot S(4s2s)$$

$$G_{a_1} = 2 \cdot S(4s2p_\sigma)$$

根据表示式 $H_{AB} = k \cdot \sqrt{H_{AA}H_{BB}} \cdot G_{AB}$ 计算出交换积分 H_{AB} 后,将 H_{AA}、

H_{BA}、H_{AB}、G_{AB} 代入每种类型分子轨道的久期方程中,求出分子轨道能和系数。

四面体络合物中的非过渡元素

它们是 SiO_4^{4-}、PO_4^{3-}、SO_4^{2-} 等一些重要的氧阴离子团。

基原子轨道,如 $Si(3s^2 3p^2)$,在四面体中的变换方式与 MnO_4^- 中的 3d、4s、4p 一样,即 $s \to a_1$、$p \to t_2$、$d \to t_2, e$,但能级位置则按另一种顺序排列:$3s-3p-3d$。4 个氧原子的群轨道与 MnO_4^- 中的相同。因此,对于 SiO_4^{4-},所有的 11 个分子轨道可写成同样的 4 种类型:$\varphi(a_1)$、$\varphi(e)$、$\varphi(t_2)$、$\varphi(t_1)$。中心原子基轨道顺序不同使得分子轨道的顺序也不同,因而有不同的分子轨道[图 3.16(d)]。

SiO_4^{4-} 中化学键的分子轨道描述示于图 3.17(参考图 3.16)和表 3.12。分子轨道图表明,Si 的 3d 原子轨道参与到 $1e_1(s-p_\pi)$、$2t_2$ 和 $3t_2(d-p_{\sigma,\pi})$ 分子轨道之中。

表 3.12 SiO_4^{4-} 分子轨道图的计算结果

MO		F, a.u.	Si			O		
			C_{3s}	C_{3p}	C_{3d}	C_{3s}	C_{3p_σ}	C_{2p_π}
I	$1a_1$	-0.327	0.38	—	—	0.92	0.13	—
	$1t_2$	-0.308	—	0.29	0.23	0.93	0.03	0.04
II	$2a_1$	0.270	0.74	—	—	-0.39	0.55	—
	$2t_2$	0.364	—	0.66	0.33	-0.32	0.45	0.35
III	$1e$	0.432	—	—	0.35	—	—	0.94
	$3t_2$	0.468	—	0.10	0.49	-0.12	0.13	-0.85
IV	t_1	0.579	—	—	—	—	—	1.00

注: I. 较低的成键分子轨道主要由氧原子轨道形成,并且主要是由氧的 2s 原子轨道($1a_1$ 和 $1t_2$)构成。 II. 强成键分子轨道($2a_1$ 和 $2t_2$)是由硅 3s 和 3p 轨道及氧的 2p 轨道组成,这些分子轨道是主要的化学成键轨道。 III. 弱成键分子轨道主要是由氧 2p 轨道与少量硅的 3d 和 3p 轨道形成($1e$ 是纯 π 分子轨道,$3t_2$ 是 σ、π 轨道)。 IV. 非键分子轨道 t_1 是由氧的 2p 轨道形成的,它是最后被占据的轨道,它的能量确定了 SiO_4^{4-} 的电离能。 V. 表中未表示出的反键分子轨道基本上是由 Si 原子轨道($4t_2$、$2e_2$、$3a_2$、$5t_2$)形成。

3.4 能带理论

对固体中化学键的研究不能只局限于分子轨道理论模型,而应考虑运用能带理论概念来描述晶体中的化学键。在此基础上,人们把固体分为如下类型:金属和非金属;绝缘体-半导体-金属;具有离子键、共价键和金属键的晶体。

能带理论是半导体物理学的基础,也是电介质物理学的基础,还是金属电子理论的基础。

能带理论为发光动力学理论奠定了基础,发光动力学理论是发光体理论最重要的组成部分,热发光现象也可用能带理论加以解释。

3.4.1 能带理论的基本原理

在原子中,研究每一个电子在核和其他电子场内的行为;在分子中,则研究在分子的核场和其他电子场中每一个电子的行为;在晶体中,研究在晶体的全部核和电子所产生的周期场中单个电子($1s,2s,2p,\cdots$)的行为。

原子的结构可用电子能级图来描述,分子的电子结构可用分子轨道图来描述,而固体的电子结构则用能带图来描述。

在晶体中,如同在原子和分子中那样,电子的行为可以用薛定谔方程来描述,对于一个原子中、分子中或晶体中的电子而言,薛定谔方程的形式基本上是相同的:

$$\hat{H}\varphi = E\varphi$$

或

$$\left(-\frac{\hbar^2}{2m}\nabla^2 + V\right)\varphi = E\varphi$$

或

$$\nabla^2\varphi + \frac{8\pi^2 m}{h^2}(E-V)\varphi = 0$$

上式中,φ 表示单电子波函数,在原子中它是原子轨道($\varphi_{1s},\varphi_{2p},\varphi_{3d},\cdots$);在分子中,它是分子轨道($\varphi t_{2g} = c_1\varphi_{3dMn} + c_2\varphi_{2pO}$);在固体中,它是晶体轨道,它描述电子在所有晶体原子之间的分布,进一步的计算过程取决于波函数形式的选择。

3.4.1.1 自由电子中的波矢量 k

首先考虑自由电子(即不与核和其他电子相互作用的电子)的运动,也就是 $V=0$ 的情况,则上述薛定谔方程可以写成:

$$\nabla^2\varphi + \frac{8\pi^2 m}{h^2}E\varphi = 0$$

这里,代表动能的 E 可用 $E = \frac{h^2}{2m\lambda^2}$ 代入,则得:

$$\nabla^2\varphi + \frac{8\pi^2 m}{h^2} \cdot \frac{h^2}{2m\lambda^2}\varphi = \nabla^2\varphi + \left(\frac{2\pi}{\lambda}\right)^2\varphi = \nabla^2\varphi + k^2\varphi = 0$$

其中,$k = \frac{2\pi}{\lambda}$ 为波矢量。因而 $E = \frac{h^2}{8\pi^2 m}k^2$,即自由电子的能量取决于波矢量 k 的平方。

自由电子的薛定谔方程的解是函数 $\varphi = \exp(ikr)$,波矢量 k 是与电子动量 p

相关的,即 $p=h/\lambda=\hbar/2\pi=\hbar k$。电子速度为:
$$v=p/m=\hbar k/m$$

因此,波矢量在自由电子中也具有多方面意义。除作为电子的波动特征所具有的"几何"意义之外,它还明确地决定着电子的能量、动量和速度。

3.4.1.2 能带结构图

能带理论认为晶体中的电子不再束缚于某个原子上,而是在整个晶体中运动,每个电子的运动是相互独立的,并在晶格周期性势场中运动。它与晶体场理论和分子轨道理论的根本区别是:晶体场理论和分子轨道理论只适用于局部离子和原子团上的电子,电子是定域的,是局部态之间的跃迁。而能带理论则与此相反,认为电子是不定域的,所讨论的是非局部态之间的电子跃迁。

在晶体的周期性晶格势场中,原子相互紧密堆积,各原子的原子轨道之间有一定重叠,相邻原子的充填与价电子的原子轨道(价轨道)之间的重叠可以形成具有一定能级宽度的"能带",其能量要低于单原子相应的原子轨道能量,如"s 带""p 带"和"d 带"。这些能带之间可以有间隙,称为"带隙",也称"禁带"。各能带也可以相互重叠而没有间隙,形成一个由 s、p、d 带"混合"在一起的很宽的带,称为价带(又称满带),在基态条件下,价电子就分布在此带中运动。未充填电子的原子轨道也形成一个高位能量的带,称为导带,也称空带(类似反键分子轨道)。那么在基态时,价带上最高能级的面(价带最外的面)称为费米面,该面的能量称费能(E_f)。从费米面到导带最下部的面之间的距离称为带隙宽度(图 3.18),它所代表的能量差用 E_g 表示。

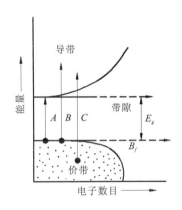

图 3.18 能隙材料中的光的吸收

3.4.1.3 能带的占据

根据带隙的宽度把固体分为 3 种类型:①带隙宽度 $E_g>3.0\text{eV}$ 者,为非金属;在可见光范围内透明,为电介质(绝缘体),主要具有离子键型。②带隙宽度 E_g 在 $0.5\sim3.0\text{eV}$ 者为半导体,它们的吸收限在红外或可见或近紫外范围,因而它们是不透明的、彩色的,或是透明的,主要具有共价键型。③带隙宽度 $E_g<0.5\text{eV}$,即价带与导带重叠者,为金属,不透明,导体,具金属键型。因此按带隙宽度(E_g 的大小)从小到大,矿物的颜色为黑—红—橙—黄—无色(图 3.19)。

3.4.2 能带图和矿物的反射光谱

本征吸收光谱是由于从价带已填满的能级向导带的空能级跃迁产生的。本征吸收光谱是以吸收系数值高为其特征的。因此,当一旦靠近吸收限时,吸收系数迅速增大到 $10^4 cm^{-1}$。并且会进一步升高到 $10^5 \sim 10^6 cm^{-1}$。因此只有用非常薄的样品薄片才能测定吸收系数和折射率。所以,通常用反射谱的测量来代替吸收系数和折射率测量。根据反射谱,可将吸收系数和折射率计算出来,为此目的,应用介电常数来表示它们。

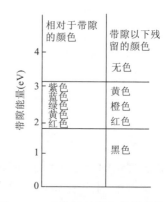

图 3.19 矿物材料颜色随带隙能量带隙而变化的情况图

在反射率 R、消光系数 K 和折射率 n 之间有如下关系。

对于吸收晶体：

$$R = \frac{(n-1)^2 + K^2}{(n+1)^2 + K^2} \quad (3-50)$$

对于透明晶体：

$$R = \frac{(n-1)^2}{(n+1)^2} \quad (3-51)$$

R 也可以用复折射率 $\bar{R} = R - ik$ 表示：

$$R = \frac{|\bar{R}-1|^2}{|\bar{R}+1|^2} \quad (3-52)$$

n 和 K 可以用复介电常数 $\varepsilon = \varepsilon_1 - i\varepsilon_2 = \bar{n}^2$ 的实部(ε_1)和虚部(ε_2)表示如下：

$$n^2 - K^2 = \varepsilon_1 \quad \text{和} \quad 2nK = \varepsilon_2$$

最后,ε_1 和 ε_2 可以根据 Kramers-Kroning 关系相互确定：

$$\varepsilon_1(\omega_0) = 1 + \frac{1}{\pi}\int_{-\infty}^{+\infty} \frac{\varepsilon_2(\omega)}{\omega - \omega_0} d\omega \quad (3-53)$$

R、K 和 ε_2 的极大值彼此接近,它们的位置只比跃迁频率稍高一些,因而反射谱、吸收谱和 ε_2 谱同样都可以与带间跃迁联系起来。重要的是,使用 ε_2 谱(介电常数的虚部)要更严格一些,但反射光谱可以直接测量。相反,ε_1 和 n 显示出另外一种光谱依赖关系,即:ε_1 和 n 曲线中的弯折处对应于反射、吸收和 ε_2 的极大值(图 3.20)。

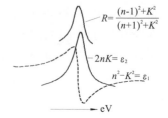

图 3.20 反射率 R 和复介电常数之间的关系

3.5 光吸收光谱和宝石矿物颜色的本质

3.5.1 光吸收光谱类型

宝石矿物和无机物质的光吸收光谱,主要分为 3 种类型,使用 3 种理论来解释:晶体场光谱(晶体场理论)、电荷转移光谱(分子轨道理论)和吸收边(能带理论)。

(1)晶体场光谱与晶体场分裂的过渡金属离子 d 电子能级之间的跃迁有关。这些跃迁引起在可见光区域的吸收带,可用晶体场理论解释。这些跃迁是谱项之间的跃迁,不是 d 轨道能级之间的跃迁。例如 Cr^{3+},其跃迁时基谱项 $^4A_2$(来自自由离子的 ^4F 谱项)和激发谱项 $^4T_2$、$^4T_1$、^2E 等之间的跃迁,不是分裂的 d 轨道之间的跃迁。使用在八面体、四面体和其他类型的晶体场中 d 轨道的分裂图不能满足要求,而有必要使用晶体场谱项图。

(2)电荷转移光谱用分子轨道图来解释,就是从填满的非键的氧轨道向被占据的、主要由金属原子轨道构成的反键分子轨道的跃迁。例如在图 3.16(a)和(b)中,$t_{1g} \rightarrow t_{2g}$ 或 $t_1 \rightarrow e_2$ 或其他的跃迁就是这种类型。

这些跃迁通常描绘成电子从氧(或其他配位体)向金属转移,"电荷转移"表示的只是向络合物一个激发态的跃迁。

在能带体系中,它相当于价带和处于禁带中 d 电子能级之间的跃迁。

在具有氧配位体的络合物中,大部分过渡金属离子的电荷转移谱带都出现在紫外区域,Fe^{3+} 离子的电荷转移谱带是例外,这个谱带的尾部随络合物中 Fe^{3+} 离子浓度的增加而向可见光区域移动,并强烈地影响着 Fe^{3+} 的光谱。

(3)吸收边代表带间跃迁光谱的起始端,与价带顶部和导带底部之间的最小间隔相对应,即与带隙相对应。对于以离子键为主的晶体,这些跃迁出现在紫外区,甚至远紫外区。

3.5.2 光吸收光谱选律

在晶体的光学光谱中,吸收带的强度和宽度可以有很人的差别。因而,克分子消光系数具有 $10^5 \sim 10^{-2} cm^{-1} \cdot L \cdot mol^{-1}$ 的值。不同类型的光学跃迁有不同数量级的消光系数值,这是由选律所制约的,选律决定着在哪些电子态(能级)之间的跃迁是允许的。

不同的选律,有的按轨道量子数(s、p、d、f),有的按自旋 S(多重度 $2S+1$),有的按晶体中离子的轨道态来比较电子态的特征。这些选律的减弱与不同态(如 d 和 p 态)的混合、与自旋轨道相互作用、与电子态和振动态的相互作用有关系。

3.5.2.1　宇称选律

s 和 d 轨道称为偶轨道,其正负波函数的分布是中心对称的;而 p 和 f 轨道是奇轨道,其正负波函数是非中心对称的。

具有相同宇称态之间的跃迁是"宇称禁戒",在"偶—奇"态之间的跃迁是宇称允许的,这意味着 d-d、p-d、s-s 跃迁是禁戒的,而 s-p、p-d、d-f 跃迁是允许的。对于原子光谱和晶体中原子的光谱,这种选律是共同的。在原子光谱中,完全不出现 d-d、p-p、s-s 跃迁,而 s、p、d、f 线系是与这种选律相关联的。然而,在晶体中却出现 d-d 跃迁和 f-f 跃迁,而且正是这些跃迁造成了晶体场光谱,即过渡金属光谱。这种光谱最常见于可见光区域,并决定着大部分矿物的颜色。由于晶体场光谱(d-d 跃迁)是部分禁戒的,因而使得它与部分允许的电荷转移跃迁(在配位体 p 轨道和过渡金属的 d 轨道之间的跃迁)相比,其强度较弱。

宇称选律的减弱主要与下面 3 个因素有关:①无对称中心;②d 和 p 态的混合;③d 电子态与奇振动态的相互作用。

无对称中心放宽了这种选律,这种选律是按轨道中心对称或非中心对称这一特征来作比较。这就是为什么四面体络合物的光谱强度要比类似的八面体络合物的光谱强度大得多的原因。因此,无对称中心的顺位络合物比反式络合物和其他中心对称结构位置具有更大的强度,同时配位多面体的畸变可能伴随着强度的相对增高。

过渡金属 d 轨道和配位体 p 轨道混合(形成分子轨道),使 d 轨道丧失偶的特征,这就是为什么化学键的共价性增强会引起 d-d 跃迁强度增大的原因。在具中心对称的络合物中,宇称选律的减弱与振动-电子偶合有关,由于奇的振动使得对称中心暂时遭到破坏。

在八面体对称群中,电偶极矩 M_x、M_y、M_z 按奇的不可约表示 T_{1u} 变换,因此在这一群中,所有偶的 d 态之间跃迁是禁戒的。然而,由于在 O_h 中振动是按 $A_{1g}+E_g+T_{2g}+2T_{1u}+T_{2u}$ 变换的,T_{1u}(振动)·T_{1u}(跃迁矩)$=A_{1g}$,因而跃迁变成允许的。

3.5.2.2　自旋(多重度)选律

原子的电子态是由轨道和自旋分量确定的。晶体中的原子仍保留着自由原子的自旋 S(多重度 $2S+1$),因而对于自由原子和晶体中的原子,它们自旋选律都是共同的:在具有相同自旋态($\Delta S=0$)之间,跃迁是允许的。例如,Cr^{3+} 离子的多重度为 4(自旋 3/2)的态之间,4 重-4 重跃迁 $^4A_{2g} \rightarrow {^4T_{2g}}$ 是自旋允许的,但是在

Mn^{2+} 和 Fe^{3+} 具有不同多重度 6 和 4（自旋 5/2 和 3/2）的态之间，6 重－4 重跃迁 $^6A_{1g} \rightarrow {}^4T_{1g}$ 是自旋禁戒的。自旋轨道偶合可使这种选律减弱。

3.5.2.3 参与跃迁的电子数选律

单个电子的跃迁是允许的，例如 $t_{2g}^3 \rightarrow t_{2g}^2 e_g^1$ 的单个电子跃迁是允许的；而 $t_{2g}^3 \rightarrow t_{2g}^1 e_g^2$ 的 2 个电子跃迁是禁戒的，并且它的强度总是较低。

3.5.2.4 与对称性有关的选律

这类选律与晶体中的电子态按对称类型的变换有关，并与一个点群对称的晶体场中离子态的特点有关，同时造成吸收光谱的二色性。

3.5.2.5 不同类型吸收带的强度和宽度

吸收光谱的不同特征揭示着不同选律的作用。某些选律与跃迁类型有关：宇称选律允许的跃迁是电荷转移跃迁和带间跃迁，它们的强度很大，对于大部分离子晶体，它们通常出现在紫外区域；宇称选律禁戒跃迁是晶体场分裂的 d 电子能级之间的跃迁。

其他选律决定着吸收强度的变化：在晶体场光谱中的自旋跃迁产生一个较强的宽吸收，而自旋禁戒跃迁则产生窄的弱吸收带。

另外一些选律则决定着吸收带的二色性：晶体场的谱带和电荷转移的谱带，以及自旋允许的和自旋禁戒的谱带。谱项（不同对称类型的态）之间的跃迁是允许的，也可以是禁戒的，这取决于对称轴相对于入射光偏振面的取向。

这些类型的吸收强度与选律的依赖关系对比见表 3.13（其强度用克分子吸收系数 ε 和振子强度 f 表示，ε 对应于吸收带的极大值，f 则是描述吸收带宽时的积分强度）。

表 3.13　选律和不同类型吸收带的强度

跃迁特征	f	ε	光谱特征
Ⅰ 宇称禁戒			晶体场光谱
1. 自旋禁戒	$10^{-7} \sim 10^{-8}$	0.1～0.01	线光谱
2. 自旋允许	$10^{-5} \sim 10^{-4}$	10	带光谱
(1) 具有 d-p 混合		10～100	
(2) 具有借用强度	10^{-3}	100	带光谱
Ⅱ 宇称允许和自旋允许	$10^{-2} \sim 10$	$10^{-3} \sim 10^{-6}$	电荷转移；非常宽的谱带，极大值在远紫外区域；带间跃迁谱带

3.5.3 过渡金属离子光谱的分析

过渡金属离子光谱分析的一般顺序为：①电子组态；②自由离子谱项；③不同对称性的晶体场造成的谱项分裂；④选律；⑤光谱和颜色的基本特征；⑥典型化合物光谱的详细解释。

八面体和四面体配位这一名称用于在八面体和四面体角顶上具有6个和4个配位体的络合物，但是，它们可以并不对应于O_h和T_d对称。一个离子的局部对称性是由晶体结构中离子位置的点群来确定的。

3.5.3.1 钛

$3d^0:Ti^{4+}$

处于这一稳定价态中的钛，没有d电子，因此不能产生晶体场光谱。Ti^{4+}氧化物的电荷转移带出现在近紫外区域，所以，没有杂质和色心的Ti^{4+}化合物是无色的。

在纯化学计量的TiO_2中，电荷转移带的极大值（图3.21）是：锐钛矿为3.7eV（19 850cm^{-1}或335nm），金红石为3.3eV（26 600cm^{-1}或376nm）和3.67eV（3.3eV带与伴有组态变化的Ti^{4+}内跃迁$3d^04s^m \rightarrow 3d^14s^{m-1}$有关；3.67eV带对应于从氧向钛的电荷转移）。

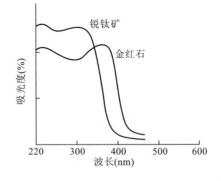

图3.21 TiO_2金红石和锐钛矿的吸收光谱（电荷转移光谱）

在非化学计量的TiO_2中，可观察到部分Ti^{4+}还原为Ti^{2+}，伴随着电子中心的形成（$Ti^{4+}+e^-$）。当杂质，特别是比较常见的其他铁族离子杂质（Fe^{3+}、Cr^{3+}等）进入TiO_2时，就会形成有Ti^{3+}、Fe^{3+}、Cr^{3+}参与的复杂电子中心。金红石受光照射而发生可逆的变暗现象就与这种中心有关。可是当金红石中含有0.1% Fe^{3+}、Cr^{3+}时，在500nm附近的Ti^{3+}吸收带就会迅速被更强的电荷转移带所覆盖或被移动了的吸收带所覆盖。与价间跃迁（Ti^{4+}—Ti^{3+}、Ti^{3+}—Fe^{3+}等）相联系还可造成光谱更加复杂化。

$3d^1:Ti^{3+}$

在全填满壳层之外出现一个单电子，使它类似于Cu^{2+}离子。

(1) $3d^1$组态的自由离子具有单一谱项^2D（由于具有一个单电子，所以，离子的轨道角动量L等于电子轨道角动量l，且是d电子，则$L=l=d=2=D$；离子的自旋等于电子的自旋:$S=s=1/2$,多重度 $2S+1=2$,谱项^2D)。

(2)具有单独一个或不成对电子的离子,其全部能级都具有相同的自旋,即具有相同的多重度,因而,这一组态(d^1 和 d^9)不产生像 d^2—d^8 体系那样的自旋禁戒跃迁(具有不同多重度能级之间的跃迁)。所以,具有 d^1 和 d^9 组态离子的光谱中没有窄带。

(3)因为在这种情况中只有一个电子,因而不存在电子间相互作用常数 B 和 C;在晶体场中,^2D 谱项的分裂只由晶体场强度所决定。

(4)^2D 谱项在立方晶体场中分裂成 2 个能级(图 3.22):$^2T_{2g}$ 和 ^2E_g;它们之间的跃迁应该只产生一个吸收带,但是在四方场和更低的场中,由于对称性降低,^2E_g 能级分裂成 2 个;在立方和三方场中,^2E_g 因 Jahn-Teller 效应而分裂,因此在 $3d^1$ 离子光谱中总是观察到很宽的双峰谱带。

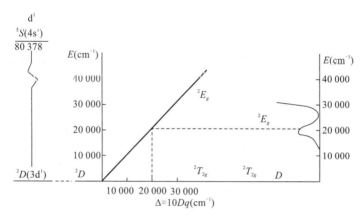

图 3.22　八面体场中具有 d^1 组态离子的能级图(Ti^{3+}、V^{4+} 等)

注:由 d^1 组态只形成谱项^2D,^2D 谱项在立方体场中分裂成 2 个能级 $^2T_{2g}$ 和 $^2E_{2g}$;下一激发组态仅出现在 80 378cm^{-1}处

(5)由于 $3d^1$ 离子态是单电子态,它们在晶体场中的能级标记为 T_{2g}、E_g、A_g、B_g 等,或 t_{2g}、e_g、a_{1g}、b_{1g} 等,同样与其相对应的轨道也标记为 $a_{1g}-d_{x^2-y^2}$、$b_{1g}-d_{z^2}$、$t_{2g}-d_{xy}$、d_{yz}、d_{xz} 等。

在不同晶体场中 d^1 离子能级的分裂图示于图 3.23 中。

在考察 Ti^{3+} 离子的吸收光谱时(图 3.24、图 3.25),可区分出 2 组光谱:①在还原条件下获得的具有 Ti^{3+} 的溶液、玻璃、化合物的光谱,这些光谱可看成是显示着 Ti^{3+} 光谱普遍特征的标准光谱;②含有以杂质形式存在的 Ti^{3+} 矿物和无机化合物的光谱。在矿物中,Ti^{3+} 的光谱又可以分为 2 个亚类。

a.含铁矿物的光谱:Fe 矿物的含钛变种(钛石榴石、钛辉石等)以及因为钛矿

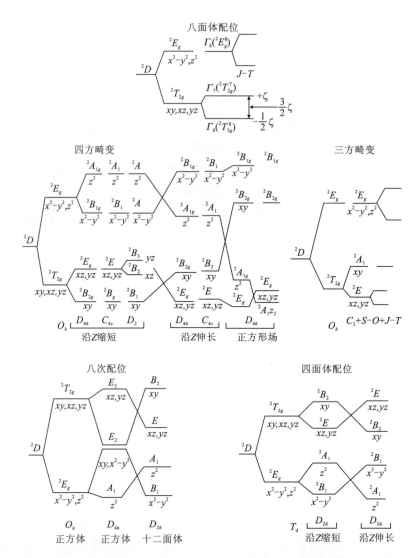

图 3.23 d^1 组仅有的 ^2D 谱项在不同配位和不同对称的晶体场中的分裂

物几乎总含有铁,因而要把 Ti^{3+} 谱带从叠加在它上面的宽而强的电荷转移带和 Fe^{3+} 的晶体场带中分辨出来是困难的。在钛辉石、紫色金红石、粉色榍石和蓝锥矿中观察到了 Ti^{3+} 的光谱。

b. 另一些矿物中的 Ti^{3+} 吸收光谱:在这些矿物中,Ti^{3+} 存在是用电子顺磁共振确定的。

类似于其他 d^1 离子(V^{4+}、Y^{2+}、Zr^{3+}、Mo^{5+}、W^{5+}),Ti^{3+} 离子常常作为电子中

心 $Ti^{3+} = Ti^{4+} + e^-$ 出现于矿物中。只要 Ti^{3+} 处在八面体和立方体配位中,必定在可见区域内观察到它的吸收带,而处在四面体配位时,其吸收带必定在近红外区域,$Dq_{八面体} = 17\,000 \sim 20\,000\,cm^{-1}$,而由于 $Dq_{四面体} = \frac{4}{9} Dq_{八面体}$,故 $Dq_{四面体} = 7500 \sim 9000\,cm^{-1}$。

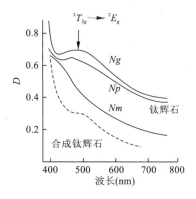

图 3.24 钛辉石中 Ti^{3+} 的吸收光谱

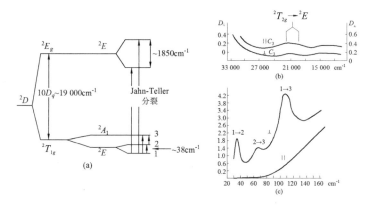

图 3.25 $Al_2O_3 : Ti^{3+}$ 的吸收光谱

(a)处于 C_3 对称的晶体场中,Al_2O_3 中 Ti^{3+} 的能级;(b)$Al_2O_3 : Ti^{3+}$ 在可见和紫外区的光谱;(c)$Al_2O_3 : Ti^{3+}$ 在远红外区的光谱

3.5.3.2 钒

在晶体和玻璃中所见到的钒以 $V^{5+}(3d^0)$、$V^{4+}(3d^1)$、$V^{3+}(3d^2)$、$V^{2+}(3d^3)$ 形式存在(图 3.26)。钒矿物主要以含 V^{5+} 的钒酸盐为代表,它或以四面体络合物 VO_4^{3-} 的形式,或以四方双锥络合物 VO_5 的形式,或以畸变的八面体 VO_6 的形式出现。V^{3+} 和 V^{4+} 的矿物较为罕见。

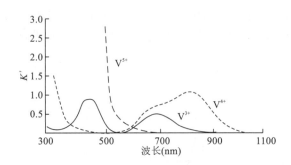

图 3.26 具有 V^{5+}、V^{4+}、V^{3+} 的玻璃物质（$20K_2O,30ZnO,50P_2O_5$）的吸收光谱

然而，地壳中大部分钒以 V^{3+} 形式呈类质同象替代 Fe^{3+} 或 Al^{3+}（如磁铁矿、辉石、云母、电气石、绿柱石等）。实际上，V^{3+} 和 Fe^{3+} 可能同时出现，使钒光谱与铁强吸收带重叠。作为杂质，V^{4+} 通常代表一个电子中心：$V^{4+}=V^{3+}+e^-$（$3d^1$）。

$3d^0$：V^{5+}，类似于 Ti^{4+}，没有 d 电子，因而不产生晶体场带。在孤立 VO_4^{3-} 络合物场中，V^{5+} 的光谱用分子轨道理论解释为电荷转移光谱。然而，大多数具有 $V-O_5$ 和 $V-O_6$ 原子团的钒酸盐矿物的光谱，可以利用能带理论来解释（看作主要由 2p 氧轨道构成的价带和主要由 3d 钒轨道构成的导带之间的跃迁）。

$3d^1$：V^{4+}，在不同对称的晶体场中，V^{4+} 能级分裂图与等电子的 Ti^{3+} 离子的图（见图 3.22）是相同的。然而，由于在矿物中 V^{4+} 常以 VO^{2+} 形式出现，故它的光谱可用分子轨道图描述。

$3d^2$：V^{3+}，自由离子的 Racah 参数 $B=862cm^{-1}$，$C=3815cm^{-1}$，$C/B=4.1$。在八面体场中，$3d^2$ 离子的能级图见图 3.27。自由离子的基谱项 ^3F 分裂成 $^3T_{1g}$（基态）、$^3T_{2g}$ 和 $^3A_{2g}$，此外还有另一个从 ^3P 演变而来的三重态 $^3T_{1g}$。从基态 $^3T_{1g}(^3F)$ 向 $^3T_{2g}(^3F)$ 和 $^3T_{1g}(^3P)$ 的跃迁产生两个强而宽的自旋允许吸收带；向 $^3A_{2g}(^3F)$ 和更高能级的跃迁常被电荷转移带重叠。$3d^2$ 离子的其余态都是单态，向这些能级的跃迁都是自旋禁戒的，但是，由于电子-振动相互作用，这种跃迁可能被观察到：向 $^1T_2$、$^1E(^1D)$ 和 $^1A_1(^1G)$ 能级的跃迁产生微弱的线状光谱，这些能级与晶体场强度 Dq 无关。向 ^1D、^2D 和 $^1T_1(^1G)$ 能级的跃迁产生弱且宽的谱带，它们常常被邻近的吸收带遮蔽。

$V^{3+}(3d^2)$ 的能级图和吸收光谱与 $Cr^{3+}(3d^3)$ 的相似，但这些离子不是等电子的，它们有不同的电子数，因而有不同的多重度，但是这些离子有相同的轨道基态（^3F 和 ^4F）和另一个具有相同多重度的态（^3P 和 ^4P），这就产生了 3 个强的吸收带，伴随着一些与自旋禁戒跃迁吸收有关的弱而窄的谱线。

V^{3+} 和 Cr^{3+} 具有类似的 Dq、B、C 值，这使它们的光谱不仅表现出相同的一般性特征,而且吸收带的位置也是相似的,从而 V^{3+} 与 Cr^{3+} 化合物具有相同的颜色:红色(具有较低的 Dq 值)或绿色(具有较高的 Dq 值)。因而刚玉的变色是由于同时存在 Cr^{3+} 和 V^{3+} 杂质造成的。

对于 $Al_2O_3:V^{3+}$ 的光谱研究(图 3.27)。吸收带是:17 150∥($f=0.279\times10^{-4}$)和 17 420⊥($f=0.360\times10^{-4}$)($^3T_2$),24 920∥($f=5.61\times10^{-4}$)和 25 310⊥($f=1.60\times10^{-4}$)($^3T_1$)和 31 240cm^{-1}($^3A_2$);参数:$10Dq=18 000$cm^{-1},$B=610$cm^{-1},$C=2500$cm^{-1},$\nu=800$cm^{-1},$\nu'=200$cm^{-1},$\zeta=1500$cm^{-1}。

$3d^3$:V^{2+},V^{2+} 离子与 Cr^{3+}($3d^3$)是等电子的,因而在下面描述的 Cr^{3+} 的全部能级和光谱特征完全适用于 V^{2+}。

它们的差别在于:V^{2+} 的晶体场强度较 Cr^{3+} 为低,因而,V^{2+} 的吸收带与 Cr^{3+} 的相应带相比,向长波一侧有所移动。V^{2+} 离子和 Cr^{3+} 具有来自相同 ^2E 能级的线状荧光,但却移动到靠近红光的红外区域(在 $Al_2O_3:V^{2+}$ 中,为 11 679cm^{-1} 和 11 691cm^{-1},即 856nm 和 855nm;在 $MgO:V^{3+}$ 中是 11 498cm^{-1})。V^{2+} 的吸收带通常被以较大浓度存在的 V^{3+} 谱带重叠。在辐照过程中,具有 V^{3+} 的化合物捕获电子而形成 V^{2+}($V^{3+}+e^-$),在这种情况下,可把它看作为一个电子中心。

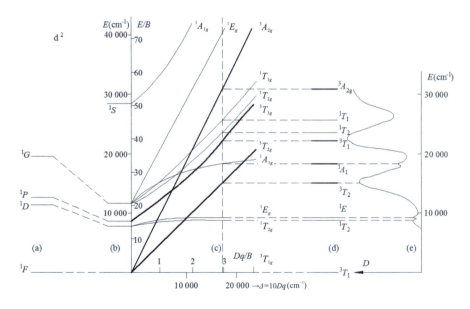

图 3.27 八面体中具有 d^2 组态(V^{3+})离子的能级图

(a)具有 $B=862$cm^{-1},$C=3815$cm^{-1} 的 V^{3+}($3d^2$)自由离子谱项;(b)具有 $B=610$cm^{-1},$C=2500$cm^{-1},$C/B=4.1$,$Dq=0$ 的 V^{3+} 离子谱项;(c)在八面体场中的谱项分裂;(d)在近似立方场中($Dq=1800$cm^{-1}),Al_2O_3 中 V^{3+} 的能级;(e)$Al_2O_3:V^{3+}$ 的光谱

3.5.3.3 铬

3d³：Cr³⁺

从 3d³ 电子组态导出的自由离子谱项是：基谱项 ^4F，激发谱项 ^4P、^2P、^2G、^2D、^2H、^2H、^2F 等四重和二重谱项。根据原子光谱所确定的这些谱项位置与自由离子的 Racah 参数很吻合：$B=918{\rm cm}^{-1}$，$C=3600{\rm cm}^{-1}$，$C/B=4$。在晶体场中，谱线被压缩（表现在 B 和 C 值的减小），并分裂成按某些对称类型变换的能级（图 3.28）。

图 3.28 表示了立方（八面体）场中较低的几个谱项 ^4F、^4P、^2G 的分裂，这种分裂是晶体场强度 Dq 的函数。其他谱项能级向紫外区移动，在那里晶体场跃迁被电荷转移带重叠。$^4A_2$、$^4T_2$、$^2A_1$、$^2A_2$ 能级与晶体场强度显示出线性依赖关系，因为其中每一个谱项都是唯一给定类型的能级；而两个相似的态，即由 ^4F 分裂产生的 $^4T_1(^4F)$ 与 ^4P 产生的 $^4T_1(^4P)$ 彼此排斥，相应的能级发散开来。只有 ^2E、$^2T_1$、$^2T_2$ 能级（来自 ^2G）近似为不依赖于晶体场。

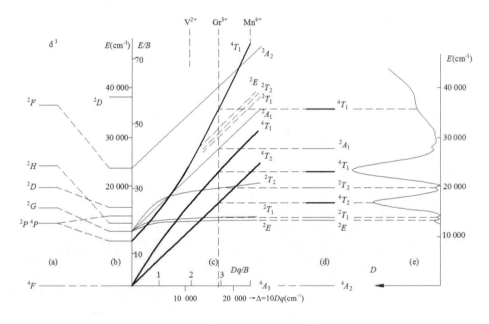

图 3.28 八面体场中 d³ 组态（Cr³⁺）能级图

(a) 自由离子 Cr³⁺（3d³）谱项，具有 $B=918{\rm cm}^{-1}$，$C=3600{\rm cm}^{-1}$；(b) 具有 $B=650{\rm cm}^{-1}$，$C=3210{\rm cm}^{-1}$，$Dq=0$ 的 Cr³⁺ 自由离子谱项；(c) 在八面体中（O_h）场中，$\Delta=10Dq$ 最低的几个谱项 ^4F、^4P、^2G 的分裂，相对于晶体场强度作图；(d) Al_2O_3 中 Cr³⁺ 的能级；(e) Al_2O_3 中 Cr³⁺ 的非偏振光谱，D 是光密度

在立方场中，基态是 $^4A_{2g}$。其他四重谱项是由 ^4F 基态谱项分裂而成的（$^4F \rightarrow {}^4A_{2g}, {}^4T_{2g}, {}^4T_{1g}$）以及由 ^4P 变换而来的（$^4T_{1g}$）。在 $^4A_{2g}$ 与这些谱项之间的跃迁是自旋允许的，而在 $^4A_{2g}$ 与其他 Cr^{3+} 态之间的跃迁是自旋禁戒的。

Cr^{3+} 光谱的普遍特征是：在可见区域，出现两个强而宽的吸收带（由 ^4F 谱项分裂的能级之间的跃迁产生：$^4A_2 \rightarrow {}^4T_2$ 和 $^4A_2 \rightarrow {}^4T_1$），以及在紫外区域的第三个宽带 $^4A_2 \rightarrow {}^4T_1(^4P)$，其强度较小，因为它对应于两个电子跃迁：$^4A_2$ 具有 t_{2g}^3 组态，而 $^4T_1(^4P)$ 具有 $t_{2g}^1 e_g^2$ 组态，即有两个电子从具有 t_{2g}^3 组态的态转移到具有 $t_{2g}^1 e_g^2$ 组态的态上。这些具有相同多重度的态间跃迁是自旋允许的，因而强度大。与这个带状光谱相伴随的有个线光谱，这个线光谱包含从可见区域的红光部分到紫外区域一系列弱而窄的谱线，这些谱线对应于不同多重度的态之间的跃迁（四重—二重，即从 $^4A_2$ 向不同二重态 $^2E, {}^2T_1, {}^2T_2, {}^2A_1$ 的跃迁），因而自旋禁戒的强度减小。

在可见区域中宽而强的吸收带致使含 Cr 化合物形成不同的颜色；Dq、B 参数可根据这些吸收带的位置来确定，在红光区域中出现的第一条窄线有很重要的意义，因为它与 Cr^{3+} 离子的激光发射和荧光有关。

电荷转移带出现在紫外区域中（从近 38 000cm^{-1}，即 260nm 开始）。含 Cr^{3+} 浓度接近于 1‰ 或更多时，可观察到 Cr^{3+} 的光谱，它以弱而窄的谱线形式出现在四重—二重跃迁谱线的附近。

在矿物和无机晶体中出现的 Cr^{3+} 通常呈八面体配位。然而，Cr^{3+} 八面体局部对称性是难以保持的，对于氧化物（如刚玉、尖晶石等），最常见的是处于三方局部对称的 Cr^{3+}；对于硅酸盐来说，其对称性更低。局部对称的降低，导致其能级进一步分裂，在立方场的能级位置附近发生很小的移动：$^4A_{2g} \rightarrow {}^4T_{2g}$ 的跃迁在 16 000～18 000cm^{-1} 处，而在三方场中，由 $^4T_{2g}$ 形成的 $^4E_2$ 和 $^4A_2$ 态之间的距离只有 400～600cm^{-1}。这一分裂可由选律所决定的吸收带的二色性显示出来：在一个方向上（平行于晶体场轴，三方对称时与 C_3 轴重合，四方对称时与 C_4 轴重合），只有向这些分裂能级中的一个能级的跃迁是允许的；而在另一个方位上（垂直于轴），这一跃迁是禁戒的，而另一个跃迁变成允许的。例如，在三方对称中，从 $^4A_2$ 向 $^4A_2$ 和 ^2A 能级的跃迁在平行方位上是允许的，而在垂直方位上，向 ^4E 和 ^2E 能级的跃迁是允许的。

三方分裂的参数（图 3.29）标记为 ν 和 ν'，或 K 和 K'，或 D_σ 和 D_τ，它们之间的关系为：

$$\nu' = K' = 2/3(3D_\sigma - 5D_\tau); \quad \nu = 3K = 1/3(9D_\sigma + 20D_\tau)$$

Cr^{3+} 中，自旋轨道相互作用小，几乎不影响宽吸收带，但表现在窄线的更进一步的小分裂上。对于 Cr^{3+} 自由离子，自旋轨道相互作用的单电子常数 $\zeta = 270cm^{-1}$。因而，对于四重谱项 $^4F(2S+1=4$，即 $S=3/2$）来说，自旋轨道相互作用

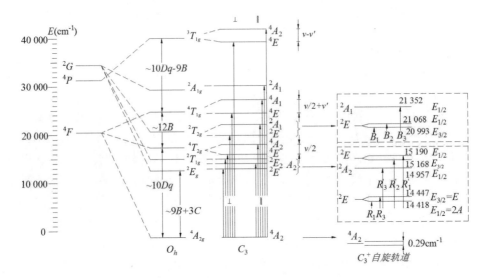

图 3.29 在八面体场(O_h)和三方对称场(C_3)中,较低能级^4F、^4P、^2G的分裂

$\lambda=\zeta/2S$(S 是离子的自旋)等于 $90cm^{-1}$,对于二重的^2G、^2P 等($2S+1=2$,即 $S=1/2$),$\lambda=\zeta=270cm^{-1}$。然而,在晶体中观察到的这些值有显著减少。

对于八面体、三方和四方场,由三价铬引起的颜色完全与$^4A_2 \to {}^4T_2$ 和 $^4A_2 \to {}^4T_1$ 两个吸收带的位置有关。Dq 值大者观察到粉红、红和紫色,Dq 值小者为绿色。由于 Dq 值反比于原子间距,所以在 Cr^{3+} 八面体作为杂质进入 Al 八面体中时将观察到粉红、红和紫色,因为 Al 八面体比 Mg、Ca、Cr 八面体体积小,而含 Cr 化合物的绿色则与 Mg、Ca、Cr 八面体有关。

利用光学光谱、荧光光谱来观察 Cr^{3+} 离子,可以方便地对相应的参数进行计算。把它当作晶体荧光和颜色,特别是宝石矿物(红宝石、祖母绿、尖晶石、变石等)颜色的研究手段。

因而在许多化合物中都研究了 Cr^{3+} 的吸收光谱,对其吸收光谱研究得最为详细的矿物是红宝石 $Al_2O_3:Cr^{3+}$ (图 3.30)。

3.5.3.4 锰

在矿物中,锰的常见价态是 Mn^{2+}($3d^5$),Mn^{3+}($3d^4$)作为 $3d^4$ 组态的代表。

$3d^4$:Mn^{3+} 仅有的稳定的 $3d^4$ 离子,基谱项^3D 是唯一的五重谱项,其他为三重谱项和单谱项,在八面体场中,^5D 分裂成较低的^5E_g 和较高的$^5t_{2g}$ 谱项。其他谱项分裂示于图 3.31 中。

Mn^{3+} 的光谱含有一个宽的、常常是双峰的谱带,这是由于$^5E_g \to {}^5T_2$ 跃迁

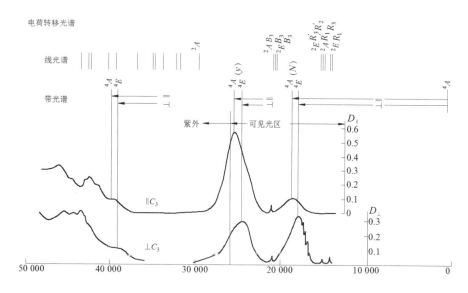

图 3.30 红宝石 $Al_2O_3:Cr^{3+}$ 的吸收光谱

中 $^5T_{2g}$ 能级的 Jahn-Teller 分裂造成的,或在较低对称场中,含有 2 个二色性的带,以及很少见到的、由自旋禁戒的五重—三重跃迁(即从 ^5E_g 基态向 $^3T_{1g}$、^3E_g 和其他跃迁)造成的窄而弱的谱项谱线,而五重—单重跃迁更是被禁戒的,因为自旋的变化为 2(在 ^5E_g 中,$2S+1=5$,$S=2$,而在 $^1T_{2g}$ 中,$2S+1=1$,$S=0$),所以这种跃迁在光谱中观察不到。

就 $^5E_g\to{}^5T_{2g}$ 强的自旋允许跃迁而言,Mn^{3+} 光谱的特征与 Cu^{2+} 的光谱 ($3d^9$,$^2E_g\to{}^1T_{2g}$)是十分相似的,但是吸收带移向较高能量,因为 Mn^{3+} 的 Dq 值大于 Cu^{2+} 的 Dq 值。d^4 离子的能级图(图 3.31)被 $Dq/B=2.7$ 的垂直线分成了 2 个图:①左侧是弱场和相应的高自旋态的图,即具有 $t_{2g}^3 e_g^1$ 组态,自旋 $S=2$ 和基态 ^5E_g;②右侧是强场和相应的低自旋态的图,具有 t_{2g}^4,自旋 $S=1$ 和基态 $^3T_{1g}$。

与 d^1、d^2、d^3 组态的能级图中所有能级都具有正的斜率不同,d^4 能级图中某些三重能级和单能级具有负的斜率,随着晶体场强度的增高,$^3T_{1g}$ 能级变为基态。d^4 离子的低自旋态(图 3.31 右侧)的相应吸收光谱与高自旋态(图的左侧)的相应吸收光谱是不同的:在比较窄的紫光—紫外区出现了 5 个三重—三重跃迁。

处于高自旋态的 Mn^{3+} 的光谱,如 $Al_2O_3:Mn^{3+}$,在三方场中 $^5T_{2g}$ 能级分裂成较低的 $^5A_1$ 和较高 ^5E,在垂直方位上,$^5E\to{}^5A_1$ 的跃迁是允许的($18\,750\,cm^{-1}$,$f=2.67\times10^{-4}$),而 $^5E\to{}^5E$ 跃迁在垂直和平行方位上都是允许的($20\,600\,cm^{-1}$,$f=1.77\times10^{-4}$,$Dq=1947\,cm^{-1}$),见图 3.32。

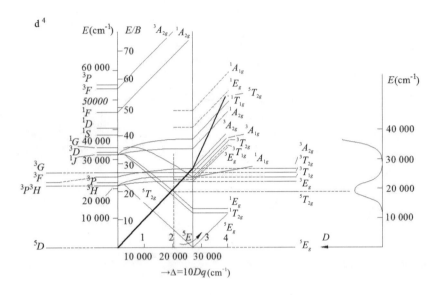

图 3.31 d^4 组态(Mn^{3+})在八面体场中的能级图

$C/B=4.66$,右侧为 $Al_2O_3:Mn^{3+}$ 的吸收光谱($Dq=1950cm^{-1}$, $B=965cm^{-1}$, $C/B=4.66$)

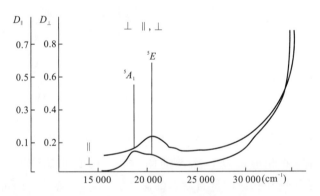

图 3.32 在 Al_2O_3 中 Mn^{3+} 的偏振吸收光谱

在不同对称性的场中,d^3 离子能级的分裂类似于 d^7 离子能级的分裂,但是所有的能级顺序相反。

$3d^5:Mn^{2+}$,属于半填满的 $3d^5$ 电子组态,是最稳定的离子。

晶体场中,常见的为高自旋态,即 $t_{2g}^3 e_g^2$ 组态,在每一轨道上都有一个不成对电子,自旋 $S=5/2$(多重度 $2S+1=6$);低自旋态的 Mn^{2+} 离子少见报道,而低自旋态的 Fe^{3+} 也不常见,这种低自旋态为 t_{2g}^5 组态,具有两对成对电子和一个不成对电子,

第3章 宝石矿物紫外-可见光谱学

自旋 $S=1/2$。

晶体场中 d^5 离子的能级具有以下特征：

(1) d^5 离子的基谱项是 ^6S，此谱项在任何对称场中都变换成 $^6A_{1g}(^6A_1)$ 轨道单重态，并且是唯一的六重态。与其他所有的 d^1-d^4 和 d^6-d^9 组态有所不同，其在 d^1-d^4 和 d^6-d^9 组态中最强跃迁出现在被晶体场分裂的基态能级之间，而 ^6S 谱项则不分裂，并是唯一给定多重度的态。所以所有 d^5 离子的跃迁都是自旋禁戒的，它们的强度很弱，所有 Mn^{2+} 化合物表现出较淡的颜色。

(2) d^5 离子的激发态是四重(^4G、^4F、^4D、^4P)和二重(^2I、^2H、^2G、^2F、^2D、^2P、^2S)谱项。从基态六重谱项 $^6S(A_{1g})$ 向二重谱项的跃迁是更加被禁戒的，因为跃迁中自旋数改变为 2。因而，在 Mn^{2+} 光谱中很少见六重谱项向二重谱项的跃迁，实际上只见到六重—四重跃迁。

它们可以分成：向与晶体场强度 Dq 有关的能级的跃迁(图 3.33 中表示为斜线)，产生宽带(通常是 $^6A_{1g} \to {}^4T_{1g}$ 和 $^6A_{1g} \to {}^4T_{2g}$)；以及向与 Dq 无关的能级的跃迁(图 3.33 水平或近于水平的线)，造成一些相当窄的带($^6A_1 \to {}^4A_1 + {}^4E$，$^6A_{1g} \to {}^4E(^4D)$等)。

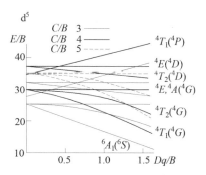

图 3.33 在 d^5 组态中($C/B=3.45$) 较低的四重能级

(3) $^6S(^6A_{1g})$ 能级在晶体场中不产生分裂，在八面体和四面体配位体中都是相似的。d^5 组态与所有其他电子组态不同，其他组态离子在四面体场中与八面体场中的能级图顺序相反，而对于 d^5 组态的离子，八面体、四面体和六方体配位中能级图都相同，只能根据晶体场强度的数量级来区分($Dq_{四面体}=4/9Dq_{八面体}$；$Dq_{立方体}=Dq_{八面体}$)。

此外，像 Mn^{2+} 和 Fe^{3+} 这样的 d^5 组态离子，它们的能级图具有类似的 Dq、B、C 值；在晶体中，Mn^{2+} 的 Racah 参数是：$B=570\sim790cm^{-1}$，$C=3200\sim3770cm^{-1}$，$C/B=4\sim6.5$，而 Fe^{3+} 的 B、C 值具有类似的范围。然而，这个范围表明，对于不同晶体中的 Mn^{2+} 和 Fe^{3+} 来说，需要有一套具有不同 C/B 比值的图。

因而，在图 3.33 中画出了 C/B 比值分别等于 3、4、5 三个数值的能级图，对于中间 C/B 值的能级可用内插法从这些能级图获得。全部能级只是出现平行位移，为了确定它们的位置，只需对能级图校准，这可以很方便地利用 $^6A_{1g} \to {}^4A_{1g} + {}^4E_g$ 和 $^6A_{1g} \to {}^4E_g(^4D)$ 跃迁来完成。这些跃迁不依赖于 Dq 值，并给出窄的吸收带，这些带在光谱中容易观察出来。

应当注意,对于自由离子的各种不同计算中,对 B 和 C 值已经做过不同的假设。除了 Tanabe-Sugano 的 $B=860cm^{-1}$ 和 $C=3853cm^{-1}$ 以外,B 和 C 值还可以取 $786cm^{-1}$ 和 $3790cm^{-1}$、$950cm^{-1}$ 和 $3280ccm^{-1}$、$910cm^{-1}$ 和 $3270cm^{-1}$。取用 Tanabe-Sugano 值大概是合适的,因为它们的值是对应于从 ^4G 和 ^4D 谱项确定的值。晶体场中的 $^4A_{1g}$、$^4E_g(^4G)$ 和 $^4E_g(^4A)$ 是从 ^4G、^4D 谱项得出,而晶体场中的 B 和 C 值是据 $^4A_{1g}$、$^4E_g(^4G)$ 和 $^4E_g(^4D)$ 确定的。

这样,根据自由离子能级确定出的自由离子的 B 和 C 值是:

$^4G\ 10B+5C=26\ 325cm^{-1}$

$^4D\ 17B+5C=32\ 308cm^{-1} \quad B=855cm^{-1}$

$^4P\ 7B+7C=29\ 168cm^{-1}$

$^4F\ 22B+7C=43\ 574cm^{-1} \quad B=960cm^{-1}$

对晶体中 B 和 C 值的估算也存在着同样的不一致性。从 $^4A_{1g}$、$^4E_g(^4G)$ 和 $^4E_g(^4D)$ 能级位置所得出的结果与从 $^4T_{1g}$ 和 $^4T_{2g}(^4G)$ 能级间隔所确定的 B 值有所差异,与由计算机选配所有参数使得全部观测和计算的跃迁最佳吻合的方法所确定的值也不相同。

3.5.3.5 铁

铁离子是矿物中最重要的致色元素。铁除了以正常成分存在外,还以类质同象替代矿物中其他过渡金属离子,导致 Ti^{3+}、V^{3+}、Cr^{3+}、Mn^{3+}、Mn^{2+}、Ni^{2+} 光谱与铁光谱叠加。因此,在研究这些离子的光谱时,首先要把它们从铁的光谱中分离出来。

铁的光学光谱分析与其他过渡金属离子光谱相比较,情况更复杂:①所有的 Fe^{3+} 和 Fe^{2+} 的晶体场带,除了一个 Fe^{2+} 跃迁之外,其他都是自旋禁戒的,因为强度都小;②这些带与极强的电荷转移带(特别是 Fe^{3+})叠加;③Fe^{2+} 和 Fe^{3+} 离子常常同时出现,在光谱的同一区域中出现相似的禁戒带,并且互相重叠;④许多情况下,Fe^{2+}-Fe^{3+} 相互作用,以及这些阳离子与其他过渡金属离子(Ti^{4+}、Cr^{3+} 等)一起出现,导致出现所谓的价间转移吸收。

$3d^5:Fe^{3+}$,Fe^{3+} 离子与 Mn^{2+} 离子是等电子的,因而它们在晶体场中的一般特征的描述是完全相同的。

可是,Fe^{3+} 光谱和 Mn^{2+} 光谱也有很大差别;在 Fe^{3+} 的浓度很低时,Fe^{3+} 化合物已是明显的褐色,而 Mn^{2+} 化合物的颜色,甚至在高浓度时也是粉红色的。这种差异与一事实有关,即 Fe^{3+} 的弱晶体场带与强电荷转移带的尾部重叠,而 Mn^{2+} 的电荷转移则出现在紫外区域中。电荷转移带有两重影响:一方面,与电荷转移带的相互作用,增加了重叠的禁戒跃迁的强度;另一方面,电荷转移带的强度如此之大,以至于在紫外区,更多地是在近紫外区的电荷转移带,大多数情况下将弱的晶体场覆盖掉。因而,在Fe^{3+}化合物的光谱中,通常只观察到2个或3个跃迁:首先是2个宽带$^6A_{1g} \rightarrow {}^4T_{1g}$和$^6A_{1g} \rightarrow {}^4T_{2g}$,以及1个窄带$^6A_{1g} \rightarrow {}^4E_g + {}^4E_{1g}(^4G)$。在大多数$Mn^{2+}$化合物中见到的、对确定$B$和$C$参数具有重要意义的$^6A_{1g} \rightarrow {}^4E_g(^4D)$带,在$Fe^{3+}$光谱中是很少见到的。

Fe^{3+}的电荷转移带明显不同于晶体场带:它的极大值出现在远紫外区(约200nm),其强度比晶体场带大2个或3个数量级(吸收系数为$6000 \sim 7000 cm^{-1}$,而自旋允许的晶体场跃迁为$10 cm^{-1}$,自旋禁戒的跃迁为$0.1 \sim 0.5 cm^{-1}$)。

电荷转移带只是尾部出现在可见光区。当Fe^{3+}浓度约为0.5%时,其电荷转移带的尾部已出现在可见区域的紫光部分。随着Fe^{3+}浓度的增大,这种带迅速地覆盖整个可见区域,并达到近红外区域。

硅酸盐中,电荷转移带(与Fe^{2+}允许跃迁一起)是决定矿物颜色和多色性的主要因素。这种带的形成机理与晶体场带不同,可以把它看成是电子从氧向铁阳离子的转移。用分子轨道图可以进行解释(图3.16)。对于Fe^{3+},用一些典型的B和C值计算出d^5组态的四重能级图示于图3.34。

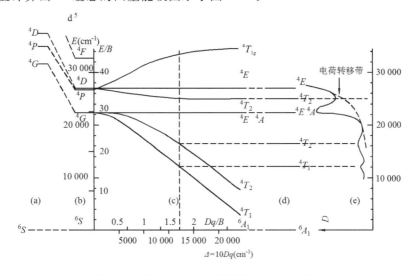

图3.34 d^5组态(Fe^{3+})能级图,只有四重能级

(a)Fe^{3+}自由离子谱项($B = 992 cm^{-1}$,$C = 4430 cm^{-1}$,$C/B = 4.46$);(b)Fe^{3+}自由离子谱项($B = 760 cm^{-1}$,$C = 3220 cm^{-1}$,$C/B = 3.24$,但$Dq = 0$);(c)d^5组态能级图,$C/B = 4.24$;(d)$Dq = 1300 cm^{-1}$能级位置;(e)石榴石-翠榴石$Ca_3Fe_2[SiO_4]_3$的光谱图

矿物中Fe^{3+}光谱的研究表明,吸收带的数目、光谱的一般特征以及不同晶体光谱中相同跃迁的强度主要取决于矿物中Fe^{3+}的浓度(图3.35)。

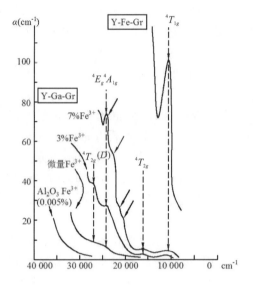
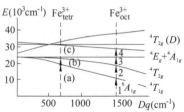

图 3.35 在钇铁榴石、钇钙榴石和 $Al_2O_3:Fe^{3+}$ 中，Fe^{3+} 光谱随 Fe^{3+} 浓度的变化

注：在 Y-Ga 石榴石中，八面体位置的 Ga 被 Fe^{3+} 替代；在 $Al_2O_3:Fe^{3+}$ 中，含 Fe^{3+} 0.005 原子％。呈四面体配位的 Fe^{3+} 的吸收带是用斜箭头指示的部位。$Fe^{3+}_{四面体}:Dq=690cm^{-1}$；(a) $24\,000cm^{-1}$，(b) $23\,700cm^{-1}$，(c) $22\,500cm^{-1}$、$21\,200cm^{-1}$、$20\,200cm^{-1}$。$Fe^{3+}_{八面体}:Dq=1450cm^{-1}$；1. $2700cm^{-1}$，2. $24\,000cm^{-1}$，3. $6000cm^{-1}$，4. $11\,000cm^{-1}$

电荷转移带尾部移向可见区域，导致晶体场光谱的明显变化，使接近电荷转移带尾部的跃迁吸收强度增大。然而，电荷转移带的进一步增长，将会逐个地（从紫外—紫光开始）把晶体场带覆盖掉。因而，当 Fe^{3+} 浓度高，并且样品不太薄时，可在近红外区观察到唯一一个强度很大的 $^4T_{1g}$ 带，并与陡峭地进入紫外区的电荷转移带重叠（图 3.35）。在很薄的样品（约 $10\mu m$）中，则有可能观察到 2 个带，即 $^4T_{1g}$ 和 $^4T_{2g}$，甚至在高铁氧化物和氢氧化合物中也是如此。

在大多数含 Fe^{3+} 的硅酸盐矿物中，除 $^4T_{1g}$ 和 $^4T_{2g}$ 带以外，还可见窄的 $^4E_g+^4A_{1g}$ 带，呈台肩形状位于陡峭程度不同的电荷转移带上（图 3.36）。

当 Fe^{3+} 浓度低时，电荷转移带未

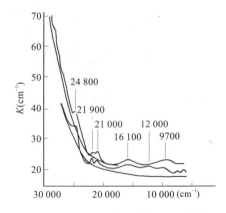

图 3.36 绿帘石中 Fe^{3+} 的吸收光谱

达到相应$^4T_{1g}$和$^4T_{2g}$跃迁的频率,只是微弱地显示出来,或根本观察不到。然而,这时有一系列的窄带$^4E_g+^4A_{1g}$、$^4T_{2g}(^4D)$、$^4E_g(^4D)$;如果浓度更低(如在Al_2O_3中含0.005% Fe^{3+},图3.35),可观察到$^4A_{2g}$ 38 500cm^{-1}带,而其他所有的弱带均观察不出来。

Fe^{3+}光谱中可区分出3种类型的跃迁:

(1)窄而较强的带,对应于不依赖于Dq的跃迁(能级图中为水平直线,见图3.34),常见到的是$^4E_g+^4A_{1g}$带,而$^4E_g(^4D)$和$^4A_2(F)$带很少见到。

(2)两个弱而宽的带:T_{1g} 11 000~12 000cm^{-1},$^4T_{2g}$ 16 000~17 000cm^{-1}。它们的位置取决于晶体场强度。

(3)二重跃迁的弱带:$^2T_2(I)$和$^2T_1+^2A_1(I)$;这些跃迁是双重禁戒的:自旋禁戒和二电子跃迁禁戒(即二电子从基态$^6A_1$的组态$t_{2g}^3e_g^2$激发到$^2T_2$、$^2T_1$、$^2A_1$和其他态的t_{2g}^5组态)。所以,这些跃迁很弱,在Fe^{3+}光谱中常常显示不出来。然而在Mn^{2+}光谱中,则清晰可见。在某些化合物的Fe^{3+}光谱中,具有14 000~15 000cm^{-1}和20 000cm^{-1}吸收带,这些吸收带不能归属于$^4T_1$和$^4T_2$,而在能级图中却与$^2T_2(I)$和$^2T_1$?$A_1(I)$位置一致。很可能这些跃迁与其相靠近的跃迁混合并与电荷转移带相互作用,导致在某些化合物的吸收光谱中显示出这些跃迁。通过对下述诸关系的考虑,可以把不同化合物中Fe^{3+}吸收带的归属相互关联起来。

(1)与原子间距成反比的晶体场强度Dq按以下系列增加:$(Fe^{3+},Mg)O_6$(2.10~2.20Å)—$Fe^{3+}O_6$(2.00Å)—$(Fe^{3+},Al)O_6$(1.91~1.95Å)。

(2)上述系列中,共价性增加,因而B值降低。

(3)光谱中,这些关系以不同方式显示出来:随着Dq的增高(图3.34),与Dq有关的能级能量降低,也就是说,随着Dq值增高,$^4T_{1g}$和$^4T_{2g}$带向较小能量方向移动;B值降低导致C/B比值增高,也就导致所有能级沿能量刻度向上移动(图3.33);同一能级的能量随B值降低而增高,因为E/B比值的增大比因B值降低而造成的E值减小更为迅速。

(4)某些跃迁能量差可根据下面的一些公式近似地加以确定:

$$t_2^3 e^{26} A_1 = 0$$

$$^4A_1{}^4E = 10B + 5C$$

$$^4T_2(D) = 13B + 5C + \cdots$$

$$^4E(D) = 17B + 5C$$

$$^4T_1 = 18B + 7C - \cdots$$

$$^4A_2(F) = 22B + 7C$$

$$t_2^4 e^{14} T_1 = -10Dq + 10B + 6C - 26B^2/10Dq$$

$$^4T_2 = 10Dq + 18B + 6C - 38B^2/10Dq$$

$$t_2{}^5 {}^2T_2 = -20Dq + 15B + 10C - 140B^2/10Dq$$

(包含 $B^2/10Dq$ 的能级能量按 $C/B=4$ 计算)

根据这些公式可以看出，^4A、^4E 和 $^4E(D)$ 之间的距离等于 $7B$，而 $^4T_1$ 和 $^4T_2$ 之间的距离近于 $8B$。

$3d^6$：Fe^{2+}，自由离子基谱项是 ^5D，激发谱项是三重的 ^3H、^3P、^3F、^3G、^3D 和单重的 ^1I、^1D。

八面体场中，^5D 谱项分裂成基态 $^5T_{2g}$ 能级和激发态 ^5E_g 能级（图 3.37）。$^5T_{2g} \rightarrow {}^5E_g$ 跃迁是在八面体场中唯一的允许跃迁，与此相关的在红光和红外光的边界上出现宽而强的吸收带，这是 Fe^{2+} 化合物光谱中唯一的强带。

^5E_g 态受 Jahn-Teller 效应的强烈影响，引起 ^5E_g 的分裂。然而，Jahn-Teller 效应只有在立方局部对称下才能判断，因为在低对称中，它的作用不能与晶体场的非立方成分引起的分裂区分开来。

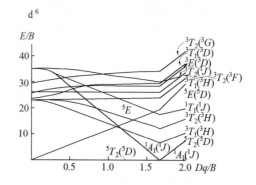

图 3.37 在八面体场中 d^6 组态的能级图（$C/B=4$）

随着局部对称的不同，^5E_g 态的行为（$^5T_{2g} \rightarrow {}^5E_g$ 跃迁）可分为以下情况：

(1) 立方局部对称（O_h）：见不到吸收带的分裂，Jahn-Teller 效应只是使吸收带适当加宽（$1800 \sim 2200 cm^{-1}$）。

(2) 三方局部对称：① 三方场中，^5E_g 能级不分裂；② 三方场减弱了 Jahn-Teller 效应对其他能级的作用。因此，$^5T_{2g} \rightarrow {}^5E_g$ 带在三方场中没有分裂，但宽度缩小到 $1400 \sim 1800 cm^{-1}$。

(3) 四方局部对称（图 3.38）和以四方成分占优势的晶体场较低对称情况：① 四方场中，^5E_g 能级分裂成两个能级：$^5B_{2g}$ 和 $^5B_{1g}$；② 四方场和 Jahn-Teller 效应相互增强它们的作用；③ 对称性的进一步降低并不导致进一步分裂，只使得亚能级按不同对称类型进行变换，这会造成选律改变，但是，向 ^5E_g 分裂能级允许跃迁的吸收带，其数目最多不超过 2 个。

Fe^{2+} 八面体的三方畸变，使得在具有 $1600 \sim 1800 cm^{-1}$ 分裂的吸收带上出现一个台肩。在四方畸变下，蓝铁矿中的分裂增高到 $4000 cm^{-1}$，在 FeF_2 中增高到 $3670 cm^{-1}$。比较 $FeCl_2$ 和 FeF_2，$FeCl_2$ 光谱（三方晶体场）具有未分裂 $^5T_{2g} \rightarrow {}^5E_g$ 带，而 FeF_2（斜方畸变的四方场）具有两个带：$^5B_{1g} \rightarrow {}^5B_{1g}$（$6990 cm^{-1}$）和 $^5B_{1g} \rightarrow {}^5A_{1g}$（$10660 cm^{-1}$）。

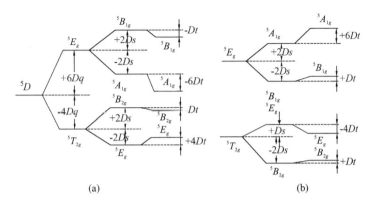

图 3.38 自旋允许跃迁 $^5T_{1g} \to {}^5E_g$ 的分裂（四方畸变的八面体场中的 Fe^{2+}）

(a)拉长的八面体($E_g=4Dq-Ds+4Dt, B_{2g}=-4Dq+2Ds-Dt, A_{1g}=6Dq-2Ds-6Dt, B_{1g}=6Dq+2Ds-Dt$)；(b)缩短的八面体($B_{2g}=-4Dq-2Ds+Dt, E_g=4Dq+Ds-4Dt, B_{1g}=6Dq-2Ds+Dt, A_{1g}=6Dq+2Ds+6Dt$)

对于四方畸变来说，分为拉长的八面体情况和缩短的八面体情况。在拉长的八面体中，主要是红外成分发生位移，而在缩短的八面体中，成分向可见区域位移（图 3.38）。

在 Fe^{2+} 中，可观察到禁戒的五重—三重跃迁呈极弱的带出现，有人曾将菱铁矿和蓝铁矿光谱中一些谱带归属于这种跃迁（图 3.39）。

在近似立方场中能级值是：

$$t_2^4 e^2 \ ^5T_2 = -4Dq$$
$$t_2^3 e^3 \ ^5E = +6Dq$$
$$t_2^5 e^1 \ ^3T_1 = -14Dq + 5B + 5C - 70B^2/10Dq$$
$$^3T_2 = -14Dq + 13B + 5C - 106B^2/10Dq$$
$$t_2^5 e^1 \ ^1T_1 = -14Dq + 5B + 7C - 34B^2/10Dq$$
$$^1T_2 = -14Dq + 21B + 7C - 118B^2/10Dq$$
$$t_2^6 \ ^1A = -24Dq + 5B + 8C - 130B^2/10Dq$$

呈四面体配位的 Fe^{2+}，由于在四面体场中的能级顺序与八面体中的相反，所以四面体场中 Fe_4^{2+} 的基态是为 ^5E，而激发态为 $^5T_2$。在 Fe_4^{2+} 光谱中，出现一个允许跃迁和一些弱的禁戒五重—三重跃迁。由于 $Dq_{四面体}=4/9Dq_{八面体}$，故这种跃迁出现在红外区（Fe_4^{2+} 的 $10Dq_{四面体}$ 约为 $3500\sim4500 cm^{-1}$，相当于 $^5E \to {}^5T_2$ 带的位置接近 $2\sim3\mu m$）。四面体配位中的 ^5E 能级，与八面体配位中 Cu^{2+} 的 ^2E_g 情况不同，不发生 Jahn-Teller 效应。

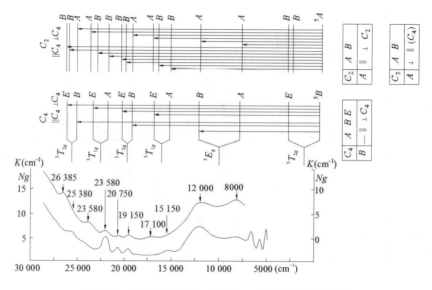

图 3.39 无色蓝铁矿 $Fe_4(PO_4)_2 \cdot 8H_2O$ 的吸收光谱

注：蓝铁矿为平行于(010)发育的板状体。Fe^{2+} 有两个假四方位置：$Fe_1^{2+}-O_2(H_2O)_4$，沿 C_4 轴缩短的八面体($Fe-O=0.197nm, Fe-H_2O=0.200nm$)，局部对称 C_2；$Fe_2^{2+}-O_2(H_2O)_2$，沿 C_4 轴缩短的八面体($Fe-O=0.095nm, Fe-H_2O=0.200nm$)，局部对称 C_2。两种位置的 C_2 轴与⊥(010)一致。在(010)平面中的 C_4 轴近于彼此垂直，$Fe_1:Fe_2=1:2$。可看到 $^5T_{2g} \rightarrow {}^5E_g$ 吸收带分裂成两个带 $^5A({}^5T_{2g}) \rightarrow {}^5A({}^5E_g)$，其间距为 $4000cm^{-1}$。禁戒跃迁带的分裂也清晰可见，$Dq=970cm^{-1}$，$B=1100cm^{-1}$，$C=440cm^{-1}$

自旋—轨道相互作用是不大的，只有 T 态发生第一级分裂，而 T 和 E 态都发生第二级分裂时，总分裂约在 $50\sim 60cm^{-1}$ 处。

在 Fe_4^{2+} 光谱中，$^5E \rightarrow {}^5T_2$ 跃迁强度，要比在 Fe_6^{3+} 光谱中 $^5T_{2g} \rightarrow {}^5E_g$ 跃迁强度高，这是由于宇称禁戒部分被解除的结果，自旋禁戒的五重—三重跃迁也比 Fe_6^{3+} 光谱强度高。

研究最广泛的吸收光谱之一——$ZnS:Fe^{2+}$ 光谱，其中 Fe^{2+} 出现在 T_d 对称场中，在不同天然闪锌矿样品的光谱中，曾观察到 Fe^{2+}、Co^{2+}、Ni^{2+} 带(图 3.40)。闪锌矿中完整的 Fe^{2+} 光谱既包括红外区中的 $^5E \rightarrow {}^5T_2$ 跃迁，也包括在含 Fe^{2+} 7%左右的较高质量的天然晶体中所观察到的禁戒跃迁，这种闪锌矿的 Fe^{2+} 光谱已按图 3.41 所示的图解进行解释。对 $^5E \rightarrow {}^5T_2$ 跃迁已从实验和理论两方面进行了详细的研究。在液氮温度下，$^5E \rightarrow {}^5T_2$ 带被分解成一系列窄而强的谱线[图 3.41(b)]，这些谱线对应于：①从被第二级自旋—轨道相互作用分裂而成的基态 ^5E 五重亚能级(图 3.42)向 $^5T_2$ 态自旋—轨道亚能级的纯电子跃迁；②有声子参与的 ZnS 晶格振动的边带。

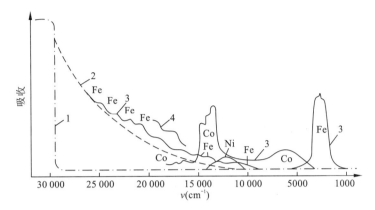

图 3.40 天然闪锌矿吸收光谱的一般图形及其解释
1. 带间跃迁；2. 电荷转移带；3. 晶体场带；4. 施主－受主跃迁带

^5E 基态自旋－轨道亚能级之间的跃迁在远红外区产生吸收带[图 3.41(b)]。

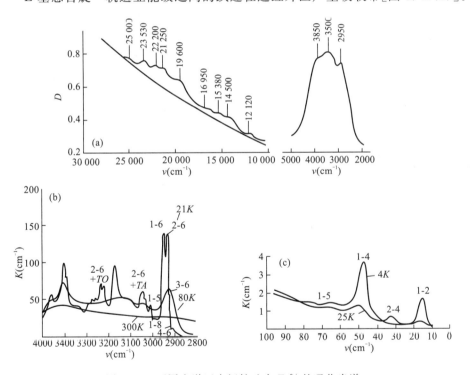

图 3.41 不同光谱区中闪锌矿中 Fe^{2+} 的吸收光谱

3.5.3.6 钴

$3d^7$：Co^{2+}

$3d^7$ 电子组态可看成一种填满的 d 壳层具有 3 个空穴的组态。因而 d^7 组态的自由离子谱项与 d^3 离子（Cr^{3+}）的相同，即具有相同的基态 ^4F 谱项和激发态 ^4P、^2G、^2H、^2D、^2F 谱项。在八面体场中，这些谱项的分裂图（图 3.43）与 d^3 离子（图 3.28）相似，但是自由的 d^7 离子在晶体场的能级顺序与 d^3 离子的顺序相反。因而在八面体配位中，d^7 离子的基态是 $^4T_{1g}$。

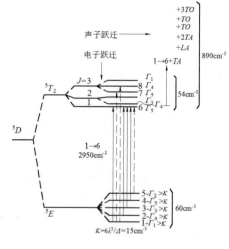

图 3.42　描述 $ZnS:Fe^{2+}$ 光谱中 $^5E \to {}^5T_2$ 带结构的能级

在八面体配位的 Co^{2+} 离子光谱中，观察到两个主要的吸收区域，对应于四重—四重跃迁：① 7000～10 000cm^{-1}，即近红外区中的 $^4T_{1g} \to {}^4T_{2g}$ 跃迁；② 17 000～20 000cm^{-1}，为最强的 $^4T_{1g}(^4F) \to {}^4T_{1g}(^4P)$ 跃迁。还有一个自旋允许跃迁 $^4T_{1g} \to {}^4A_{2g}$，但这是二电子跃迁：$^4T_{1g}(t_{2g}^5 e_g^2) \to {}^4A_{2g}(t_{2g}^5 e_g^4)$。因而，在吸收光谱中，或者观察不到，或者只产生一个很弱的带。

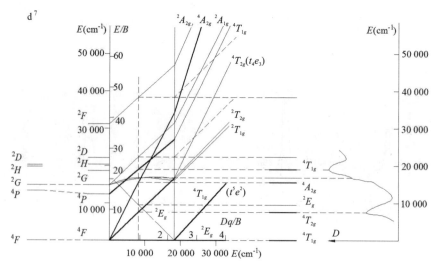

图 3.43　八面体场中 d^7 组态的能级图

$^4T_{1g}(^4F)\to{}^4T_{1g}(^4P)$ 跃迁,其强度要比其他两个允许跃迁大一个数量级,决定着 Co^{2+} 化合物的颜色。在自旋禁戒跃迁中,应该提及 $^4T_{1g}\to{}^2T_{1g}$、$^2A_{2g}$ 四重—二重跃迁。这个跃迁与四重 $^4T_{1g}(^4P)$ 跃迁相混合,并以台肩形式重叠在吸收带短波一侧;这个禁戒跃迁的强度比较大,就是能级混合的结果。

与 d^3 离子不同,在 d^7 离子中出现:①通常属于弱场的 $t_{2g}^5 e_g^2$ 组态,对应于 $^4T_{1g}$ 基态,高自旋($S=3/2, 2S+1=4$);②相应于 ^2E_g 基态的强场 $t_{2g}^6 e_g^1$ 组态,低自旋($S=1/2, 2S+1=2$)。由垂直线把图 3.43 分成与它们相对应的左右两个部分。当 $Dq/B=2.2$,即当 $Dq>1500 cm^{-1}$ 时,才产生强场组态,而具有较小 Dq 值的二价离子达不到。因而,对于 Co^{2+},只有图的左侧部分才具有意义。

最强带 $^4T_{1g}(^4F)\to{}^4T_{1g}(^4P)$ 的位置决定着大多数 Co 化合物的粉红色和深红色;只有 Dq 值降低才能引起这些带向光谱的红光部分位移,从而使 Co 化合物呈现蓝色,甚至呈现绿色。

由于 Co^{2+} 的自旋-轨道相互作用常数值高(对于自由离子 $\zeta=540 cm^{-1}$),这一相互作用形成吸收带的结构,此外,还出现附加的点阵振动带(图 3.44)。局部对称的降低,导致能级的进一步分裂,从而造成偏振光下吸收带的位移,并出现二色性。

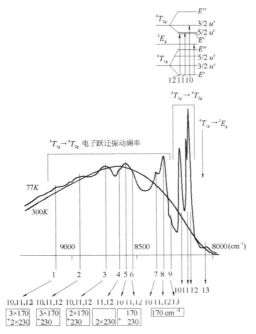

图 3.44 MgO 中 Co^{2+} 的 $^4T_{1g}\to{}^4T_{2g}$ 的吸收带(红外区)

注:纯电子跃迁 $^4T_{1g}(E')\to{}^4T_{2g}(E', 5/2u', 3/2u')$,具有向自旋-轨道亚能级作允许跃迁产生的 3 条窄线;有声子参与的光谱振动边带(170 cm^{-1} 和 230 cm^{-1})。还可见到弱的 $^4T_{1g}\to{}^2E_g$ 跃迁

呈八面体配位的 Co^{2+} 光谱,可进一步划分为以下类型:

(1) 在立方对称(O_h)场中(MgO:Co^{2+}),或八面体畸变不大的接近立方场中($CoCl_2$),Co 光谱吸收带的特征性结构与自旋-轨道分裂和有声子参与的电子跃迁振动伴线有关。可见于钙镁橄榄石(图 3.45)的光谱。

(2) Co^{2+} 通常出现在畸变八面体中,能级分裂导致二色性。

钴华的结构与蓝铁矿型结构有关,Co^{2+} 处在两种极其类似的位置上。呈四面体配位 Co^{2+} 的能级图,与 Cr^{3+}($3d^3$)相同,甚至 C/B 比值也近似(等于 4.5)。但是,四面体中的 Co^{2+},Dq 值是另一数量级。

四面体中 Co^{2+} 的基态是 $^4A_2$,自旋允许跃迁 $^4A_2 \rightarrow ^4T_2$,$^4A_2 \rightarrow ^4T_1$ 和 $^4A_2 \rightarrow ^4T_1(^4P)$ 的 3 个区域,各自都包括 1~6 个窄带,它们是由自旋-轨道相互作用产生的,比较弱的二重跃迁可能部分地与它们重叠。

在天然含 Co 约 0.03% 和含 Fe 约 1% 的闪锌矿中(图 3.46),观察到清晰的 Co^{2+} 光谱。呈四面体配位的 Co^{2+} 的光谱,其特性是强度很高。在 ZnS:Co^{2+} 中,$^4A_2 \rightarrow ^4T_1(^4P)$ 的振子强度 $f = 1.3 \times 10^{-2}$,与 MgO:

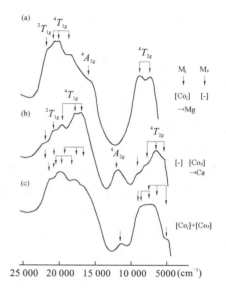

图 3.45 (a) 合成钙镁橄榄石(Mg,Co)$CaSiO_4$ 中 Co^{2+} 吸收光谱;(b) 从第一个光谱减去第三个光谱后得到的光谱;(c) 钙镁橄榄石的钴类似物 $Co(Ca,Co)SiO_4$ 中 Co^{2+} 的吸收光谱

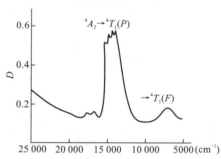

图 3.46 产于 Lovozero 的闪锌矿(含 Co0.03%)中 Co^{2+} 的光谱

Co^{2+} 中 $T_{1g}(E) \rightarrow ^4T_{1g}(P)$ 的 $f = 1.6 \times 10^{-5}$ 相比,要大 1000 倍。甚至与其他四面体配位离子相比,Co^{2+} 跃迁的振子强度也要大一或两个数量级。

3.5.3.7 镍

$3d^8$: Ni^{2+}

自由 d^8 离子的基谱项是 ^3F,激发谱项是 ^3P、^1D、^1G、^1S。在八面体晶体场中,^3F 谱项分裂成 $^3A_{2g}$(组态 $t_{2g}^6 e_g^2$)、$^3T_{2g}$ 和 $^3T_{1g}$(组态 $t_{2g}^5 e_g^3$),而第二个三重谱项 ^3P 按 $^3T_{1g}$ 变换(组态 $t_{1g}^4 e_g^4$)。这些能级的行为和从单重谱项导出的能级示于图 3.47。所有具 F 基态的离子都一样,还有另一个多重度相同的谱项 ^3P(或 ^4P)。这就导致晶体场中的 3 个自旋允许跃迁:分裂的 $^3F(^3A_{2g} \rightarrow ^3T_{2g}$ 和 $^3A_{2g} \rightarrow ^3T_{1g})$ 能级之间的两个跃迁和另一个向 ^3P(或 ^4P)导出能级的跃迁($^3A_{2g} \rightarrow ^3T_{1g}$)。$Dq$ 和 B 值可以从下面方程获得:

$$^3A_{2g} \rightarrow ^3T_{2g} = \Delta$$
$$\rightarrow ^3T_{1g}(F) = 7.5B + 1.5\Delta - (b^-)$$
$$\rightarrow ^3T_{1g}(P) = 7.5B + 1.5\Delta + (b^-)$$
$$^3T_{1g}(F) - ^3T_{1g}(P) = 2(b^-)$$

式中,$(b^-) = 1/2[(9B-\Delta)^2 + 144B^2]^{1/2}$。

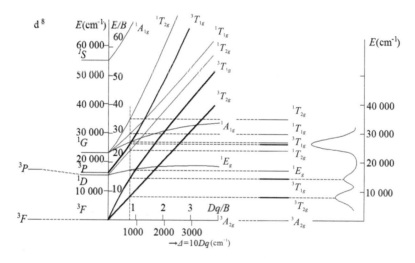

图 3.47 d^8 组态的能级图

弱而窄的自旋禁戒带是从 $^3A_{2g}$ 向 ^1E_g 和 $^1A_{1g}(^1D)$ 跃迁,向其他单重能级跃迁则出现在紫外区弱而宽的带。较大的自旋-轨道相互作用常数值(自由离子 $\zeta = 630 cm^{-1}$)将导致能级进一步分裂,与 Co^{2+}、Cu^{2+} 的情况一样。

在矿物中,主要对含 Ni 硅酸盐中处于八面体配位 Ni^{2+} 的光谱进行研究(图 3.48)。

Ni^{2+} 与 Fe^{3+} 和 Fe^{2+} 经常形成地球化学组合,引起 Ni^{2+} 光谱部分地被 Fe^{3+} 的电荷转移带重叠;同时还能与 Ni^{2+} 带一起观察到 Fe^{3+} 与 Fe^{2+} 的晶体场带。

呈四面体配位 Ni^{2+} 的能级图与呈八面体能级图类似,基态是 $^3T_1$;可观察到 3

个自旋允许跃迁:$^3T_1 \to {}^3T_2$,$^3T_1 \to {}^3A_2$ 和$^3T_1(F) \to {}^3T_1(P)$,与 V^{3+} 相比已移向长波一侧。在四面体配位中无对称中心,解除了宇称禁戒,引起四面体 Ni^{2+} 的吸收强度大于八面体中的吸收强度。

3.5.3.8 铜

$3d^9:Cu^{2+}$

d^9 电子组态可以看成是填满的 d 壳层具有一个空穴的组态,即具有一个未配对电子。

因此,像所有 d^1 组态一样,只有一个基态谱项 ^2D。最邻近激发的自由离子谱项是从 $3d^84s^1$ 组态产生的,并出现在远紫外区(图 3.49)。

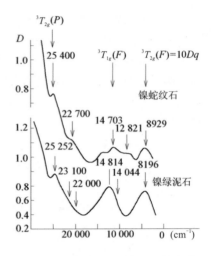

图 3.48 矿物中 Ni^{2+} 的吸收光谱

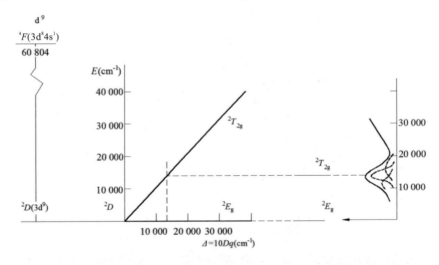

图 3.49 d^9 组态(Cu^{2+})的能级图($CuSO_4 \cdot 5H_2O$ 光谱,吸收带 $^2E_g \to {}^2T_{2g}$ 分解成 3 个高斯分量)

谱项 ^2D 在八面体晶体场中分裂成基态 ^2E_g 和激发态 $^2T_{2g}$,具有与 d^1 组态相同的态,但由于电荷相反而具有相反的顺序,在 d^9 中为正空穴,而在 d^1 中为负电子。在任何对称性的晶体场中,d^9 组态和 d^1 组态相比,都形成相同的能级,但具有相反的能级顺序。因此,d^1 组态的分裂能级图可用于 d^9 离子。像 d^1 离子一样,d^9 离子也无禁戒跃迁,并且所有的宽自旋允许吸收带与从 ^2D 导出的($^2D \to$

$^2E_g + {}^2T_{2g}$)能级之间的跃迁有关。d^9 离子也不存在 Racah 参数 B 和 C,d^9 离子态可以看成单电子态,因而可标记为 ^2E_g 和 $^2T_{1g}$ 或 e_g 和 t_{2g}。

然而,在晶体场中,d^9 离子能级的相反顺序导致它们与 d^1 离子存在明显的差别。立方体场中的 ^2E_g 和 $^2T_{2g}$ 两个态中,^2E_g 态受到更强的 Jahn-Teller 效应作用而造成 ^2E_g 的分裂。

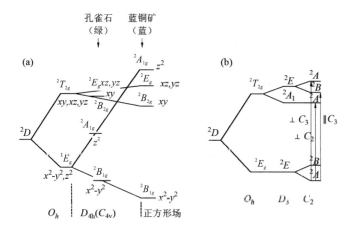

图 3.50　呈八面体配位 Cu^{2+} 能级的分裂
)四方畸变(沿 C_4 拉长)增强,并转变为正方形配位;(b)三方畸变八面体

在 d^1 离子中,^2E_g 是激发态,Jahn-Teller 效应表现在吸收带的分裂上,这是由于从未分裂的基态 $^2T_{2g}$ 向分裂的 ^2E_g 态跃迁造成的。

在 d^9 离子中,^2E_g 是基态,表现在 ^2E_g 态分裂上的 Jahn-Teller 效应导致 Cu^{2+} 络合物以一种拉长的八面体配位或更低形式的配位。由于 Cu^{2+} 络合物总是处在低于八面体对称的场中,所以,激发的 $^2T_{2g}$ 态也总是分裂的。

与 d^1 离子能级的多种分裂情况不同,d^9 离子四方畸变的八面体是最通常的配位形式,

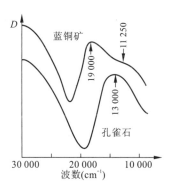

图 3.51　Cu^{2+} 的光谱

这种配位可能转变为正方形配位(图 3.50)。因而,在 Cu^{2+} 光谱中,必定能观察到 2 个吸收带(图 3.51),通常是不能分辨的,最多可有 3～4 个带。当在一个结构中,Cu^{2+} 光谱有 2 种不同位置时,其总光谱将是 2 个光谱的叠加,它们中的每一个都可能呈现出 2～4 个宽吸收带。

第4章 光致发光光谱

4.1 发光光谱的基本概念

发光是物质将其吸收的外来能量转化为光辐射的过程,发光光辐射波段包括可见光区、紫外光区和红外光区。同时,发光具有两个特点,一是,它不包括由 Stefan - Boltzmann 辐射定律决定的热辐射;二是,其辐射持续的时间在 10^{-11} s 以上。实验研究中把大于 10^{-8} s 的发光称为磷光,把小于 10^{-8} s 的发光称为荧光。

量子物理学研究表明,发光的本质是原子中处于激发态的电子(E_f)跃迁回到基态或较低的能态(E_p)时,将能量($E_f - E_p$)的全部或一部分以光的形式辐射出来,这一去激活的过程称为发光。发光光谱记录下物质在不同波长位置的发光强度,反映出该物质的发光机制。能激发物质发光的因素很多,如摩擦、加热、阴极射线、紫外线、X 射线都可使某些物质发光。

根据发光激发源的不同,可将发光分为:光致发光,如由可见光、红外光和紫外光等激发;阴极射线发光,如电子束激发;辐射发光,如由 X 射线、γ 射线等激发;热致发光,由热能激发。此外,还有电致发光、摩擦发光、化学发光等。

4.2 矿物发光机制

4.2.1 矿物中的发光中心

探讨矿物中发光中心的构成和性质,是理解和研究矿物发光的核心问题。

4.2.1.1 分立发光中心

大量实验资料表明,矿物的发光中心主要是由杂质离子(或缺陷)构成,形成的杂质能级位于矿物晶体(基质)的禁带中,因而,辐射光子的能量常小于基质的禁带宽度。在激发过程中,电子可以未进入导带,仅到达禁带上部的杂质能级,经过弛豫之后,仍回到原来离子的能级上,这种没有导带参与的发光中心称为分立发光中心。

分立发光中心属于电磁偶极矩跃迁,其跃迁机制与 Einstein 跃迁概率(自发跃迁概率 A_{fp}、联合跃迁概率 B_{fp} 和激发跃迁概率 B_{pf},p 和 f 分别表示始态和终态)有关。发光主要是在激发态能级 f 上电子以自发辐射形式跃回到始态能级 p。其终态能级 f 上电子集居数的变化速率为:

$$\frac{dN_f}{dt} = -\frac{N_f}{A_{fp}} \tag{4-1}$$

将式(4-1)积分得:

$$N_f(t) = N_0 \exp(-A_{fp} t) \tag{4-2}$$

式中,N_0 为终态 f 的电子集居数的初始值。自发跃迁概率是以平均寿命 $\langle \tau \rangle$ 为其特征,而在给定状态能级间,$\langle \tau \rangle$ 为:

$$\langle \tau \rangle = \frac{1}{A_{fp}} \tag{4-3}$$

因此,辐射造成集居数的变化还可写为:

$$\frac{dN_f}{dt} = -N_f B_{fp} \rho(\nu_{fp}) \tag{4-4}$$

式中,$\rho(\nu_{fp})$ 是辐射频率为 ν_{fp} 的能量密度。

$$\rho(\nu_{fp}) = \frac{8\pi h}{c^3} \left[\frac{E_f - E_p}{h}\right]^3 \frac{1}{\exp\left[\frac{E_f - E_p}{\kappa T} - 1\right]} \tag{4-5}$$

注意式中 E_f 为激发态能级 f 的能量,非指 Fermi 能级,c 为光速。

假定:

$$B_{pf} = B_{fp} \tag{4-6}$$

则可求出:

$$A_{pf} = \frac{8\pi h \nu_{pf}^3}{c^3} B_{pf} \tag{4-7}$$

$$B_{pf} = B_{fp} = \frac{2\pi}{3h^2} |p_{pf}|^2 \tag{4-8}$$

$$p_{pf} = \int \varphi_p \hat{p} \varphi_f \, dt \tag{4-9}$$

对不同终态,其寿命 τ 以下式表示:

$$\frac{1}{\tau} = \sum_f A_{fp} \tag{4-10}$$

同时变换后得出电偶极矩跃迁时振子强度 ν_{pf}:

$$\nu_{pf} \tau = 1.5 \times 10^4 \times \frac{\lambda_0^2}{\left[\frac{1}{3}(n^2 + 2)\right]^2 n} \tag{4-11}$$

式中，λ_0 为光在真空中的波长；n 为折射率。

可以看出，发光光谱和吸收光谱中使用的跃迁矩相同，所以由其决定的跃迁选择定则也是一致的。吸收光谱的选择定则，理论上也可用于发光光谱。但是，在下面还要讨论影响发光的某些因素，例如，敏化和焠灭等，它们将影响发光强度，甚至使允许跃迁也不能测出。

对于 4f 过渡元素离子，由于外层电子的屏蔽作用，晶体场影响较小，其中 RE^{3+} 一般显示一组发光峰。凭借它们的自由离子能级图，可大体确定发光中心的杂质元素及价态，二价稀土离子常具有 4f—5d 跃迁的宽峰。

对于 3d 离子，如 Mn^{2+}、Cr^{3+} 构成的发光中心，其能级受晶体场作用影响很大，要用晶体场理论加以解释。分子振动能级将影响发光光谱，这常用位形坐标图（即势能曲线）来讨论。位形坐标图的横坐标是中心阳离子与配位离子的平均间距，每条位形曲线的极小值表示在该晶体场条件下的平衡位置。

4.2.1.2 复合发光中心

在外来能量的作用下，激活剂辐射电离，形成电子和空穴，电子越过禁带进入导带，完全脱离原来离子束缚而成为自由电子，而在价带中留下空穴，空穴在价带中可以移动。电子和空穴相互作用，可以形成激子——受束缚的电子和空穴对。电子与空穴复合时，也产生发光辐射。这类由带间跃迁产生的发光中心，称为复合发光中心。这类矿物，如金刚石、闪锌矿等，常具有半导体性质，发光过程有导带参与，因此，需要用能带理论来研究。

闪锌矿中阳离子 Zn^{2+} 的电子组态为 $3d^{10}4s^2$，导带是由 Zn^{2+} 的 4s 空轨道组成，价带由 S^{2-} 中的 $3p^6$ 满轨道组成，禁带宽度为 3.83eV。在足够大的外来能量激发下，闪锌矿价带中的某一电子 e^- 通过禁带进入导带，它在导带中以相同的概率被每一个 Zn^{2+} 所捕获而成为自由电子；同样，价带中留下的空穴(V)也不被任何一个 S^{2-} 所束缚，而是呈自由空穴状态。当这些自由电子与自由空穴复合时可产生辐射，其能量近于禁带宽度（图 4.1）。此外，图中还有激子的复合发光(E 至 V)、

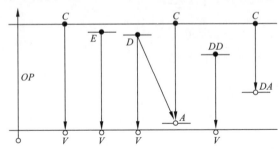

图 4.1 带间复合场过程示意图

施主(D)-自由空穴复合(D 至 V)、电子-受主(A)复合(C 至 A)、施主-受主对复合(D 至 A),以及稍低于导带的缺陷造成的浅局域能级的电子与价带空穴的复合。

4.2.2 无辐射跃迁

对照矿物的发光光谱与吸收光谱时,很容易发现,吸收谱线的数目往往比发光光谱多。这是由于不少电子从激发态跃迁回到较低能态时,其能量并不以光的形式辐射出来,而是传递给晶格或其他离子,称为"无辐射跃迁"。例如,方解石中 Mn^{2+},只有从 $^4T_{1g}(^4G)$ 跃迁到 $^6A_{1g}(^6S)$ 才产生发光,而其他能级跃迁到 $^6A_{1g}(^6S)$,尽管相反的跃迁都具有明昂的吸收光谱,但无发光光谱出现。在图 4.2 中可以见到基态与激发态相交的"X"点,如果电子被激发到激发态

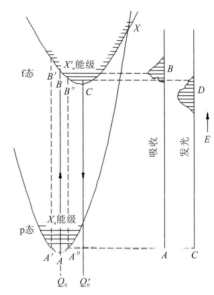

图 4.2 晶体中位形曲线

后,受环境温度的影响,得到振动能使之上升到"X"点。这时体系中的电子将沿着下面一条位形曲线回到基态 A 点,这样体系不呈现发光,称为温度猝灭。在复合发光中也存在这种现象,例如闪锌矿中,当自由电子与自由空穴复合时,在某些情况下,电子可以把失去的能量变为多个声子,使矿物发热。可以看出,无辐射跃迁是另一种去激活的形式。

4.2.3 敏化和猝灭

有些杂质进入晶格后并不能形成发光中心,而是使发光的强度增强或减弱。能增强发光强度的杂质称为敏化剂;使发光强度降低的杂质叫猝灭剂。在天然矿物中往往同时存在着多种杂质,除了一部分能够形成发光中心外,另一部分则起着敏化或猝灭的作用。因此,在矿物发光过程中,基本上都同时存在敏化和猝灭这两种作用。

4.2.3.1 敏化

可从以下两个方面解释敏化的物理本质。其一,由于敏化剂的存在,使能形成发光中心的杂质易于进入晶格,从而使发光的强度增加。例如在闪锌矿中有氯、钾

等一价元素存在时,镓、铊、铟等就更容易进入晶格位置,从而提高了闪锌矿的发光强度和效率。其二,敏化剂可以将能量传递给发光中心。这种能量传递的方式主要有两类:一类是当敏化剂受到激发后发光,其发光波长正好落在激活剂的吸收带波长范围内,这类称为再吸收敏化发光。这类现象的产生,其两种离子之间没有直接的联系,而是独立的系统,能量传递是通过光来完成的。另一类是共振无辐射能量传递,当敏化剂离子与激活剂离子之间存在近场力作用时,并且前者从激发态跃回到基态时将能量直接传递给激活剂,使之从基态跃迁到激发态,产生这种现象的必要条件是两种离子在晶格中的位置很靠近。这类敏化发光的机理在矿物发光中是很重要的。例如,某些方解石在紫外光激发下不发光,这是因为 Mn^{2+} 在紫外区仅有一个很弱的吸收带;而另一些方解石样品却能发出较强的橙色光,这是因为在这些样品中存在作为敏化剂的铅离子所致。

4.2.3.2 猝灭

猝灭与敏化的作用相反,它使矿物的发光强度降低,甚至消失。产生猝灭的原因主要有两种:一种为杂质猝灭,当激活剂离子的电子被激发后,留下的空穴被转移到猝灭中心,于是当被激发的电子回到基态时,其能量只有消失在晶格中,成为无辐射跃迁。能构成猝灭中心的主要杂质是铁、钴、镍等。由于这些元素在矿物中非常普遍地存在,因此,杂质猝灭是矿物发光研究的重要问题之一。另一种是浓度猝灭,在一定范围内随着激活剂浓度的增加发光强度也相应增加,但当浓度大到一定程度时,发光中心的能级相互交叠,造成干扰,起了猝灭作用,导致发光强度下降。在同一种矿物中,由于产地不同或产状不同,激活离子的浓度有着很大的差异。某些杂质含量少的样品,还不足以引起最强的发光,而在另外一些样品中却可能已达到了发光浓度猝灭的程度。

4.2.4 矿物发光光谱

(1)光致发光:这里重点介绍紫外光所致的荧光现象。紫外光对不同矿物激发可使它们发出不同颜色(波长)的荧光,以帮助人们迅速地鉴定矿物。由于不同矿物,甚至同种矿物,其成因不同,发光中心的深度、种类或能带间的能量差各有不同,因此,要想使各种各样的矿物得到最大程度的激发,就必须使用不同波长的紫外光,如波长为 253.7nm 的紫外光可使白钨矿得到很好的激发,但对其他矿物则不一定。该方法对某些矿物的鉴定具有一定的意义,特别是对白钨矿、金刚石的鉴定更为有效。

(2)阴极射线发光:阴极射线发光是以阴极射线作为激发源激发物质并使之发光的现象。与光量子不同,阴极射线是一束高速的电子流。这些高能电子在真空中轰击矿物表面,使矿物晶格产生强烈振动从而引起发光。与紫外辐射相比,阴极射线发光的颜色与紫外线不尽一致,如 $ZnS:Cu^{2+}$ 的阴极射线发光为蓝色,而紫外光为绿色。阴极射线发光的余辉比光致发光短。许多紫外线不能激发或不能完好激发的物质在阴极射线下都能得到很好的激发。但是,在较高温条件下,阴极射线发光的热猝灭效应比光致发光强烈得多。

(3)热发光:热发光是以热为激发源使矿物发光的现象。这种现象的应用较上述其他发光要广泛得多。热发光在地质学中已广为应用,如用于提供矿床成因和找矿信息、测定地质年龄、地层的对比和划分以及地质温度计等。热发光与温度的依赖关系是显而易见的,应该注意所获得的结果是该矿物最后一次热作用的温度。但矿物形成之后难免受到后来的热作用,所以地质温度计对古老年代的矿物来说误差会很大。热发光还在材料、医学、环保、考古、陨石和核试验等领域有深入和独到的应用。

4.3 宝石矿物发光光谱研究

4.3.1 光致发光光谱应用

图 4.3 显示光致发光为某些物质受到电磁辐射而激发时,能重新发射出相同或较长波长光的现象。而荧光光谱则是指物质吸收了较短波长的光能,电子被激发跃迁至较高单线态能级,返回到基态时发射较长波长的特征光谱。包括激发光谱和发射光谱。激发光谱是荧光物质在不同波长的激发光作用下测得某一波长处荧光强度的变化情况;发射光谱则是某一固定波长的激发光作用下荧光强度在不同波长处的分布情况。

1. 萤石的荧光光谱

天然萤石具有非常复杂的发光中心,诸如 RE^{3+}、RE^{2+}、Mn^{2+}、U^{3+}、U^{6+}、F 心、V_g 心以及有机质发光中心。其发光光谱的变化,不仅来自多种中心浓度的变化,还涉及由于电荷补偿所造成的局域对称的改变,以及造成发光中心的各种缺陷进一步复合。对电荷补偿而言,RE^{3+} 置换 Ca^{2+},可由阴离子中氧置换氟或增加间隙氟来补偿,也能通过碱金属置换 Ca^{2+} 来补偿,复杂的补偿形式伸局域对称改变,从而影响晶体场能级和发光光谱,形成十分复杂的萤石发光光谱。萤石中 REE 的发光谱峰见表 4.1。

萤石的发光光谱可分为 3 类:①有峰值为 280nm 左右的宽带和 740nm 的发射带,相应为 V_K 心和 F_2 心,此类萤石 RE 含量最低;②由 475~487nm、560~

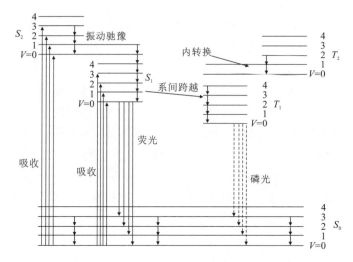

图 4.3 荧光光谱的能级分布

580nm、650~700nm、740~780nm 四组谱线组成,激活剂以ΣRE－Y 为特征;③主要由 560~570nm、580~600nm、600~610nm、650~690nm 和 740~760nm 谱带组成,此外,在紫外区还有 2 个位于 320nm 和 340nm 的较窄谱带,此类萤石激活剂以ΣRE－Ce 为特征。

萤石的发光光谱除上述 3 种主要类型之外,还有一些过渡类型,有时在可见光区会出现属于 Mn^{2+} 的 2 个发光带,其极大值分别位于 490nm 和 550nm。

表 4.1 天然萤石的光致发光和 X 射线发光

光致发光				X 射线发光		
峰位 λ(nm)		激活剂	跃迁	峰位 λ(nm)	激活剂	跃迁
300K	77K			300K		
—	413	Eu^{2+}	$4f5d \rightarrow 4f$	296.6	V_K	
—	422			311.0	Gd^{3+}	$^6P_{7/2} \rightarrow {}^8S_{7/2}$
—	427			312.0		
430.0	430			320.0	Ce^{3+}	$^2D_{3/2} \rightarrow {}^2F_{5/2}$
468.5		Dy^{3+}	$4F_{11/2} \rightarrow {}^6H_{15/2}$	340.0	Ce^{3+}	$^2D_{3/2} \rightarrow {}^2F_{7/2}$
478.9				408.0		
482.0		Tb^{3+}	$5D_3 \rightarrow {}^7F_0$	416.0	Ce^{3+}	$^5D_3 \rightarrow {}^7F_4$
484.0				421.0		
486.5		Dy^{3+}	$4F_{9/2} \rightarrow {}^6H_{15/2}$	434.5		
492.5		Tb^{3+}	$5D_3 \rightarrow {}^7F_0$	436.5		

续表 4.1

光致发光				X 射线发光		
峰位 λ(nm)		激活剂	跃迁	峰位 λ(nm)	激活剂	跃迁
300K	77K			300K		
519.0		Er^{3+}	$^4S_{3/2} \to {}^4I_{15/2}$	438.5	Tb^{3+}	$^5D_3 \to {}^7F_4$
522.0				440.0		
528.0				476.0		
539.0	539.0	Tb^{3+}	$^5D_4 \to {}^7F_5$	478.0	Dy^{3+}	$^4F_{9/2} \to {}^6H_{15/2}$
543.0	543.0			481.0		
544.5	544.5			482.0		
546.0	546.0			484.0		
551.0	551.0	Er^{3+}	$^4S_{3/2} \to {}^4I_{15/2}$	486.5		
554.0	554.0			490.0		
571.0	571.0	Sm^{3+}	$^4G_{7/2} \to {}^6H_{7/2}$	493.0	Tb^{3+}	$^5D_3 \to {}^7F_0$
575.0	575.0	Dy^{3+}	$^4F_{9/2} \to {}^6H_{13/2}$	494.0		
583.0*		Tb^{3+}	$^5D_4 \to {}^7F_4$	496.0		
588.0*				529.0	Er^{3+}	$^4S_{3/2} \to {}^4I_{15/2}$
654.0*		Dy^{3+}	$^4F_{9/2} \to {}^6H_{11/2}$	540.0		
658.0*				536.0	Tb^{3+}	$^5D_4 \to {}^7F_5$
663.0*				539.0		
671.0*				543.0		
685.0*		Dy^{3+}	$^4F_{5/2} \to {}^6H_{15/2}$	546.0		
				551.0	Er^{3+}	$^4S_{3/2} \to {}^4I_{15/2}$
				554.0		
				563.0	Sm^{3+}	$^4G_{7/2} \to {}^6H_{7/2}$
				571.0		
				576.0	Dy^{3+}	$^4F_{9/2} \to {}^6H_{13/2}$
				580.0		
				585.0	Tb^{3+}	$^5D_4 \to {}^7F_4$
				591.0	Dy^{3+}	$^4F_{9/2} \to {}^6H_{13/2}$
				606.0	Sm^{3+}	$^4G_{5/2} \to {}^6H_{9/2}$
				609.0		
				617.0		
				646.0		
				674.0	Dy^{3+}	$^4F_{9/2} \to {}^6H_{11/2}$
				754.0		

宝石中出现的变彩萤石主要是在日光下呈现浅灰色,灯光下呈红色,有人认为其呈色机理为其片状包体对光的不同吸收。但从其荧光光谱(图 4.4)发现其致色原因有所不同:绿色萤石发光光谱主要是 538nm、540nm(Tb^{3+} 谱线)、738nm(F 心谱线);变彩萤石除有 538nm、540nm(Tb^{3+} 谱线)、740nm(F 心谱线)外,还有 694nm(Dy^{4+} 谱线),这也是不同于绿色萤石的发光机理。

2. 方解石的荧光光谱

关于方解石发光的研究已做过许多工作,它的发光是以 Mn^{2+}、Pb^{2+}、RE^{3+}、UO_2^{2+} 为激活剂构成的分立发光中心和以有机质产生的分立发光中心所引起的。

Mn^{2+} 是方解石发光中一个普遍存在的激活剂,它置换 Ca^{2+},处于畸变的八面体位置,从吸收光谱的资料可知,基态 $^6A_{1g}(^6S)$ 没有分裂,激发态 ^4G 分裂为 $^4T_{1g}$、$^4T_{2g}$、^4E_g 和 $^4A_{1g}$。实验证明,只有 $^4T_{1g}$ 到 $^6A_{1g}$ 是辐射跃迁,其他均为无辐射跃迁。这一跃迁理论值在 580nm 左右,Mn^{2+} 实验值可在 621~639nm 之间变化。

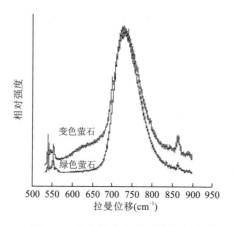

图 4.4 绿色及变色萤石的荧光光谱

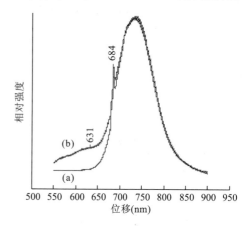

图 4.5 热处理祖母绿

(a)原样;(b)热处理样品

稀土离子发光谱线的位置可大致根据它们的自由能级图来确定。方解石中钐、镝、铒、铕、铈等稀土离子的发光光谱见表 4.2。

3. 热处理祖母绿的荧光光谱

祖恩东等(2010)在分析热处理云南祖母绿荧光光谱时,得出其主要是 Cr 离子、Fe 离子的吸收谱线,其中 750nm、684nm 为 Cr^{3+} 离子的吸收谱线,631nm 为 Fe^{3+} 离子的吸收谱线(图 4.5)。同时云南祖母绿荧光光谱中同时还出现 $4744cm^{-1}$、$4812cm^{-1}$ V^{3+} 离子谱带(图 4.6),说明云南祖母绿致色主要是由 Cr^{3+}、Fe^{3+} 及 V^{3+} 共同作用的结果。

表 4.2　方解石发光光谱中稀土离子谱线位置及跃迁能级

波长(nm)	454.5	474.9 479.8 481.9 484.4 486.4 487.8	542.0 545.8 549.0	563.0 566.2 570.1 573.7 579.1	591.8 602.4 605.0 619.2	644.7 654.6	714.3
颜色	蓝	绿	黄	黄	黄	红	红
激活剂	Eu^{2+}	Dy^{3+}	Er^{3+}	Dy^{3+}	Sm^{3+}	Sm^{3+}	Ce^{2+}
跃迁能级	$4f \rightarrow 5d$	$^6H_{11/2} \rightarrow {}^6H_{15/2}$	$^4S_{3/2} \rightarrow {}^4I_{15/2}$	$^4F_{11/2} \rightarrow {}^6H_{13/2}$	$^4G_{5/2} \rightarrow {}^6H_{7/2}$	$^4G_{5/2} \rightarrow {}^6H_{9/2}$	

4. 尖晶石、红宝石的荧光光谱

天然红色尖晶石致色离子包括 Cr^{3+}、Fe^{3+}、Fe^{2+}、Co^{2+}。Cr^{3+} 八面体产生粉红和红色的色调，Fe^{2+} 四面体和 Cr^{3+} 八面体联合作用产生紫色色调。同时尖晶石中还含微量的 Cu、V、Mn，可能致色。多重突出谱带集中在 $4548cm^{-1}$、$4597cm^{-1}$、$4632cm^{-1}$、$4846cm^{-1}$、$5066cm^{-1}$、$5102cm^{-1}$、$5148cm^{-1}$、$5292cm^{-1}$、$5496cm^{-1}$，均与尖晶石中 Cr^{3+} 发光中心相关（图 4.7）。红色红宝石荧光光谱也具相似特征（图 4.8）。

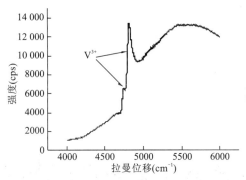

图 4.6　云南祖母绿的荧光光谱

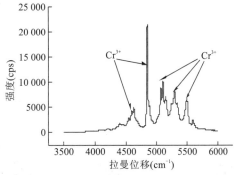

图 4.7　尖晶石的荧光光谱

5. 锆石的荧光光谱

锆石晶体中常含有各种微量元素，除 REE、Y、Hf、P 之外，还有 U 和 Th 等放射性元素。锆石的拉曼光谱中有许多与 REE 相关的发光特性，特别是有关 Eu^{3+}、Sm^{3+}、Nd^{3+} 发光中心的。试样中 Sm^{3+} 发光谱带位于 $4127cm^{-1}$、$4178cm^{-1}$ 处，Eu^{3+} 发光谱带位于 $4698cm^{-1}$、$5000cm^{-1}$、$5029cm^{-1}$ 处（图 4.9）。

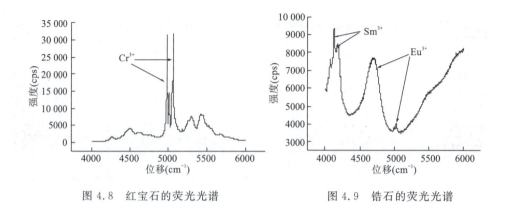

图 4.8　红宝石的荧光光谱　　　　图 4.9　锆石的荧光光谱

4.3.2　阴极发光应用

1. 测试条件

中国地质大学(武汉)珠宝学院生产的 CL-2 型宝石阴极发光仪,室温条件下,测试电压范围为 4~6kV,测试电流范围为 0.8~2.5mA。

2. 测试结果

山东蒙阴金刚石原石样品的阴极发光图像见图 4.10~图 4.39。山东蒙阴金刚石原石样品的阴极发光的颜色及强度见表 4.3。

3. 样品原石的阴极发光分析

30 颗山东蒙阴金刚石样品原石均呈现不同颜色、不同强度的阴极发光现象,并且发光不均匀,同一颗样品中存在不同强度、不同颜色的区域性发光现象。山东蒙阴金刚石样品原石主要显现蓝色系和黄色系的阴极发光。蓝色系阴极发光共有 18 颗,包括 8 颗蓝白色、5 颗蓝绿色、3 颗蓝紫色和 2 颗蓝色;黄色系阴极发光共有

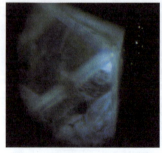

图4.10　样品MD-1:不规则发光区,晶面溶蚀层的三角锯齿状呈黄绿色

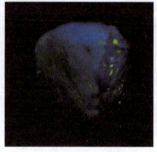

图4.11　样品MD-2:一组棱方向黄绿色发光条纹,蚀象处极强的多色发光区

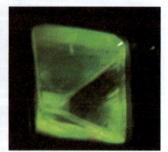

图4.12　样品MD-3:绿色团块状发光区

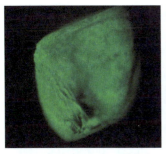
图4.13 样品MD-4: 云雾状发光区、红色不规则带状发光区

图4.14 样品MD-5: 黄白色、淡紫色阶梯状环带

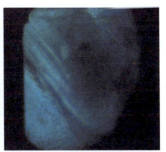
图4.15 样品MD-6: 蓝色发光区

图4.16 样品MD-7: 橙黄色、亮蓝色发光斑点，暗黄色、淡紫色、淡蓝色阶梯状环带

图4.17 样品MD-8: 紫蓝色发光区

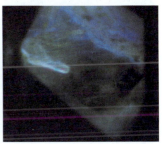
图4.18 样品MD-9: 亮蓝色发光区，蓝色,紫色波纹状发光带

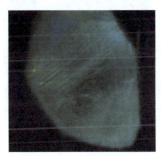
图4.19 样品MD-10: 阶梯状生长环带

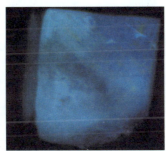
图4.20 样品MD-11: 蓝白色发光区

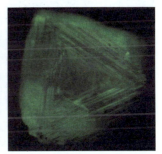
图4.21 样品MD-12: 黄绿色阶梯状生长环带

12颗,其中6颗黄绿色、3颗黄白色以及3颗暗黄色。

原石样品中普遍存在环带发光区,这与晶体的生长机制和溶蚀作用有关。部分是生长环带,部分是由滑移引起的。八面体系原石中阶梯状三角形生长环带分布明显(图4.14、图4.16、图4.25),而曲面四六面体(图4.27、图4.29)和曲面菱形十二面体(图4.31)中存在"盾"型的闭合六边形环带。

在原石样品的阴极发光图像中,经常可以见到一组或几组定向排列的发光条

图4.22 样品MD-13：淡蓝绿色斑杂状发光区

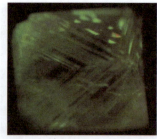
图4.23 样品MD-14：三角形、四边形黄绿色、粉红色发光区

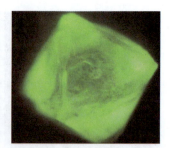
图4.24 样品MD-15：黄绿色发光区

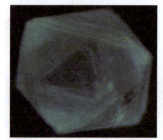
图4.25 样品MD-16：三组沿八面体棱方向的黄绿色发光条纹

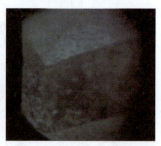
图4.26 样品MD-17：蚀象处发光明显

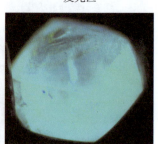
图4.27 样品MD-18：清晰的"盾"型六边形环带

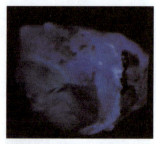
图4.28 样品MD-19：蓝紫色发光区,存在黄绿色"盾"型六边形环带

图4.29 样品MD-20：深蓝色发光区

图4.30 样品MD-21：一组黄绿色发光条纹，一条线状亮蓝白色发光区

纹、条带。条带、条纹的颜色通常异于原石的整体发光颜色，并且方向受原石生长机制影响。样品MD-2整体为弱的深蓝紫色的阴极发光现象,同时可见一组中等强度的黄绿色发光条纹沿八面体棱方向分布（图4.12）。在整体发蓝白色光的样品MD-16中可见三组沿八面体棱方向的黄绿色发光条纹（图4.25）。在样品MD-7的暗黄色阶梯状三角生长环带上,存在淡紫色、蓝色的发光条带（图4.16）。而在MD-18的蓝白色"盾"型六边形环带中,可见到黄绿色的发光条带（图4.27）。

蒙宇飞（2006）认为绿色发光是 H_3 发光中心引起的,而 H_3 中心缀饰于位错可

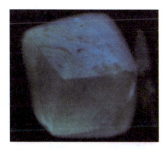
图4.31 样品MD-22:黄绿色"盾"型六边形环带

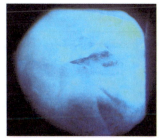
图4.32 样品MD-23:亮蓝白色羽状发光区

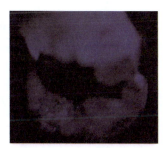
图4.33 样品MD-24:中间暗色不发光区

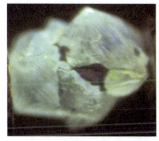
图4.34 样品MD-25:阶梯状三角形生长环带上存在亮黄色定向发光条纹

图4.35 样品MD-26:模糊生长环带

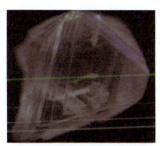
图4.36 样品MD-27:紫色环带发光区

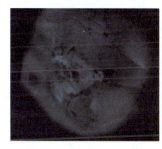
图4.37 样品MD-28:蚀象处亮蓝白色发光区

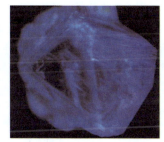
图4.38 样品MD-29:蓝色发光区

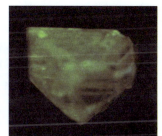
图4.39 样品MD-30:蓝白色发光斑点

以形成绿色的发光细线。

样品原石的溶蚀处往往是阴极发光颜色鲜艳,发光强烈的区域。样品MD-1中可以见到黄绿色的平晶面溶蚀层的三角锯齿状蚀象(图4.10)。而样品MD-2整体发弱的深蓝紫色的阴极发光,但是在三角凹坑等蚀象处显现极强的绿色、黄绿色、蓝色、暗红色发光现象(图4.11)。样品MD-4整体为中等的黄绿色阴极发光现象,同时可见极强的三角形、四边形的发光区,颜色为亮黄绿色,还可见斑点状的粉红色发光区(图4.13)。而样品MD-17的叠瓦状蚀象明显(图4.26)。

表4.3　山东蒙阴金刚石原石样品的阴极发光的颜色及强度

样品编号	颜色	晶形	质量（ct）	最大直径（mm）	阴极发光颜色及分布	发光强度
MD-1	近无色	阶梯状八面体	0.125	2.68	整体淡蓝紫色,阶梯状三角形环带分布明显,间有不规则发光区,晶面溶蚀层的三角锯齿状呈黄绿色	中,弱
MD-2	深褐色	阶梯状八面体	0.115	2.55	整体深蓝紫色,中间有暗色斑点,具有一组沿八面体棱方向的黄绿色发光条纹,三角凹坑等蚀象处显现极强的绿色、黄绿色、蓝色、暗红色发光现象	中,强
MD-3	褐色	阶梯状八面体	0.110	2.43	整体亮黄绿色,阶梯状三角形环带分布,间有团块状绿色发光区,含有暗色斑点,不规则带状红色发光区,中间一较大暗色区域	强
MD-4	褐色	阶梯状八面体	0.105	2.32	整体黄绿色,云雾状发光区	中
MD-5	褐色	阶梯状八面体	0.100	1.99	整体黄白色,阶梯状三角形环带分布明显,某些部分可见淡紫色阶梯状环带	中
MD-6	微黄色	阶梯状八面体	0.095	2.33	整体蓝色,阶梯状三角形环带分布,具有三组沿八面体棱方向的黄绿色发光条纹,具有暗色区域	中
MD-7	浅褐色	阶梯状八面体	0.090	2.31	整体暗黄色,阶梯状三角形环带分布明显,某些部分可见淡紫色、蓝色阶梯状环带,还可见橙黄色、亮蓝色发光斑点	中
MD-8	褐色	阶梯状八面体	0.085	1.33	暗黄色、浅蓝色阶梯状三角形环带分布,间有紫蓝色发光区,八面体晶面的蚀象处可见橙色、黄色发光	弱,中
MD-9	黄褐色	阶梯状八面体	0.085	2.31	整体暗黄色,模糊阶梯状三角形生长环带,具有蓝色、紫色波纹状带,亮蓝白色强发光区,暗色片状不发光区域	中,强
MD-10	淡灰色	阶梯状八面体	0.085	2.38	整体蓝白色,阶梯状三角形生长环带分布明显,间有蓝紫色发光区,亮黄色、橙黄色发光斑点	中
MD-11	近无色	阶梯状八面体	0.085	1.94	整体蓝白色,模糊阶梯状三角形生长环带,晶面溶蚀层的三角锯齿状呈黄绿色,暗色斑点	强

续表 4.3

样品编号	颜色	晶形	质量（ct）	最大直径（mm）	阴极发光颜色及分布	发光强度
MD-12	黄褐色	阶梯状八面体	0.075	2.57	整体黄绿色,阶梯状三角形生长环带明显,具有一组沿八面体棱方向的蓝色发光条纹	强
MD-13	浅黄褐色	阶梯状八面体	0.065	1.38	整体淡蓝绿色,不规则斑杂状发光区	弱
MD-14	黄褐色	阶梯状八面体	0.055	1.50	整体黄绿色,阶梯状三角形生长环带明显,八面体尖角处呈现灰蓝色发光区,八面体面上可见规则的三角形、四边形强黄绿色、粉红色发光区,可见不规则线状的强黄绿色发光区	中,强
MD-15	浅灰色	阶梯状八面体	0.040	0.82	整体黄绿色,模糊阶梯状三角形生长环带,暗色斑点状不发光区	强
MD-16	近无色	阶梯状八面体	0.035	1.14	整体蓝白色,阶梯状三角形生长环带明显,可见三组沿八面体棱方向的黄绿色发光条纹,晶面溶蚀层的三角锯齿状呈黄绿色	弱
MD-17	微黄色	曲面四六面体	0.165	3.02	整体淡蓝绿色,蚀象处发光明显	
MD-18	微黄色	曲面四六面体	0.090	2.37	整体蓝白色,清晰的"盾"型六边形环带,其中一个六边形环带呈黄绿色,暗色斑点	强
MD-19	褐黑色	曲面四六面体	0.060	2.26	整体蓝紫色,可见暗黄绿色发光区,暗色斑点	强,中
MD-20	灰褐色	曲面四六面体	0.050	1.90	整体亮蓝白色,间有深蓝色发光区,"盾"型六边形环带,六边形环带上存在黄绿色发光区,暗色团块状不发光区	强,中
MD-21	浅灰色	曲面菱形十二面体	0.150	2.92	整体蓝绿色,一组黄绿色发光条纹,一条亮蓝白色线状发光区,暗色斑点	中,弱
MD-22	褐黑色	曲面菱形十二面体	0.100	2.24	整体淡蓝白色,清晰的"盾"型六边形环带,六边形环带上存在黄绿色发光区,暗色斑点	中,弱
MD-23	淡褐色	曲面菱形十二面体	0.105	2.42	整体亮蓝白色,发光区呈羽状分布,模糊条纹环带,暗色斑点	强
MD-24	微褐色	尖晶石律双晶	0.165	2.53	整体暗蓝绿色,间有不规则黄绿斑纹,中间一较大暗色不发光区	弱

续表 4.3

样品编号	颜色	晶形	质量（ct）	最大直径（mm）	阴极发光颜色及分布	发光强度
MD-25	褐黑色	尖晶石律双晶	0.095	2.49	整体亮黄白色,阶梯状三角形生长环带分布明显,环带上存在亮黄色定向发光条纹,中间存在较大的暗色不发光区	强
MD-26	深褐色	八面体与四六面体的聚型	0.120	2.22	整体亮蓝白色,模糊生长环带,暗色斑点	强
MD-27	微褐色	星状双晶	0.080	2.94	整体黄白色,间有暗红色发光区,紫色生长环带发光区	中
MD-28	近无色	平行连生	0.135	2.49	整体暗蓝绿色,模糊黄绿色生长环带,蚀象处呈亮蓝白色发光区	弱
MD-29	深褐色	平行连生	0.125	2.93	整体蓝色,阶梯状三角形生长环带分布,间有暗黄色发光条纹分布于生长环带间,裂隙处显现亮蓝白色发光区	强
MD-30	近无色	不规则连生	0.080	2.33	整体亮黄绿色,阶梯状三角形生长环带分布,间有蓝白色发光斑点	强

某些样品中出现紫色发光区(图 4.14、图 4.18),这种异常的阴极发光颜色可能与 CO_2 的存在有关。Chinn 等(1995)认为由于 CO_2 存在于金刚石中的超显微晶格缺陷位置中,并不是以 CO_2 包裹体形式存在,该种金刚石具有异常的阴极发光颜色,常表现为粉红、淡紫、橙或棕色的发光特征,明显不同于贫 CO_2 的金刚石所表现的蓝色或黄绿色发光特征。

某些样品原石的阴极发光形貌中可以见到暗色斑点,对应显微放大观察可知,斑点为样品中的暗色矿物包体(图 4.24、图 4.35)。

第5章 X射线光谱分析

使用X射线、高速电子或其他高能粒子轰击样品,样品中各元素的原子受到激发,将处于高能量状态,当它们向低能状态转变时,产生特征X射线。若将产生的特征X射线按波长或能量展开,所得谱图即为波谱或能谱,从谱图中可辨认元素的特征谱线,并测得它们的强度,据此进行材料的成分分析,这就是X射线光谱分析。

用于探测样品受激产生的特征X射线波长和强度的设备,称为X射线谱仪。常用X射线谱仪有两种:一种是利用特征X射线的波长不同来展谱,实现对不同波长X射线检测的波长色散仪,简称波谱仪(WDS,Wave Dispersive Spectrometer);另一种是利用特征X射线能量不同来展谱,实现对不同能量X射线分别检测的能量色散谱仪,简称能谱仪(EDS,Energy Dispersive Spectrometer)。就X射线本质而言,波谱和能谱是一样的,不同的仅仅是横坐标按波长标注还是按能量标注。但如果从它们的分析方法来说,差别就比较大了,前者是用光学的方法,通过晶体的衍射来分光展谱,后者却是用电子学的方法展谱。

Moseley(1913)发现,各种元素发射的X射线谱之波长是个不变量,不随元素的化合状态而改变,是鉴别辐射元素的一种识别标志。

因为X射线光谱考虑的是内壳层中某一电子的受力情况,例如,考虑L层的一个电子A,由于它离原子核很近,受原子核的作用力很强,所有K层电子及L层其他电子对A的作用,可以粗略地以位于原子核上的等效电荷$-\sigma e$对A的作用来表示,即由于这些电子对核电场的屏蔽作用,对A起吸引作用的有效电荷之值减少为$(Z-\sigma)e$,其他位于L层以外的壳层中的电子对A的作用,和原子核对A的作用相比都可以近似忽略。

又因各种重元素原子中的K、L、M等近核壳层的结构都相同,所以σ对各元素来说是个恒量。由此可见,原子的L层中一个电子所受的总力,可用等效的位于核上的点电荷$(Z-\sigma)e$对它的作用来表示;其他近核各壳层中每个电子所受的总力,也同样可用等效的位于核上的点电荷来表示。

假定电子的质量为m,并绕核做半径为r的圆周运动,它的切线速度为v,那么在稳定状态下,核电场对电子的吸引力$(Z-\sigma)e^2/r^2$应和离心力mv^2/r相等,即：
$$\frac{(Z-\sigma)e^2}{r^2} = m\frac{v^2}{r} \tag{5-1}$$

根据 Bohr 的原子模型，电子在稳定轨道上运动时，它的角动量应满足下式：
$$p = mvr = n\frac{h}{2\pi} \quad (n=1,2,3,\cdots) \tag{5-2}$$

消去上面二式中的 v，并以 r_n 替代 r 得：
$$r_n = \frac{n^2 h^2}{4\pi^2 m(Z-\sigma)e^2} \tag{5-3}$$

这就是在有屏蔽效应条件下，原子中第 n 个稳定轨道半径之值。

电子在第 n 个轨道上运动时，其总能量 $E(n)$ 等于电子的动能 $\frac{1}{2}mv^2$ 加上电子在核电场中的位能 $\frac{-(Z-\sigma)e^2}{r_n}$，即：
$$E(n) = \frac{1}{2}mv^2 - \frac{(Z-\sigma)e^2}{r_n} \tag{5-4}$$

由式(5-1)：
$$\frac{mv^2}{r_n} = \frac{(Z-\sigma)e^2}{r_n^2}$$

得：
$$\frac{1}{2}mv^2 = \frac{(Z-\sigma)e^2}{2r_n}$$

代入式(5-4)，再将式(5-3)所示的 r_n 值代入得：
$$E(n) = -\frac{(Z-\sigma)e^2}{2r_n} = -\frac{2\pi^2 m(Z-\sigma)e^2}{n^2 h^2} \tag{5-5}$$

又从 Bohr 的原子模型知，电子从 n_2 能级跃迁至 n_1 能级时发出 X 光之频率为：
$$\nu_{n_1 n_2} = \frac{E(n_2) - E(n_1)}{h} = \frac{2\pi^2 m(Z-\sigma)^2 e^4}{h^3}\left(\frac{1}{n_1^2} - \frac{1}{n_2^2}\right)$$

对不同元素放出的同名谱线，n_1 和 n_2 都是定值，因而上式可以写作：
$$\sqrt{\nu} = K(Z-\sigma)$$
$$\sqrt{\frac{1}{\lambda}} = K(Z-\sigma) \tag{5-6}$$

式中，$K = \sqrt{\dfrac{me^4}{8\varepsilon_0^2 h^3 c}\left(\dfrac{1}{n_1^2} - \dfrac{1}{n_2^2}\right)}$。

这就是 Moseley 定律。

5.1 电子探针仪

任何能谱仪或波谱仪并不能独立地工作,它们均需要一个产生和聚焦电子束的装置,现代扫描电镜和透射电镜通常将能谱仪或波谱仪作为常规附件,能谱仪或波谱仪借助电子显微镜电子枪的电子束工作。但也有专门利用能谱仪或波谱仪进行成分分析的仪器,它使用微小的电子束轰击样品,使样品产生 X 射线光子,用能谱或波谱仪检测样品表面某一微小区域的化学成分,所以称这种仪器为电子探针 X 射线显微分析仪(Electron Probe Micro - Analyzer),简称电子探针仪(EPMA)。类似有离子探针,它是用离子束轰击样品表面,使之产生 X 射线,得到元素组成的信息。

电子探针由电子光学系统(镜筒)、光学显微系统(显微镜)、电源系统和真空系统以及波谱仪或能谱仪组成。

(1)电子光学系统。电子光学系统包括电子枪、电磁聚光镜、样品室等部件。由电子枪发射并经过聚焦极细的电子束打在样品表面的给定微区,激发产生 X 射线。样品室位于电子光学系统下方。

(2)光学显微系统。为便于选择和确定样品表面上的分析微区,镜筒内装有与电子束同轴的光学显微镜(100~500 倍),确保从目镜中观察到微区位置与电子束轰击点精确地重合。

(3)真空系统和电源系统。真空系统的作用是建立能确保电子光学系统正常工作,防止样品污染所必须的真空度,一般情况下要求保持优于 10^{-2} Pa 的真空度。电源系统由稳压、稳流及相应的安全保护电路所组成。

5.2 能谱仪

目前最常见的能谱仪是应用 Si(Li)半导体探测器和多道脉冲高度分析器将入射 X 光子按能谱大小展成谱的能量色散谱仪——Si(Li)X 射线能谱仪,这种能谱仪既可将 X 射线展成谱作化学成分分析,同时又可产生衍射花样作结构分析,因而又称它为能量色散衍射仪,其关键部件是 Si(Li)检测器,即锂漂移硅固态检测器。

5.2.1 Si(Li)半导体探测器

Si(Li)半导体探测器实质上是一只半导体二极管,只是在 p 型硅与 n 型硅之间有一层厚的中性层。厚中性层的作用是使入射 X 射线光子能量在层内全部被吸收,不让散失到层外,并产生电子-空穴对。在 Si(Li)探测器中产生一对电子-空穴对所需能量为 3.8eV,因此每一个能量为 E 的入射光子,可产生的电子-空穴对数目为 $N=E/3.8$。如一个 MnK_α 光子被吸收,由于它的能量为 5895eV,即在厚中性层内产生 1551 对电子-空穴对,这些电子-空穴对在外加电场作用下形成一个电脉冲,脉冲高度正比于光子能量。故半导体探测器的作用与正比计数器相仿,都是把所接收的 X 光子变成电脉冲讯号,脉冲高度与被吸收光的能量成正比。由于半导体探测器有厚的中性层,对 X 射线光子的计数效率接近 100%,且不随波长改变而有所变化。

锂漂移硅固态检测器是用渗了微量锂的高纯硅制成的,加"漂移"二字说明用漂移法渗锂。在高纯硅中渗锂的作用是抵消其中存在的微量杂质的导电作用,使中性层未吸收光子时在外加电场作用下不漏电。由于锂在室温下也容易扩散,所以 Si(Li)探测器不但要在液氮温度下使用,以降低电子噪声,而且要在液氮温度下保存,以免 Li 发生扩散。半导体探测器性能指标中最重要的是分辨率。由于标识谱线有一定的固有宽度,同时在探测器中产生的电离现象是一种统计性事件,这就使探测出来的能谱谱线有一定的宽度,加上与之联用的场效应晶体管产生的噪声对半高宽有影响,能谱谱线就变得更宽些。

5.2.2 能量色散谱仪的结构和工作原理

能量色散谱仪主要由 Si(Li)半导体探测器、多道脉冲高度分析器以及脉冲放大整形器和记录显示系统组成,如图 5.1 所示。由 X 射线发生器发射的连续辐射投射到样品上,使样品发射所含元素的荧光特征 X 射线谱和所含物相的衍射线束。这些谱线和衍射线被 Si(Li)半导体探测器吸收,进入探测器中被吸收的每一个 X 射线光子都使硅电离成许多电子-空穴对,构成一个电流脉冲,经放大器转换成电压脉冲,脉冲高度与被吸收的光子能量成正比。被放大了的电压脉冲输至多道脉冲高度分析器。多道分析器是许多个单道脉冲高度分析器的组合,一个单道分析器叫作一个通道。各通道的窗宽度都一样,都是满刻度值 V_m 的 1/1024,但各通道的基线不同,依次为 0、$V_m/1024$、$2V_m/1024$、$3V_m/1024$、…。由放大器来的电压脉冲按其脉冲高度分别进入相应的通道而被存储起来。每进入一个脉冲数,存储单元记录一个光子数,因此通道地址和 X 光子能量成正比,而通道的计数则为 X 光子数,记录一段时间后,每一通道内的脉冲数就可迅速记录下来,最后得到以通道(能量)为横坐标,X光子数(强度)为纵坐标的X射线能量色散谱(图5.2)。

能量色散谱仪有以下优点:

(1)效率高,可以作衍射动态研究;

(2)各谱线和各衍射线都是同时记录的,在只测定各衍射线的相对强度时,稳定度不高的X射线源和测量系统也可以用;

(3)谱线和衍射花样同时记录,因此可同时获得试样的化学元素成分和相成分,提高相分析的可靠性。

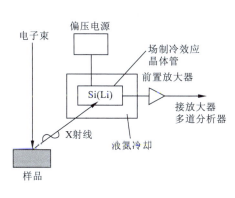

图5.1 能量色散谱仪的结构　　　图5.2 X射线能量色散谱

5.3 波谱仪

5.3.1 波谱仪的结构和原理

在电子探针中,X射线是由样品表面以下微米数量级的作用体积中激发出来的,如果这个体积中的样品是由多种元素组成,则可激发出各个相应元素的特征X射线。若在样品上方水平放置一块具有适当晶面间距d的晶体,入射X射线的波长、入射角和晶面间距三者符合布拉格方程时,这个特征波长的X射线就会发生强烈衍射。波谱仪利用晶体衍射把不同波长的X射线分开,故称这种晶体为分光晶体。被激发的特征X射线照射到连续转动的分光晶体上实现分光(色散),即不同波长的X射线将在各自满足布拉格方程的2θ方向上被检测器接收(图5.3)。

虽然分光晶体可以将不同波长的X射线分光展开,但就收集单一波长的X射线信号的效率来看是非常低的。如果把分光晶体作适当弹性弯曲,并使射线源、弯

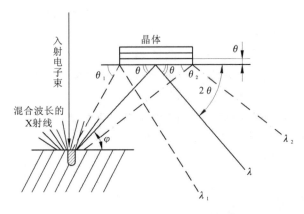

图 5.3 分光晶体对 X 射线的衍射

曲晶体表面和检测器窗口位于同一圆周上,这样就可以达到聚焦衍射束的目的,此时整个分光晶体只收集一种波长的 X 射线,使这种单色 X 射线的衍射强度大大提高。这个圆周称为聚焦圆或罗兰圆。在电子探针中常用的弯晶谱仪有约翰(Johann)型和约翰逊(Johansson)型两种聚焦方式(图 5.4)。

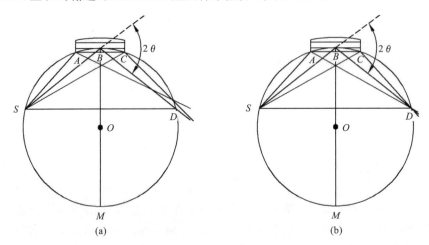

图 5.4 弯曲晶体波谱仪的聚焦方式
(a)约翰型聚焦法;(b)约翰逊型聚焦法

约翰型聚焦法,将平板晶体弯曲但不加磨制,使其中心部分曲率半径恰好等于聚焦圆半径。聚焦圆上从 S 点发出一束发散的 X 射线,经过弯曲晶体衍射,聚焦于聚焦圆上的另一点 D,由于弯曲晶体表面只有中心部分位于聚焦圆上,因此不可能得到完美的聚焦,弯曲晶体的两端与圆不重合会使聚焦线变宽,出现一定的散焦。所以，约翰型波谱仪只是一种近似的聚焦方式。

约翰逊型聚焦法为一种改进的聚焦方式，这种方法是先将晶体磨制再加以弯曲，使之成为曲率半径等于聚焦圆半径的弯晶，这样的布置可以使 A、B、C 三点的衍射束正好聚焦在 D 点，所以这种方法叫全聚焦法。在实际检测 X 射线时，点光源发射的 X 射线在垂直于聚焦圆平面的方向上仍有发散性，分光晶体表面不可能处处精确符合布拉格条件，加之有些分光晶体虽然可以进行弯曲，但不能磨制，因此不太可能达到理想的聚焦条件，如果检测器上的接受狭缝有足够的宽度，即使采用不太精确的约翰型聚焦法，也能满足聚焦要求。

电子束轰击样品后，被轰击的微区就是 X 射线源。要使 X 射线分光、聚焦，并被检测器接收，两种常见的波谱仪布置形式分别示于图 5.5。图 5.5(a) 为回旋式波谱仪的工作原理，聚焦圆圆心 O 不能移动，分光晶体的检测器在聚焦圆的圆周上以 1:2 的角速度运动，以保证满足布拉格条件，这种结构比直进式结构简单，但由于出射方向改变很大，即 X 射线在样品内进行的路线不同，往往会因吸收条件改变造成分析上的误差。图 5.5(b) 为直进式波谱仪的工作原理图。这种波谱仪的优点是 X 射线穿过样品表面过程中所走的路线相同，也就是吸收条件相等。由图中的几何关系分析可知，分光晶体位置沿直线运动时，晶体本身应产生相应的转动，使不同波长的 X 射线以不同角度入射，在满足布拉格条件的情况下，位于聚焦圆周上协调滑动的检测器都能接收到经过聚焦的波长不同的衍射线。分光晶体直线运动时，检测器能在几个位置上接收到衍射束，表明试样被激发的体积内存在着

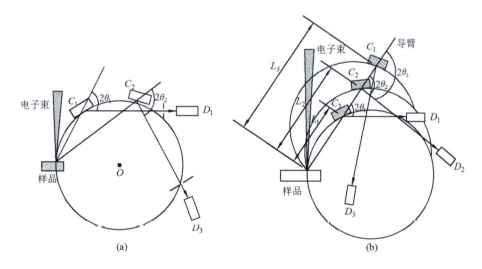

图 5.5 两种波谱仪结构及工作原理示意图
(a) 回旋式波谱仪；(b) 直进式波谱仪

相应的几种元素,衍射束的强度大小和元素含量成正比。

5.3.2 波谱图

波谱仪使用的 X 射线探测器有充气正比计数管和闪烁计数管等。探测器每接受一个 X 光子便输出一个电脉冲信号,脉冲信号输入计数仪,在仪表上显示计数率读数。波谱仪记录的波谱图是一种衍射图谱,由一些强度随 2θ 变化的峰曲线与背景曲线组成,每个峰都是由分析晶体衍射出来的特征 X 射线;至于与样品相干的或非相干的散射波,也会被分光晶体所反射,成为波谱背景。连续谱波长的散射是造成波谱背景的主要因素。直接使用来自 X 射线管的辐射激发样品,其中强烈的连续辐射被样品散射,引起很高的波谱背景,这对波谱分析不利;用特征辐射照射样品,可克服连续谱激发的缺点。

图 5.6 为从一个测量点获得的谱线图,横坐标代表波长,纵坐标代表强度,谱线上有许多强度峰,每个峰在坐标上的位置代表相应元素特征 X 射线的波长,峰高度代表这种元素的含量。

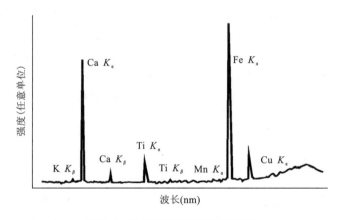

图 5.6 角闪石的定点 WDS 谱图

直接影响波谱分析的有两个主要问题,即:分辨率和灵敏度。表现在波谱图上就是衍射峰的宽度和高度。

(1)分辨率。波长分散谱仪的波长分辨率很高。

(2)灵敏度。波谱仪的灵敏度取决于信号噪声比,即峰高度与背景高度的比值。实际上就是峰能否辨认的问题。高的波谱背景降低信噪比,使仪器的测试灵敏度下降。轻元素的荧光产率较低,信号较弱,是影响其测试灵敏度的因素之一。波长分散谱仪的灵敏度比较高,可能测量的最低浓度对于固体样品达 0.0001% (wt),对于液体样品达 0.1g/mL。

5.4 波谱仪和能谱仪的分析模式及应用

利用 X 射线波谱法进行微区成分分析通常有以下 3 种分析模式。

1. 以点、线、微区、面的方式测定样品的成分和平均含量

被分析的选区尺寸可以小到 $1\mu m$,用电镜直接观察样品表面,用电镜的电子束扫描控制功能,选定待分析点、微区或较大的区域,采集 X 射线波谱或能谱,可对谱图进行定性定量分析。定点微区成分分析是扫描电镜成分分析的特色工作,它在化合物和杂质的鉴定方面有着广泛的应用。

2. 测定样品在某一线长度上的元素分析模式

对于波谱和能谱,分别选定衍射晶体的衍射角或能量窗口,当电子束在试样上沿一条直线缓慢扫描时,记录被选定元素的 X 射线强度(它与元素的浓度成正比)分布,就可以获得该元素的线分布曲线。入射电子束在样品表面沿选定的直线轨迹(穿越粒子或界面)扫描,可以方便地取得有关元素分布不均匀性的资料,比如测定元素在材料内部相区或界面上的富集或贫化。

3. 测定元素在样品指定区域内的面分布模式

与线分析模式相同,分别选定衍射晶体的衍射角或能量窗口,当电子束在试样表面的某区域作光栅扫描时,记录被选定元素的特征 X 射线的计数率,计数率与显示器亮点的密度成正比,即亮点的分布与该元素的面分布相对应。图 5.7 为一张元素的面分布图。

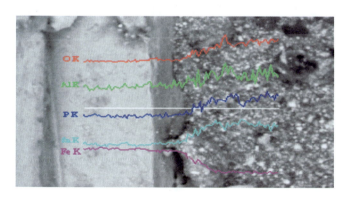

图 5.7 金属材料的元素面分布图

5.5 波谱仪与能谱仪的比较

波谱仪与能谱仪的异同可从以下几个方面进行比较。

1. 分析元素范围

波谱仪分析元素的范围为 $_4B\sim_{92}U$。能谱仪分析元素的范围为 $_{11}Na\sim_{92}U$,对于某些特殊的能谱仪(例如无窗系统或超薄窗系统)可以分析 $_6C$ 以上的元素,但对于各种条件有严格限制。

2. 分辨率

谱仪的分辨率是指分开或识别相邻两个谱峰的能力,它可用波长色散谱或能量色散谱的谱峰半高宽——谱峰最大高度一半处的宽度 $\Delta\lambda$、ΔE 来衡量,也可用 $\Delta\lambda/\lambda$、$\Delta E/E$ 的百分数来衡量。半高宽越小,表示谱仪的分辨率越高;半高宽越大,表示谱仪的分辨率越低。目前能谱仪的分辨率在 $145\sim155eV$ 之间,波谱仪的分辨率在常用 X 射线波长范围内要比能谱仪高一个数量级以上,约在 5eV 左右,从而减少了谱峰重叠的可能性(图 5.8)。

3. 探测极限

谱仪能测出的元素最小百分浓度称为探测极限,它与分析元素种类、样品的成分、所用谱仪以及实验室条件有关。波谱仪的探测极限约为 $0.01\%\sim0.1\%$,能谱仪的探测极限约为 $0.1\%\sim0.5\%$。

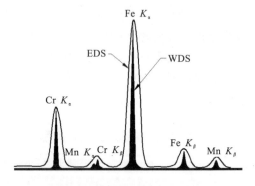

图 5.8 EDS 和 WDS 的比较

4. X 光子几何收集效率

谱仪的 X 光子几何收集效率是指谱仪接收 X 光子数与光源出射的 X 光子数目的百分比,它与谱仪探测器接收 X 光子的立体角有关。波谱仪的分光晶体处于聚焦圆上,聚焦圆的半径一般是 $150\sim250nm$,照射到分光晶体上的 X 射线的立体角很小,X 光子收集效率很低,低于 0.2%,并且随分光晶体处于不同位置而变化。由于波谱仪的 X 光子收集效率很低,由辐射源射出的 X 射线需要精确聚焦才能使探测器接收的 X 射线有足够的强度,因此要求试样表面平整光滑。能谱仪的探测器放在离试样很近的地方(约为几厘米),探测器对辐射源所张的立体角较大,能谱仪有较高的 X 光子几何收集效率,约为 2%。由于能谱仪的 X 光子几何收集效率高,X 射线不需要聚焦,因此对试样表面的要求不像波谱仪那样严格。

5. 量子效率

量子效率是指探测器 X 光子计数与进入谱仪探测器的 X 光子的百分比。能谱仪的量子效率很高,接近 100%,波谱仪的量子效率低,通常小于 30%。由于波谱仪的几何收集效率和量子效率都比较低,X 射线利用率低,故不适合低束流、X 射线弱情况下使用,这是波谱仪的主要缺点。

6. 瞬时的 X 射线谱接收范围

瞬时的 X 射线谱接收范围是指谱仪在瞬间所能探测到的 X 射线谱的范围,波谱仪在瞬间只能探测波长满足布拉格条件的 X 射线,能谱仪在瞬间能探测各种能量的 X 射线,因此波谱仪是对试样元素逐个进行分析,而能谱仪是同时进行分析。

7. 最小电子束斑

电子探针的空间分辨率(能分辨不同成分的两点之间的最小距离)不可能小于电子束斑直径,束流与束斑直径的 8/3 次方成正比。波谱仪的 X 射线利用率很低,不适于低束流使用,分析时的最小束斑直径约为 200nm。能谱仪有较高的几何收集效率和高的量子效率,在低束流下仍有足够的计数,分析时最小束斑直径为 5nm。但对于块状试样,电子束射入样品之后会发生散射,也使产生特征 X 射线的区域远大于束斑直径,大体上为微米数量级。在这种情况下,继续减少束斑直径对提高分辨率已无多大意义。要提高分析的空间分辨率,唯有采用尽可能低的入射电子能量 E_0,减小 X 射线的激发体积。综上所述,分析厚样品,电子束斑直径大小不是影响空间分辨率的主要因素,波谱仪和能谱仪均能适用;但对于薄样品,空间分辨率主要取决于束斑直径大小,因此使用能谱仪较好。

8. 分析速度

能谱仪分析速度快,几分钟内能把全部能谱显示出来,而波谱仪一般需要十几分钟以上。

9. 谱的失真

波谱仪不大存在谱的失真问题,而能谱仪存在。能谱仪在测量过程中,存在使能谱失真的因素主要有:一是 X 射线探测过程中的失真,如硅的 X 射线逃逸峰、谱峰宽度、谱峰畸变、铍窗吸收效应等;二是信号处理过程中的失真,如脉冲堆积等;三是探测器样品室周围环境引起的失真,如杂散辐射、电子束散射等。谱的失真使能谱仪的定量可重复性很差,波谱仪的定量可重复性是能谱仪的 8 倍。

综上所述,波谱仪分析的元素广、探测极限小、分辨率高,适用于精度的定量分析;其缺点是要求试样表面光滑平整,分析速度较慢,需要用较大的束流,从而容易引起样品和镜筒的污染。能谱仪虽然在分析元素范围、探测极限、分辨率等方面不如波谱仪,但其分析速度快,可用于较小的束流和微细的电子束,对试样表面要求不如波谱仪那样严格,因此特别适合于与扫描电镜配合使用。目前扫描电镜或电子探针仪可同时配用能谱仪和波谱仪,构成扫描电镜-波谱仪-能谱仪系统,使两种谱仪互相补充、发挥长处,是非常有效的材料研究工具。

5.6 X射线光谱分析及应用

5.6.1 定性分析

对样品所含元素进行定性分析是比较容易的,根据谱线所在 2θ 和分光晶体的面间距 d,按布拉格方程就可计算出谱线波长,从而鉴定出样品中含有哪些元素。

定性分析必须注意一些具体问题。如要确认一个元素的存在,至少应该找到两条谱线,以避免干扰线的影响而误认。又如要区分哪些峰是来自样品的,哪些峰是由 X 射线管特征辐射的散射产生的。如果样品中所含元素的原子序数很接近,则其荧光波长相差甚微,就要注意波谱是否有足够的分辨率将间隔很近的两条线分离开。

5.6.2 定量分析

荧光 X 射线定量分析是在光学光谱分析方法基础上发展建立起来的,可归纳为数学计算法和实验标定法。

1. 计算法

样品内元素发出的荧光 X 射线强度应与该元素在样品内的原子分数成正比,就是与该元素的质量 W_i 成正比,即 $W_i = k_i I_i$。原则上,系数 k_i 可从理论上计算出来,但计算结果误差可能比较大。

2. 实验法

一般情况下,采用相似物理化学状态和已知成分的标样进行实验测量标定,常用有外标法和内标法两类。

(1)外标法。外标法是以样品中待测元素的某谱线强度,与标样中已知含量的这一元素的同一谱线强度相比较,来校正或测定样品中待测元素的含量。在测定

某种样品中元素 A 的含量时,应预先准备一套成分已知的标样,测量该套标样中元素 A 在不同含量下荧光 X 射线的强度 I_A 与纯 A 元素的荧光 X 射线的强度 $(I_A)_0$,做出相对强度与元素 A 百分含量之间的关系曲线,即定标曲线。然后测出待测样品中同一元素荧光 X 射线的相对强度,再从定标曲线上找出待测元素的百分含量。

(2)内标法。内标法是在未知样品中加入一定数量的已知元素 j,作为参考标准,然后测出待测元素 i 和内标元素 j 相应的 X 射线强度 I_i、I_j;设混合样品中的质量分数分别为 W_i、W_j,则有:

$$W_i/W_j = I_i/I_j \tag{5-7}$$

5.6.3 电子探针在宝石矿物研究方面的应用

1. 缅甸纳莫翡翠矿床矿物研究

缅甸纳莫翡翠矿体海拔标高 275m,距地面埋深 10~25m,长轴(最长处)为 21.55m,近水平略向南倾,短轴(垂直高)为 9.14m,剖面厚度为 4.88m,估计重约 3000t,是迄今为止发现的最大的翡翠原生矿体。

纳莫矿体附近植被发育,仅在 109 号坑道口有基岩露头,在约 50m 的范围内出露的主要岩性为灰白—灰绿色蓝闪石绿帘石片岩,片岩中侵入有蛇纹石化橄榄岩,岩体基本沿片岩的片理侵入。

矿体成透镜状产于蛇纹石化橄榄岩中,上盘产状为 120°~125°∠42°~45°,下盘产状 130°~135°∠35°~40°。矿体中心部位为白色中—粗粒的硬玉,向边部颗粒变细,边部细粒的硬玉岩带有后期改造作用形成的糜棱岩化重结晶现象和沿裂隙的绿色条带及团块状的淡紫色硬玉岩出现。

图 5.9 为缅甸纳莫翡翠矿床的横剖面图,中心为沸石化的硬玉岩,矿体与围岩之间为厚度较小的灰绿色片岩和角闪岩,围岩为蛇纹岩以及蓝闪石片岩。

G1-1 为晚期纤柱状硬玉,G1-2 为早期粒状硬玉,通过它们的电子探针数据(表 5.1)以及计算出的化学式(表 5.2)可以发现,Na 与 Ca、Mg 与 Al 均呈负相关性,并且早期硬玉 Ca 替代 Na、Mg 替代 Al 的比例较晚期硬玉少,即早期硬玉组分更接近于理想的硬玉化学组分。G3-1 和 G3-2 所测点几乎不含 Mg,但是 Ca 含量在 0.01a.p.f.u 左右,说明可能不存在 Ca-Mg 成对替代 Na-Al 的关系。

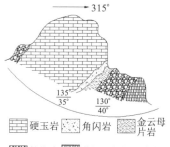

图 5.9 缅甸纳莫翡翠矿床横剖面图

表 5.1 缅甸纳莫翡翠电子探针测试数据   单位:%

样品 化学成分	G1-1 硬玉	G1-2 硬玉	G1-3 钠沸石	G1-4 方沸石	G1-5 钠长石	G3-1 硬玉	G3-2 硬玉	G3-3 方沸石
SiO_2	62.01	61.81	49.59	55.06	68.35	59.04	63.16	55.15
TiO_2				0.03		0.03		0.03
Al_2O_3	22.48	23.70	27.02	21.74	19.24	23.25	22.13	20.51
FeO			0.04	0.02	0.03	0.06		0.03
Cr_2O_3								
MnO								
MgO	0.52	0.06				0.06		
CaO	0.19	0.06	0.08	0.01	0.08	0.10	0.11	0.08
Na_2O	15.93	16.09	13.32	13.54	11.73	16.85	15.40	10.57
K_2O					0.02			0.03
合计	101.14	101.71	90.07	90.38	99.46	99.35	100.80	86.41

样品 化学成分	G3-4 钠沸石	G3-5 杆沸石	G3-6 钠长石	G3-7 雪硅钙石	G4-1 镁钠钙闪石	G4-2 镁铝钠闪石	G4-3 铬铁矿	G4-4 钠铬辉石
SiO_2	49.46	41.97	69.22	46.90	56.21	60.05	0.04	56.45
TiO_2	0.01		0.02	0.06	0.04		0.06	0.04
Al_2O_3	26.88	27.52	18.56	4.39	4.00	7.21	7.58	4.01
FeO	0.02	0.04			6.08	2.35	29.74	5.43
Cr_2O_3					0.16		53.98	18.56
MnO					0.24		0.76	0.03
MgO					19.04	16.66	2.90	1.05
CaO	0.12	10.62	0.06	34.26	5.55	0.16		0.19

续表 5.1

样品 化学成分	G5-1 透辉石	G5-2 钠铬辉石	G5-3 金云母	G6-1 蛇纹石	G6-2 蛇纹石	G8-1 绿泥石	G8-2 冻蓝闪石	G8-3 绿帘石
Na_2O	13.88	4.06	11.98		7.43	11.89		15.15
K_2O			0.03	0.31	0.10	0.22		
合计	90.37	84.20	99.87	85.92	98.84	98.53	95.06	100.92
SiO_2	56.23	57.49	44.56	44.09	46.27	29.02	48.37	39.77
TiO_2	0.13	0.14	0.02			0.05	0.22	0.09
Al_2O_3	3.30	4.64	10.97	0.16	0.05	19.92	9.66	24.05
FeO	0.91	1.50	4.03	5.72	1.70	21.84	15.35	9.02
Cr_2O_3	0.16	19.15	0.24	0.04	0.06	0.18	0.06	
MnO	0.03		0.04	0.14	0.08	0.22	0.20	0.12
MgO	15.10	1.56	24.51	37.17	39.40	17.35	10.04	0.04
CaO	22.27	2.64					9.77	22.65
Na_2O	2.47	13.54	0.12				4.07	0.03
K_2O	0.05		10.48				0.23	
合计	100.65	100.66	94.98	87.32	87.56	88.58	97.96	95.76

测试单位:核工业北京地质研究所电子探针室。实验仪器型号:JXA-8100 电子探针分析仪。测试条件:加速电压 20kV,束流 1×10^{-8} A,出射角 40°,波谱分析,ZAF 校正。

表 5.2 缅甸纳莫矿物理想化学式及计算化学式

编号	理想化学式与计算化学式
G1-1 硬玉	$NaAl[Si_2O_6]$
	$(Na_{1.027}Ca_{0.007})_{1.034}(Al_{0.880}Mg_{0.026})_{0.906}[Si_{2.061}O_6]$
G1-2 硬玉	$NaAl[Si_2O_6]$
	$(Na_{1.031}Ca_{0.002})_{1.033}(Al_{0.922}Mg_{0.003})_{0.925}[Si_{2.042}O_6]$
G1-3 钠沸石	$Na_2[Al_2Si_3O_{10}] \cdot 2H_2O$
	$(Na_{1.614}Ca_{0.005}Fe^{2+}_{0.002})_{1.621}[(Al_{1.988}Ti_{0.001})_{1.989}Si_{3.099}O_{10}] \cdot 2H_2O$
G1-4 方沸石	$NaAl[Si_2O_6] \cdot H_2O$
	$(Na_{0.974}Fe^{2+}_{0.001})_{0.975}Al_{0.950}[Si_{2.043}O_6] \cdot H_2O$
G1-5 钠长石	$Na[AlSi_3O_8]$
	$(Na_{0.998}Ca_{0.004}K_{0.001})_{1.003}[(Al_{0.995}Ti_{0.001}Fe^{2+}_{0.001})_{0.997}Si_{3.000}O_8]$

续表5.2

编号	理想化学式与计算化学式
G3-1 硬玉	$NaAl[Si_2O_6]$ $(Na_{1.095}Ca_{0.004})_{1.099}(Al_{0.897}Mg_{0.003}Fe^{2+}_{0.002})_{0.902}[(Si_{1.979}Al_{0.021})_{2.000}O_6]$
G3-2 硬玉	$NaAl[Si_2O_6]$ $(Na_{1.002}Ca_{0.004})_{1.006}Al_{0.875}[Si_{2.119}O_6]$
G3-3 方沸石	$NaAl[Si_2O_6]\cdot H_2O$ $(Na_{0.783}Ca_{0.003}K_{0.001})(Al_{0.923}Fe_{0.001})[(Si_{2.108}Ti_{0.001})O_6]\cdot H_2O$
G3-4 钠沸石	$Na_2[Al_2Si_3O_{10}]\cdot 2H_2O$ $(Na_{1.681}Ca_{0.008})_{1.689}[(Al_{1.978}Fe^{2+}_{0.001})_{1.979}Si_{3.090}O_{10}]\cdot 2H_2O$
G3-5 杆沸石	$NaCa_2[Al_2Si_2O_8]_{2.5}\cdot 6H_2O$ $Na_{1.064}(Ca_{1.538}Fe_{0.005})[Al_{4.381}Si_{5.674}O_{20}]\cdot 6H_2O$
G3-6 钠长石	$Na[AlSi_3O_8]$ $(Na_{1.016}Ca_{0.003}K_{0.002})_{1.021}[(Al_{0.956}Ti_{0.001})_{0.957}Si_{3.026}O_8]$
G3-7 雪硅钙石	$Ca_5Si_6O_{16}(OH)_2\cdot 4H_2O$ $(Ca_{4.504}K_{0.049})_{4.553}(Si_{5.754}Al_{0.634}Ti_{0.006})_{6.394}O_{16}(OH)_2\cdot 4H_2O$
G4-1 镁钠钙闪石	$A_{0-1}X_2Y_5[T_4O_{11}]_2(OH,F,Cl)_2$ $(Na_{0.888}K_{0.018})_{0.906}(Na_{1.101}Ca_{0.821}Fe^{2+}_{0.050}Mn_{0.028})_2$ $(Mg_{3.918}Fe^{2+}_{0.652}Al_{0.409}Cr_{0.017}Ti_{0.004})_5[(Si_{7.759}Al_{0.241})_8O_{22}](OH,F)_2$
G4-2 镁铝钠闪石	$A_{0-1}X_2Y_5[T_4O_{11}]_2(OH,F,Cl)_2$ $(Na_{1.092}K_{0.038})_{1.130}Na_{2.000}(Mg_{3.331}Al_{1.139}Fe^{2+}_{0.264}Ca_{0.023})_{4.756}[Si_{8.054}O_{22}](OH,F)_2$
G4-3 铬铁矿	$FeCr_2O_4$ $(Fe^{2+}_{0.926}Mg_{0.161}Mn_{0.024})_{1.111}(Cr_{1.587}Al_{0.332}Ti_{0.002}Si_{0.001})_{1.922}O_4$
G4-4 钠铬辉石	$NaCr[Si_2O_6]$ $(Na_{1.053}Ca_{0.007}Mn_{0.001})_{1.061}(Cr_{0.525}Al_{0.169}Fe^{2+}_{0.163}Mg_{0.056}Ti_{0.001})_{0.914}[Si_{2.024}O_6]$
G5-1 透辉石	$CaMg[Si_2O_6]$ $(Ca_{0.850}Na_{0.171}K_{0.002}Mn_{0.001})_{1.024}(Mg_{0.801}Al_{0.138}Fe^{3+}_{0.019}Fe^{2+}_{0.008}Cr_{0.004}Ti_{0.003})_{0.973}[Si_{2.002}O_6]$
G5-2 钠铬辉石	$NaCr[Si_2O_6]$ $(Na_{0.947}Ca_{0.102})_{1.049}(Cr_{0.546}Al_{0.197}Mg_{0.084}Fe^{2+}_{0.045}Ti_{0.004})_{0.876}[Si_{2.075}O_6]$
G5-3 金云母	$K\{Mg_3[AlSi_3O_{10}](OH)_2\}$ $(K_{0.945}Na_{0.016}Ca_{0.002})_{0.963}\{(Mg_{2.583}Fe^{2+}_{0.238}Cr_{0.013}Mn_{0.002}Ti_{0.001})_{2.837}[Al_{0.913}Si_{3.150}O_{10}](OH)_2\}$

续表 5.2

编号	理想化学式与计算化学式
G6-1 蛇纹石	$Mg_6[Si_4O_{10}](OH)_8$ $(Mg_{5.213}Fe^{2+}_{0.450}Al_{0.018}Mn_{0.011}Cr_{0.003})_{5.695}[Si_{4.148}O_{10}](OH)_8$
G6-2 蛇纹石	$Mg_6[Si_4O_{10}](OH)_8$ $(Mg_{5.377}Fe^{2+}_{0.130}Mn_{0.006}Al_{0.005}Cr_{0.004})_{5.522}[Si_{4.236}O_{10}](OH)_8$
G8-1 绿泥石	$(Mg,Fe)_{6-p}(Al,Fe^{3+})_{2p}Si_{4-p}O_{10}(OH)_8$ $(Mg_{2.626}Fe^{2+}_{1.855}Al_{1.333}Mn_{0.019}Cr_{0.014})_{5.847}(Si_{2.947}Al_{1.049}Ti_{0.004})_4O_{10}(OH)_8$
G8-2 冻蓝闪石	$A_{0-1}X_2Y_5[T_4O_{11}]_2(OH,F,Cl)_2$ $K_{0.041}(Na_{1.114}Ca_{0.886})_2(Mg_{2.112}Fe^{3+}_{1.762}Ca_{0.591}Al_{0.431}Fe^{2+}_{0.050}Mn_{0.024}Ti_{0.023}Cr_{0.007})_5$ $[(Si_{6.826}Al_{1.174})_8O_{22}](OH,F)_2$
G8-3 绿帘石	$Ca_2Fe^{3+}Al_2[Si_2O_7][SiO_4]O(OH)$ $(Ca_{1.934}Mn_{0.008}Na_{0.005}Mg_{0.005})_{1.952}Fe^{3+}_{0.541}(Al_{2.259}Ti_{0.005})_{2.264}[Si_{3.170}O_{11}]O(OH)$

将硬玉与沸石类矿物和钠长石比较,硬玉中 Na 分子数为 1.095a.p.f.u～1.002a.p.f.u,而方沸石中 Na 分子数为 0.974a.p.f.u～0.783a.p.f.u,钠沸石中 Na 分子数为 1.681a.p.f.u～1.614a.p.f.u(钠沸石理论化学式中 Na 分子数为 2 a.p.f.u),杆沸石中 Na 分子数为 1.064a.p.f.u,钠长石中 Na 分子数在 0.998a.p.f.u～1.016a.p.f.u 之间,可见硬玉中 Na 含量较沸石类矿物和钠长石偏高。除杆沸石中 Ca 分子数为 1.538a.p.f.u,雪硅钙石中 Ca 分子数为 4.504a.p.f.u 外,硬玉、钠沸石、方沸石和钠长石中的 Ca 分子数均低于 0.010a.p.f.u。另外,硬玉与沸石类矿物均不含 K,钠长石中含 K 量也非常低。

G4-1 与 G4-2 所测的点为同一闪石矿物的不同部位,G4-1 所测处为闪石的中心部位,G4-2 所测处为闪石的边缘。根据国际矿物学会新矿物和矿物名称委员会关于对角闪石采用以晶体化学为基础的命名法的建议,钠钙质闪石为$(Ca+Na)_B \geqslant 1.34, 0.67 \leqslant (Na)_B < 1.34$;碱质闪石为$(Na)_B \geqslant 1.34$。G4-1,$(Ca+Na)_B = 1.922$,$(Na)_B = 1.101$,所以 G4-1 属于钠钙质闪石。再由$(Na+K)_A = 0.906$,$Si = 7.759$,$Mg/(Mg+Fe^{2+}) = 0.857$,对照角闪石命名图,应归属为镁钠钙闪石。G4-2,$(Na)_B = 2.000$,所以 G4-2 属于碱质闪石。再由$(Na+K)_A = 1.130$,$Mg/(Mg+Fe^{2+}) = 0.927$,$Fe^{3+}/(Fe^{3+}+Al^{VI}) = 0$,对照角闪石命名图,应划分为镁铝钠闪石。

由电子探针分析数据可知,闪石中心部位 Na 分子数为 1.989a.p.f.u,Ca 分子数为 0.821 a.p.f.u;而闪石边缘部位 Na 分子数为 3.092a.p.f.u,Ca 的分子数为 0.023a.p.f.u。由此可见，Na 与 Ca 呈负相关性，且边缘部分的角闪石 Ca 含量很低。

G4-3 所测点为铬铁矿，Fe^{2+} 分子数为 0.926a.p.f.u，接近于理想铬铁矿中 Fe^{2+} 的分子数，并有少量的 Mg 和 Mn 替代 Fe^{2+}。Cr 的分子数为 1.587a.p.f.u，另有少量 Cr 被 Al、Ti 等替代。

G4-4 和 G5-2 所测点均为钠铬辉石，且成分比较一致。钠铬辉石可看作 $NaCr[Si_2O_6]$ 和 $NaAl[Si_2O_6]$ 的固溶体，并且有少量的 Ca 代替 Na。Na+Ca 的分子数为 1.049a.p.f.u～1.060a.p.f.u。Al 分子数为 0.169a.p.f.u～0.197a.p.f.u，Cr 分子数为 0.525 a.p.f.u～0.546a.p.f.u。此外，还含有少量的 Mg、Fe^{2+}。

G5-1 为透辉石，透辉石可看作 $CaMg[Si_2O_6]$ 和 $NaAl[Si_2O_6]$ 的固溶体，Ca、Mg 分子数分别为 0.850 a.p.f.u 和 0.801 a.p.f.u，Na、Al 分子数分别为 0.171 a.p.f.u 和 0.183 a.p.f.u。

G5-3 所测点为金云母，金云母为所测点中含 K 量最高的矿物，K 的分子数达到 0.945 a.p.f.u。

G6 样品为蛇纹石，对薄片中的黑色不透明矿物进行了电子探针分析，确定其为铬铁矿。所测的两个点 G6-1 和 G6-2 均为蛇纹石。Mg 分子数在 5.213a.p.f.u～5.377a.p.f.u 之间，另有少量的 Mg 被 Fe^{2+}、Al、Mn、Cr 所替代。$Mg/(Mg+Fe^{2+})$ 在 0.921～0.976 之间。结合薄片中观察到的呈橄榄石假象的蛇纹石，可以判断蛇纹岩的原岩为纯橄岩。施光海在研究含硬玉的蛇纹岩时，发现残余的橄榄石被交代呈孤岛状，并且通过主量元素分析也得出含硬玉岩脉的蛇纹岩类的原岩为纯橄岩。

G8 样品为蛇纹岩的围岩，主要矿物组成为绿泥石、绿帘石和冻蓝闪石。其中冻蓝闪石的测试结果与施光海在研究含硬玉蛇纹石化橄榄岩的围岩时所测的结果相比，除了 Ca 含量偏高以外，其他元素含量基本一致。

2. 云南黄龙玉的电子探针分析

运用 JXA-8100 型电子探针对镇安场口、小黑山场口和苏帕河场口的 6 块不同色调的样品（图 5.10～图 5.15）进行测试，结果见表 5.3。

从表 5.3 列出的 3 个场口黄龙玉的主要矿物成分百分含量可分析得出：黄龙玉的主要矿物成分为二氧化硅（SiO_2），3 个场口检测样品的二氧化硅（SiO_2）平均百分含量高于 98%，同时含有铝、钛、铬、铁、锰、钾等元素。

图5.10 小黑山-1黄色样品

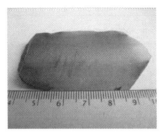
图5.11 小黑山-2黄色样品

图5.12 小黑山-3白色样品

图5.13 苏帕河黄色样品

图5.14 镇安-1白色样品

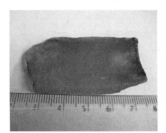
图5.15 镇安-2黄色样品

表5.3 云南黄龙玉电子探针测试数据　　　　　　　　单位:%

成分＼样品	小黑山-1 黄色	小黑山-2 黄色	小黑山-3 白色	苏帕河 黄色	镇安-1 白色	镇安-2 黄色
SiO_2	99.613	98.903	99.588	99.448	99.090	98.396
TiO_2	0.003	0.005	—	—	—	0.870
Al_2O_3	0.605	0.705	0.483	0.588	0.635	0.093
Cr_2O_3	0.013	0.014	0.008	0.008	—	0.151
FeO	0.029	0.029	0.008	0.048	0.008	0.042
MnO	0.015	0.015	—	—	0.011	0.004
MgO	0.009	0.009	—	—	0.016	0.040
CaO	0.015	0.025	0.005	—	0.235	0.187
Na_2O	0.005	0.005	0.007	0.007	0.005	0.003
K_2O	—	—	—	—	0.042	0.017

同时利用 INCA ENERGY300 X 射线能谱仪对小黑山、苏帕河以及镇安3个场口的纯色黄龙玉样品(图5.16～图5.18)进行了检测。从各检测点能谱图中可

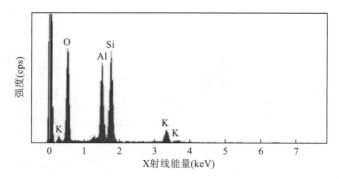

图 5.16　小黑山-2 样品能谱分析图谱

判断：含量最高的基体成分应为石英，故能谱图中氧、硅的激发峰都显示很高的含量。除此之外，还含有钾、铬、铁、砷等其他微量元素，与电子探针的测试结果基本相同。

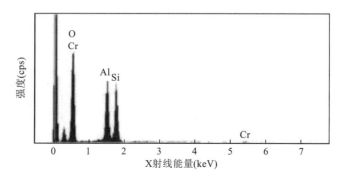

图 5.17　苏帕河样品能谱分析图谱

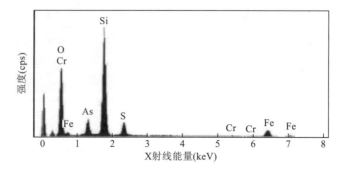

图 5.18　镇安-1 样品能谱分析图谱

3. 山东蓝宝石的电子探针分析

取山东蓝宝石 N3、T1、T2 三个天然样品,其中 N3 和 T1 为褐色,T2 为深蓝色(表 5.4~表 5.6)。由电子探针成分分析可知,山东蓝宝石样品内含最多的微量元素是总铁 TFeO,其次为 TiO_2,其余元素含量则相对很少;多数元素与 Al_2O_3 的含量呈负相关,而与 TFeO 和 TiO_2 的含量呈正相关,并且 TFeO 的含量要远远大于 TiO_2 的含量。王萍等在对山东蓝宝石、缅甸蓝宝石和合成蓝色蓝宝石进行电子探针分析后得到,山东蓝宝石 TFeO:TiO_2 的值为 30:1~40:1,缅甸蓝宝石 TFeO:TiO_2 的值为 10:1,合成蓝色蓝宝石 TFeO:TiO_2 的值为 1:1~1:3。TFeO:TiO_2 的比值大是导致山东蓝宝石颜色较深暗的主要原因。

表 5.4 N3 电子探针测试结果   单位:%

化学成分 样品	MgO	Al_2O_3	SiO_2	TFeO	MnO	NiO	CaO	TiO_2	Cr_2O_3	总计
N3-1	0	97.648	0	0.797	0	0.017	0	0.013	0.003	98.49
N3-2	0.007	97.241	0	0.962	0.013	0	0	0.037	0.005	98.277
N3-3	0	99.207	0.015	0.94	0	0	0.007	0.099	0	100.268
N3-4	0	98.855	0	0.72	0.032	0.002	0.001	0.016	0	99.627
N3-5	0	99.101	0.035	0.768	0.02	0.015	0.028	0.015	0.011	100.005
最小值	0	97.241	0	0.72	0	0	0	0.013	0	98.277
最大值	0.007	99.207	0.035	0.962	0.032	0.017	0.028	0.099	0.011	100.268
平均值	0.001	98.41	0.01	0.837	0.013	0.007	0.007	0.036	0.004	99.333

表 5.5 T1 电子探针测试结果   单位:%

化学成分 样品	MgO	Al_2O_3	SiO_2	TFeO	MnO	NiO	CaO	TiO_2	Cr_2O_3	总计
T1-1	0	95.291	0.004	0.879	0	0	0.023	0.023	0	96.22
T1-2	0	98.119	0	0.968	0	0.014	0	0.015	0.006	99.129
T1-3	0	95.677	0.016	0.811	0	0	0.005	0	0	96.525
T1-4	0	98.488	0	0.832	0	0	0	0.011	0	99.335
T1-5	0	97.829	0	0.941	0	0.022	0	0	0.011	98.812
T1-6	0	93.12	0	1.137	0.005	0	0.013	0	0.019	94.311

续表5.5

化学成分 样品	MgO	Al_2O_3	SiO_2	TFeO	MnO	NiO	CaO	TiO_2	Cr_2O_3	总计
T1-7	0	98.219	0.005	0.854	0.031	0	0.016	0.039	0	99.164
T1-8	0	97.706	0.001	1.01	0	0	0.003	0.059	0.033	98.812
T1-9	0	96.009	0	0.841	0	0.007	0	0.007	0.008	96.874
T1-10	0	95.423	0	1.191	0.009	0	0.006	0.014	0.009	96.658
T1-11	0	98.069	0	0.726	0	0.005	0	0.001	0.002	98.805
T1-12	0	96.153	0	1.173	0.02	0	0.009	0.017	0	97.389
T1-13	0	93.443	1.319	1.075	0.011	0	0.026	0.006	0	95.937
T1-14	0	97.758	0.002	0.965	0	0	0.029	0	0.006	98.791
T1-15	0	94.611	0	1.188	0	0	0.027	0	0.012	95.839
T1-16	0	97.526	0	1.222	0.024	0.005	0	0.044	0	98.841
最小值	0	93.12	0	0.726	0	0	0	0	0	94.311
最大值	0	98.488	1.319	1.222	0.031	0.022	0.029	0.059	0.033	99.335
平均值	0	96.465	0.084	0.988	0.006	0.003	0.01	0.015	0.007	97.59

表5.6 T2电子探针测试结果　　　　　　单位:%

化学成分 样品	MgO	Al_2O_3	SiO_2	TFeO	MnO	NiO	CaO	TiO_2	Cr_2O_3	总计
T2-1	0	99.803	0.004	0.954	0	0.005	0.026	0.096	0.011	100.925
T2-2	0.001	99.416	0.038	0.829	0	0.024	0	0.048	0	100.391
T2-4	0.007	98.815	0.009	0.945	0.011	0	0.011	0.054	0	99.867
T2-5	0	98.897	0.027	0.841	0.015	0.017	0.008	0.024	0.031	99.876
T2-6	0	98.391	0.016	1.076	0	0.024	0.01	0.062	0	99.589
T2-7	0	98.976	0.002	0.777	0.02	0.012	0.016	0.019	0.007	99.854
T2-8	0	98.556	0.005	0.757	0	0	0.016	0.042	0	99.471
T2-9	0	99.255	0	0.852	0	0	0	0.039	0	100.174
最小值	0	98.391	0	0.757	0	0	0	0.019	0	99.471
最大值	0.007	99.803	0.038	1.076	0.02	0.024	0.026	0.096	0.031	100.925
平均值	0.001	99.014	0.013	0.879	0.006	0.01	0.011	0.048	0.006	100.018

对所测试结果进行计算,可以得到样品的化学式,N3：$(Al_{1.9880}Fe^{2+}_{0.0005}Fe^{3+}_{0.0104})_2O_3$,T1：$(Al_{1.9844}Fe^{2+}_{0.0002}Fe^{3+}_{0.0128})_2O_3$,T2：$(Al_{1.9871}Fe^{2+}_{0.0006}Fe^{3+}_{0.0107})_2O_3$。宝石致色因素的文章中总结出 $w(TiO_2)$ 低,$w(TFeO)$ 高,且 Fe^{3+} 的含量占总铁的 90% 以上,以上的测试和计算结果均与其说法吻合。

附　录

附录 1　物理常量

元电荷	$e = 1.602 \times 10^{-19}\,\text{C}$
电子[静止]质量	$m_e = 9.109\,04 \times 10^{-28}\,\text{g}$
	$= 9.109 \times 10^{-31}\,\text{kg}$
原子质量单位	$mu = 1.660\,42 \times 10^{-24}\,\text{g}$
	$= 1.660 \times 10^{-27}\,\text{kg}$
光速	$c = 2.997\,925 \times 10^{10}\,\text{cm/s}$
	$= 2.998 \times 10^{8}\,\text{m/s}$
普朗克常量	$h = 6.626 \times 10^{-34}\,\text{J} \cdot \text{s}$
玻耳兹曼常数	$k = 1.380 \times 10^{-23}\,\text{J/K}$
阿伏伽德罗常数	$N_A = 6.023 \times 10^{23}\,\text{mol}^{-1}$
真空介电常数	$\varepsilon_0 = 8.854 \times 10^{-12}\,\text{F/m}$
真空磁导率	$\mu_0 = 1.257 \times 10^{-6}\,\text{H/m}$

附录2 质量吸收系数 μ_l/ρ

元素	原子序数	密度 ($g \cdot cm^{-3}$)	质量吸收系数($cm^2 \cdot g^{-1}$)				
			$Mo-K_\alpha$ $\lambda=0.071\ 07nm$	$Cu-K_\alpha$ $\lambda=0.154\ 18nm$	$Co-K_\alpha$ $\lambda=0.179\ 03nm$	$Fe-K_\alpha$ $\lambda=0.193\ 73nm$	$Cr-K_\alpha$ $\lambda=0.229\ 09nm$
B	5	2.3	0.45	3.06	4.67	5.80	9.37
C	6	2.22(石墨)	0.70	5.50	8.05	10.73	17.9
N	7	1.1649×10^{-3}	1.10	8.51	13.6	17.3	27.7
O	8	1.3318×10^{-3}	1.50	12.7	20.2	25.2	40.1
Mg	12	1.74	4.38	40.6	60.0	75.7	120.1
Al	13	2.70	5.30	48.7	73.4	92.8	149
Si	14	2.33	6.70	60.3	94.1	116.3	192
P	15	1.82(黄)	7.98	73.0	113	141.1	223
S	16	2.07(黄)	10.03	91.3	139	175	273
Ti	22	4.54	23.7	204	304	377	603
V	23	6.0	26.5	227	339	422	77.3
Cr	24	7.19	30.4	259	392	490	99.9
Mn	25	7.43	33.6	284	431	63.6	99.4
Fe	26	7.87	38.3	324	59.5	72.8	114.6
Co	27	8.9	41.6	354	65.9	80.6	125.8
Ni	28	8.90	47.4	49.2	75.1	93.1	145
Cu	29	8.96	49.7	52.7	79.8	98.8	154
Zn	30	7.13	54.8	59.0	88.5	109.4	169
Ga	31	5.91	57.3	63.3	94.3	116.5	179
Ge	32	5.36	63.4	69.4	104	128.4	196
Zr	40	6.5	17.2	143	211	260	391
Nb	41	8.57	18.7	153	225	279	415
Mo	42	10.2	20.2	164	242	299	439
Rh	45	12.44	25.3	198	293	361	522
Pd	46	12.0	26.7	207	308	376	545
Ag	47	10.49	28.6	223	332	402	585
Cd	48	8.65	29.9	234	352	417	608
Sn	50	7.30	33.3	265	382	457	681
Sb	51	6.62	35.5	284	404	482	727
Ba	56	3.5	45.2	359	501	599	819
La	57	6.19	47.9	378	—	632	218
Ta	73	16.6	100.7	164	246	305	440
W	74	19.3	105.4	171	258	320	456
Ir	77	22.5	117.9	194	292	362	498
Au	79	19.32	128	214	317	390	537
Pb	82	11.34	141	241	354	429	585

附录3 原子散射因子 f

轻原子或离子	\multicolumn{12}{c}{$\lambda^{-1}\sin\theta(\text{nm}^{-1})$}
	0.0	1.0	2.0	3.0	4.0	5.0	6.0	7.0	8.0	9.0	10.0	11.0	12.0
B	5.0	3.5	2.4	1.9	1.7	1.5	1.4	1.2	1.2	1.0	0.9	0.7	
C	6.0	4.6	3.0	2.2	1.9	1.7	1.6	1.4	1.3	1.16	1.0	0.9	
N	7.0	5.8	4.2	3.0	2.3	1.9	1.65	1.54	1.49	1.39	1.29	1.17	
Mg	12.0	10.5	8.6	7.25	5.95	4.8	3.85	3.15	2.55	2.2	2.0	1.8	
Al	13.0	11.0	8.95	7.75	6.6	5.5	4.5	3.7	3.1	2.65	2.3	2.0	
Si	14.0	11.35	9.4	8.2	7.15	6.1	5.1	4.2	3.4	2.95	2.6	2.3	
P	15.0	12.4	10.0	8.45	7.45	6.5	5.65	4.8	4.05	3.4	3.0	2.6	
S	16.0	13.6	10.7	8.95	7.85	6.85	6.0	5.25	4.5	3.9	3.35	2.9	
Ti	22	19.3	15.7	12.8	10.9	9.5	8.2	7.2	6.3	5.6	5.0	4.6	4.2
V	23	20.2	16.6	13.5	11.5	10.1	8.7	7.6	6.7	5.9	5.3	4.9	4.4
Cr	24	21.1	17.4	14.2	12.1	10.6	9.2	8.0	7.1	6.3	5.7	5.1	4.6
Mn	25	22.1	18.2	14.9	12.7	11.1	9.7	8.4	7.5	6.6	6.0	5.4	4.9
Fe	26	23.1	18.9	15.6	13.3	11.6	10.2	8.9	7.9	7.0	6.3	5.7	5.2
Co	27	24.1	19.8	16.4	14.0	12.1	10.7	9.3	8.3	7.3	6.7	6.0	5.5
Ni	28	25.0	20.7	17.2	14.6	12.7	11.2	9.8	8.7	7.7	7.0	6.3	5.8
Cu	29	25.9	21.6	17.9	15.2	13.3	11.7	10.2	9.1	8.1	7.3	6.6	6.0
Zn	30	26.8	22.4	18.6	15.8	13.9	12.2	10.7	9.6	8.5	7.6	6.9	6.3
Ga	31	27.8	23.3	19.3	16.5	14.5	12.7	11.2	10.0	8.9	7.9	7.3	6.7
Ge	32	28.8	24.1	20.0	17.1	15.0	13.2	11.6	10.4	9.3	8.3	7.6	7.0
Nb	41	37.3	31.7	26.8	22.8	20.2	18.1	16.0	14.3	12.8	11.6	10.6	9.9
Mo	42	38.2	32.6	27.6	23.5	20.3	18.6	16.5	14.8	13.2	12.0	10.9	10.0
Rh	45	41.0	35.1	29.9	25.4	22.5	20.2	18.0	16.1	14.5	13.1	12.0	11.0
Pd	46	41.9	36.0	30.7	26.2	23.1	20.8	18.5	16.6	14.9	13.6	12.3	11.3
Ag	47	42.8	36.9	31.5	26.9	23.8	21.3	19.0	17.1	15.3	14.0	12.7	11.7
Cd	48	34.7	37.7	32.2	27.5	24.4	21.8	19.6	17.6	15.7	14.3	13.0	12.0
In	49	44.7	38.6	33.0	28.1	25.0	22.4	20.1	18.0	16.2	14.7	13.4	12.3
Sn	50	45.7	39.5	33.8	28.7	25.6	22.9	20.6	18.5	16.6	15.1	13.7	12.7
Sb	51	46.7	40.4	34.6	29.5	26.3	23.5	21.1	19.0	17.0	15.5	14.1	13.0
La	57	52.6	45.6	39.3	33.8	29.8	26.9	24.3	21.9	19.7	17.0	16.4	15.0
Ta	73	67.8	59.5	52.0	45.3	39.9	36.2	32.9	29.8	27.1	24.7	22.6	20.9
W	74	68.8	60.4	52.8	46.1	40.5	36.8	33.5	30.4	27.6	25.2	23.0	21.3
Pt	78	72.6	64.0	56.2	48.9	43.1	39.2	35.6	32.5	29.5	27.0	24.7	22.7
Pb	82	76.5	67.5	59.5	51.9	45.7	41.6	37.9	34.6	31.5	28.8	26.4	24.5

附录4 各种点阵的结构因子 F_{HKL}^2

点阵类型	简单点阵	底心点阵	体心立方点阵	面心立方点阵	密排六方点阵	
结构因子 F_{HKL}^2	f^2	$H+K=$偶数时 $4f^2$	$H+K+L=$偶数时 $4f^2$	$H、K、L$ 为同性数时 $16f^2$	$H+2K=3n$(n 为整数), $L=$奇数时,0	
					$H+2K=3n$ $L=$偶数时,$4f^2$	
		$H+K=$奇数时 0	$H+K+L=$奇数时 0	$H、K、L$ 为异性数时 0	$H+2K=3n+1$ $L=$奇数时,$3f^2$	
					$H+2K=3n+1$ $L=$偶数时,f^2	

附录5 多晶体衍射的多重性因子 P_{HKL}

晶系	H00	0K0	00L	HHH	HH0	HK0	0KL	H0L	HHL	HKL
立方晶系		6		8	12		24①		24	48①
六方或菱方晶系	6		2		6	12①	12①	12①		24①
正方晶系	4		2		4	8①	8	8		16①
斜方晶系	2	2	2			4	4	4		8
单斜晶系	2	2	2			4	4	2		4
三斜晶系	2	2	2			2	2	2		2

注:①系指通常的多重性因子。在某些晶体中具有此种指数的两族晶面,其晶面间距相同,但结构因子不同,因而每族晶面的多重性因子应为上列数值的一半。

附录6 某些物质的特征温度 Θ

物质	$\Theta(K)$	物质	$\Theta(K)$	物质	$\Theta(K)$	物质	$\Theta(K)$
Ag	210	Cr	485	Mo	380	Sn(白)	130
Al	400	Cu	320	Na	202	Ta	245
Au	175	Fe	453	Ni	375	Tl	96
Bi	100	Ir	285	Pb	88	W	310
Ca	230	K	126	Pd	275	Zn	235
Cd	168	Mg	320	Pt	230	金刚石	～2000
Co	410						

附录7 德拜函数 $\dfrac{\varphi(x)}{x}+\dfrac{1}{4}$ 之值

x	$\dfrac{\varphi(x)}{x}+\dfrac{1}{4}$	x	$\dfrac{\varphi(x)}{x}+\dfrac{1}{4}$
0.0	∞	3.0	0.411
0.2	5.005	4.0	0.347
0.4	2.510	5.0	0.3142
0.6	1.683	6.0	0.2952
0.8	1.273	7.0	0.2834
1.0	1.028	8.0	0.2756
1.2	0.867	9.0	0.2703
1.4	0.753	10	0.2664
1.6	0.668	12	0.2614
1.8	0.604	14	0.258 14
2.0	0.554	16	0.256 44
2.5	0.466	20	0.254 11

附录8 角因子 $\dfrac{1+\cos^2 2\theta}{\sin^2\theta\cos\theta}$

$\theta(°)$	0.0	0.1	0.2	0.3	0.4	0.5	0.6	0.7	0.8	0.9
2	1639	1486	1354	1239	1138	1048	968.9	898.3	835.1	778.4
3	727.2	680.9	638.8	600.5	565.6	533.6	504.3	477.3	452.3	429.3
4	408.0	388.2	369.9	352.7	336.8	321.9	308.0	294.9	282.6	271.1
5	260.3	250.1	240.5	231.4	222.9	214.7	207.1	199.8	192.9	186.3
6	180.1	174.2	168.5	163.1	158.0	153.1	148.4	144.0	139.7	135.6
7	131.7	128.0	124.4	120.9	117.6	114.4	111.4	108.5	105.6	102.9
8	100.3	97.80	95.37	93.03	90.78	88.60	86.51	84.48	82.52	80.63
9	78.79	77.02	75.31	73.66	72.05	70.49	68.99	67.53	66.12	64.74
10	63.41	62.12	60.87	59.65	58.46	57.32	56.20	55.11	54.06	53.03
11	52.04	51.06	50.12	49.19	48.30	47.43	46.58	45.75	44.94	44.16
12	43.39	42.64	41.91	41.20	40.50	39.82	39.16	38.51	37.88	37.27
13	36.67	36.08	35.50	34.94	34.39	33.85	33.33	32.81	32.31	31.82
14	31.34	30.87	30.41	29.96	29.51	29.08	28.66	28.24	27.83	27.44
15	27.05	26.66	26.29	25.92	25.56	25.21	24.86	24.52	24.19	23.86
16	23.54	23.23	22.92	22.61	22.32	22.02	21.74	21.46	21.18	20.91
17	20.64	20.38	20.12	19.87	19.62	19.38	19.14	18.90	18.67	18.44
18	18.22	18.00	17.78	17.57	17.36	17.15	16.95	16.75	16.56	16.38
19	16.17	15.99	15.80	15.62	15.45	15.27	15.10	14.93	14.76	14.60
20	14.44	14.28	14.12	13.97	13.81	13.66	13.52	13.37	13.23	13.09
21	12.95	12.81	12.68	12.54	12.41	12.28	12.15	12.03	11.91	11.78
22	11.66	11.54	11.43	11.31	11.20	11.09	10.98	10.87	10.76	10.65
23	10.55	10.45	10.35	10.24	10.15	10.05	9.951	9.857	9.763	9.671
24	9.579	9.489	9.400	9.313	9.226	9.141	9.057	8.973	8.891	8.819
25	8.730	8.651	8.573	8.496	8.420	8.345	8.271	8.198	8.126	8.054
26	7.984	7.915	7.846	7.778	7.711	7.645	7.580	7.515	7.452	7.389
27	7.327	7.266	7.205	7.145	7.086	7.027	6.969	6.912	6.856	6.800
28	6.745	6.692	6.637	6.584	6.532	6.480	6.429	6.379	6.329	6.279

续附录 8

θ(°)	0.0	0.1	0.2	0.3	0.4	0.5	0.6	0.7	0.8	0.9
29	6.230	6.183	6.135	6.088	6.042	5.995	5.950	5.905	5.861	5.817
30	5.774	5.731	5.688	5.647	5.605	5.564	5.524	5.484	5.445	5.406
31	5.367	5.329	5.292	5.254	5.218	5.181	5.145	5.110	5.075	5.049
32	5.006	4.972	4.939	4.906	4.873	4.841	4.809	4.777	4.746	4.715
33	4.685	4.655	4.625	4.595	4.566	4.538	4.509	4.481	4.453	4.426
34	4.399	4.372	4.346	4.320	4.294	4.268	4.243	4.218	4.193	4.169
35	4.145	4.121	4.097	4.074	4.052	4.029	4.006	3.984	3.962	3.941
36	3.919	3.898	3.877	3.857	3.836	3.816	3.797	3.777	3.758	3.739
37	3.720	3.701	3.683	3.665	3.647	3.629	3.612	3.594	3.577	3.561
38	3.544	3.527	3.513	3.497	3.481	3.465	3.449	3.434	3.419	3.404
39	3.389	3.375	3.361	3.347	3.333	3.320	3.306	3.293	3.280	3.268
40	3.255	3.242	3.230	3.218	3.206	3.194	3.183	3.171	3.160	3.149
41	3.138	3.127	3.117	3.106	3.096	3.086	3.076	3.067	3.057	3.048
42	3.038	3.029	3.020	3.012	3.003	2.994	2.986	2.978	2.970	2.962
43	2.954	2.946	2.939	2.932	2.925	2.918	2.911	2.904	2.897	2.891
44	2.884	2.876	2.872	2.866	2.860	2.855	2.849	2.844	2.838	2.833
45	2.828	2.824	2.819	2.814	2.810	2.805	2.801	2.797	2.793	2.789
46	2.785	2.782	2.778	2.775	2.772	2.769	2.766	2.763	2.760	2.757
47	2.755	2.752	2.750	2.748	2.746	2.744	2.742	2.740	2.738	2.737
48	2.736	2.735	2.733	2.732	2.731	2.730	2.730	2.729	2.729	2.728
49	2.728	2.728	2.728	2.728	2.728	2.728	2.729	2.729	2.730	2.730
50	2.731	2.732	2.733	2.734	2.735	2.737	2.738	2.740	2.741	2.743
51	2.745	2.747	2.749	2.751	2.753	2.755	2.758	2.760	2.763	2.766
52	2.769	2.772	2.775	2.778	2.782	2.785	2.788	2.792	2.795	2.799
53	2.803	2.807	2.811	2.815	2.820	2.824	2.828	2.833	2.838	2.843
54	2.848	2.853	2.858	2.863	2.868	2.874	2.879	2.885	2.890	2.896
55	2.902	2.908	2.914	2.921	2.927	2.933	2.940	2.946	2.953	2.960
56	2.967	2.974	2.981	2.988	2.996	3.004	3.011	3.019	3.026	3.034
57	3.042	3.050	3.059	3.067	3.075	3.084	3.092	3.101	3.110	3.119

续附录 8

$\theta(°)$	0.0	0.1	0.2	0.3	0.4	0.5	0.6	0.7	0.8	0.9
58	3.128	3.137	3.147	3.156	3.166	3.175	3.185	3.195	3.205	3.215
59	3.225	3.235	3.246	3.256	3.267	3.278	3.289	3.300	3.311	3.322
60	3.333	3.345	3.356	3.368	3.380	3.392	3.404	3.416	3.429	3.441
61	3.454	3.466	3.479	3.492	3.505	3.518	3.532	3.545	3.559	3.573
62	3.587	3.601	3.615	3.629	3.643	3.658	3.673	3.688	3.703	3.718
63	3.733	3.749	3.764	3.780	3.796	3.812	3.828	3.844	3.861	3.878
64	3.894	3.911	3.928	3.946	3.963	3.980	3.998	4.016	4.034	4.052
65	4.071	4.090	4.108	4.127	4.147	4.166	4.185	4.205	4.225	4.245
66	4.265	4.285	4.306	4.327	4.348	4.369	4.390	4.412	4.434	4.456
67	4.478	4.500	4.523	4.546	4.569	4.592	4.616	4.640	4.664	4.688
68	4.712	4.737	4.762	4.787	4.812	4.838	4.864	4.890	4.916	4.943
69	4.970	4.997	5.024	5.052	5.080	5.108	5.137	5.166	5.195	5.224
70	5.254	5.284	5.315	5.345	5.376	5.408	5.440	5.471	5.504	5.536
71	5.569	5.602	5.636	5.670	5.705	5.740	5.775	5.810	5.846	5.883
72	5.919	5.956	5.994	6.032	6.071	6.109	6.149	6.189	6.229	6.270
73	6.311	6.352	6.394	6.437	6.480	6.524	6.568	6.613	6.658	6.703
74	6.750	6.797	6.844	6.892	6.941	6.991	7.041	7.091	7.142	7.194
75	7.247	7.300	7.354	7.409	7.465	7.521	7.578	7.636	7.694	7.753
76	7.813	7.874	7.936	7.999	8.063	8.128	8.193	8.259	8.327	8.395
77	8.465	8.536	8.607	8.680	8.754	8.829	8.905	8.982	9.061	9.142
78	9.223	9.305	9.389	9.474	9.561	9.649	9.739	9.831	9.924	10.02
79	10.12	10.21	10.31	10.41	10.52	10.62	10.73	10.84	10.95	11.06
80	11.18	11.30	11.42	11.54	11.67	11.80	11.93	12.06	12.20	12.34
81	12.48	12.63	12.78	12.93	13.08	13.24	13.40	13.57	13.74	13.92
82	14.10	14.28	14.47	14.66	14.86	15.07	15.28	15.49	15.71	15.94
83	16.17	16.41	16.66	16.91	17.17	17.44	17.72	18.01	18.31	18.61
84	18.93	19.25	19.59	19.94	20.30	20.68	21.07	21.47	21.89	22.32
85	22.77	23.24	23.73	24.24	24.78	25.34	25.92	26.52	27.16	27.83
86	28.53	29.27	30.04	30.86	31.73	32.64	33.60	34.63	35.72	36.88
87	38.11	39.43	40.84	42.36	44.00	45.76	47.68	49.76	52.02	54.50

附录9 外推函数 $\frac{1}{2}\left[\frac{\cos^2\theta}{\sin\theta}+\frac{\cos^2\theta}{\theta}\right]$ 的数值

$\theta(°)$	0.0	0.1	0.2	0.3	0.4	0.5	0.6	0.7	0.8	0.9
10	5.572	5.513	5.456	5.400	5.345	5.291	5.237	5.185	5.134	5.084
11	5.034	4.986	4.939	4.892	4.846	4.800	4.756	4.712	4.669	4.627
2	4.585	4.544	4.504	4.464	4.425	4.386	4.348	4.311	4.274	4.238
3	4.202	4.167	4.133	4.098	4.065	4.032	3.999	3.967	3.935	3.903
4	3.872	3.842	3.812	3.782	3.753	3.724	3.695	3.667	3.639	3.612
5	3.584	3.558	3.531	3.505	3.479	3.454	3.429	3.404	3.379	3.355
6	3.331	3.307	3.284	3.260	3.237	3.215	3.192	3.170	3.148	3.127
7	3.105	3.084	3.063	3.042	3.022	3.001	2.981	2.962	2.942	2.922
8	2.903	2.884	2.865	2.847	2.828	2.810	2.792	2.774	2.756	2.738
9	2.721	2.704	2.687	2.670	2.653	2.636	2.620	2.604	2.588	2.572
20	2.556	2.540	2.525	2.509	2.494	2.479	2.464	2.449	2.434	2.420
1	2.405	2.391	2.376	2.362	2.348	2.335	2.321	2.307	2.294	2.280
2	2.267	2.254	2.241	2.228	2.215	2.202	2.189	2.177	2.164	2.152
3	2.140	2.128	2.116	2.104	2.092	2.080	2.068	2.056	2.045	2.034
4	2.022	2.011	2.000	1.980	1.978	1.967	1.956	1.945	1.934	1.924
5	1.913	1.903	1.892	1.882	1.872	1.861	1.851	1.841	1.831	1.821
6	1.812	1.802	1.792	1.782	1.773	1.763	1.754	1.745	1.735	1.726
7	1.717	1.708	1.699	1.690	1.681	1.672	1.663	1.654	1.645	1.637
8	1.628	1.619	1.611	1.602	1.594	1.586	1.577	1.569	1.561	1.553
9	1.545	1.537	1.529	1.521	1.513	1.505	1.497	1.489	1.482	1.474
30	1.466	1.459	1.451	1.444	1.436	1.429	1.421	1.414	1.407	1.400
1	1.392	1.385	1.378	1.371	1.364	1.357	1.350	1.343	1.336	1.329
2	1.323	1.316	1.309	1.302	1.296	1.289	1.282	1.276	1.269	1.263
3	1.256	1.250	1.244	1.237	1.231	1.225	1.218	1.212	1.206	1.200
4	1.194	1.188	1.182	1.176	1.170	1.164	1.158	1.152	1.146	1.140

续附录 9

$\theta(°)$	0.0	0.1	0.2	0.3	0.4	0.5	0.6	0.7	0.8	0.9
5	1.134	1.128	1.123	1.117	1.111	1.106	1.100	1.094	1.088	1.083
6	1.078	1.072	1.067	1.061	1.056	1.050	1.045	1.040	1.034	1.029
7	1.024	1.019	1.013	1.008	1.003	0.998	0.993	0.988	0.982	0.977
8	0.972	0.967	0.962	0.958	0.953	0.948	0.943	0.938	0.933	0.928
9	0.924	0.919	0.914	0.909	0.905	0.900	0.895	0.891	0.886	0.881
40	0.877	0.872	0.868	0.863	0.859	0.854	0.850	0.845	0.841	0.837
1	0.832	0.828	0.823	0.819	0.815	0.810	0.806	0.802	0.798	0.794
2	0.789	0.785	0.781	0.777	0.773	0.769	0.765	0.761	0.757	0.753
3	0.749	0.745	0.741	0.737	0.733	0.729	0.725	0.721	0.717	0.713
4	0.709	0.706	0.702	0.698	0.694	0.690	0.687	0.683	0.679	0.676
5	0.672	0.668	0.665	0.661	0.657	0.654	0.650	0.647	0.643	0.640
6	0.636	0.632	0.629	0.625	0.622	0.619	0.615	0.612	0.608	0.605
7	0.602	0.598	0.595	0.591	0.588	0.585	0.582	0.578	0.575	0.572
8	0.569	0.565	0.562	0.559	0.556	0.553	0.549	0.546	0.543	0.540
9	0.537	0.534	0.531	0.528	0.525	0.522	0.518	0.515	0.512	0.509
50	0.506	0.504	0.501	0.498	0.495	0.492	0.489	0.486	0.483	0.480
1	0.477	0.474	0.472	0.469	0.466	0.463	0.460	0.458	0.455	0.452
2	0.449	0.447	0.444	0.441	0.439	0.436	0.433	0.430	0.428	0.425
3	0.423	0.420	0.417	0.415	0.412	0.410	0.407	0.404	0.402	0.399
4	0.397	0.394	0.392	0.389	0.387	0.384	0.382	0.379	0.377	0.375
5	0.372	0.370	0.367	0.365	0.363	0.360	0.358	0.356	0.353	0.351
6	0.349	0.346	0.344	0.342	0.339	0.337	0.335	0.333	0.330	0.328
7	0.326	0.324	0.322	0.319	0.317	0.315	0.313	0.311	0.309	0.306
8	0.304	0.302	0.300	0.298	0.296	0.294	0.292	0.290	0.288	0.286
9	0.284	0.282	0.280	0.278	0.276	0.274	0.272	0.270	0.268	0.266
60	0.264	0.262	0.260	0.258	0.256	0.254	0.252	0.250	0.249	0.247
1	0.245	0.243	0.241	0.239	0.237	0.236	0.234	0.232	0.230	0.229
2	0.227	0.225	0.223	0.221	0.220	0.218	0.216	0.215	0.213	0.211
3	0.209	0.208	0.206	0.204	0.203	0.201	0.199	0.198	0.196	0.195
4	0.193	0.191	0.190	0.188	0.187	0.185	0.184	0.182	0.180	0.179

续附录 9

θ(°)	0.0	0.1	0.2	0.3	0.4	0.5	0.6	0.7	0.8	0.9
5	0.177	0.176	0.174	0.173	0.171	0.170	0.168	0.167	0.165	0.164
6	0.162	0.161	0.160	0.158	0.157	0.155	0.154	0.152	0.151	0.150
7	0.148	0.147	0.146	0.144	0.143	0.141	0.140	0.139	0.138	0.136
8	0.135	0.134	0.132	0.131	0.130	0.128	0.127	0.126	0.125	0.123
9	0.122	0.121	0.120	0.119	0.117	0.116	0.115	0.114	0.112	0.111
70	0.110	0.109	0.108	0.107	0.106	0.104	0.103	0.102	0.101	0.100
1	0.099	0.098	0.097	0.096	0.095	0.094	0.092	0.091	0.090	0.089
2	0.088	0.087	0.086	0.085	0.084	0.083	0.082	0.081	0.080	0.079
3	0.078	0.077	0.076	0.075	0.075	0.074	0.073	0.072	0.071	0.070
4	0.069	0.068	0.067	0.066	0.065	0.065	0.064	0.063	0.062	0.061
5	0.060	0.059	0.059	0.058	0.057	0.056	0.055	0.055	0.054	0.053
6	0.052	0.052	0.051	0.050	0.049	0.048	0.048	0.047	0.046	0.045
7	0.045	0.044	0.043	0.043	0.042	0.041	0.041	0.040	0.039	0.039
8	0.038	0.037	0.037	0.036	0.035	0.035	0.034	0.034	0.033	0.032
9	0.032	0.031	0.031	0.030	0.029	0.029	0.028	0.028	0.027	0.027
80	0.026	0.026	0.025	0.025	0.024	0.023	0.023	0.023	0.022	0.022
1	0.021	0.021	0.020	0.020	0.019	0.019	0.018	0.018	0.017	0.017
2	0.017	0.016	0.016	0.015	0.015	0.015	0.014	0.014	0.013	0.013
3	0.013	0.012	0.012	0.012	0.011	0.011	0.010	0.010	0.010	0.010
4	0.009	0.009	0.009	0.008	0.008	0.008	0.007	0.007	0.007	0.007
5	0.006	0.006	0.006	0.006	0.005	0.005	0.005	0.005	0.005	0.004
6	0.004	0.004	0.004	0.003	0.003	0.003	0.003	0.003	0.003	0.002
7	0.002	0.002	0.002	0.002	0.002	0.002	0.001	0.001	0.001	0.001
8	0.001	0.001	0.001	0.001	0.001	0.001	0.001	0.000	0.000	0.000

附录 10 若干元素原子和离子的基态光谱项和电离能

元素	相对原子质量	中性原子		一级离子	
		基态光谱项	电离能(eV)	基态光谱项	电离能*(eV)
Ag	107.87	$^2S_{1/2}$	7.574	$^1S_0$	21.48
Al	26.982	$^2P_{1/2}$	5.984	$^1S_0$	18.823
As	74.922	$^4S_{3/2}$	9.81	$^3P_0$	18.63
Au	196.97	$^2S_{1/2}$	9.23	$^1S_0$	20.5
B	10.811	$^2P_{1/2}$	8.296	$^1S_0$	25.149
Ba	137.33	$^1S_0$	5.21	$^2S_{1/2}$	10.001
Be	9.012	$^1S_0$	9.32	$^2S_{1/2}$	18.206
Bi	208.98	$^4S_{3/2}$	7.287	$^3P_0$	16.68
C	12.011	$^3P_0$	11.256	$^2P_{1/2}$	24.376
Ca	40.078	$^1S_0$	6.111	$^2S_{1/2}$	11.868
Cd	112.41	$^1S_0$	8.991	$^2S_{1/2}$	16.904
Co	58.933	$^4F_{9/2}$	7.86	$^3F_4$	17.05
Cr	51.996	$^7S_3$	6.764	$^6S_{5/2}$	16.49
Cs	132.91	$^2S_{1/2}$	3.893	$^1S_0$	25.1
Cu	63.546	$^2S_{1/2}$	7.724	$^1S_0$	20.29
Fe	55.847	$^5D_4$	7.90	$^6D_{1/2}$	16.18
Ga	69.723	$^2P_{1/2}$	6.00	$^1S_0$	20.51
Ge	72.59	$^3P_0$	7.88	$^2P_{1/2}$	15.93
Hf	178.49	$^3F_2$	6.64	$^4F_{3/2}$	14.9
Hg	200.59	$^1S_0$	10.434	$^2S_{1/2}$	18.751
In	114.82	$^2P_{1/2}$	5.785	$^1S_0$	18.86
Ir	192.22	$^4F_{9/2}$	9.2		
K	39.098	$^2S_{1/2}$	4.339	$^1S_0$	31.81
La	138.91	$^2D_{3/2}$	5.61	$^3F_2$	11.06
Li	6.941	$^2S_{1/2}$	5.390	$^1S_0$	75.619
Mg	24.305	$^1S_0$	7.644	$^2S_{1/2}$	15.031
Mn	54.938	$^6S_{5/2}$	7.432	$^7S_3$	15.636
Mo	95.94	$^7S_3$	7.131	$^6S_{5/2}$	16.15

续附录 10

元素	相对原子质量	中性原子 基态光谱项	中性原子 电离能(eV)	一级离子 基态光谱项	一级离子 电离能*(eV)
Na	22.906	$^2S_{1/2}$	5.138	$^1S_0$	47.29
Nb	92.906	$^6D_{1/2}$	6.88	$^5D_0$	14.0
Ni	58.69	$^3F_4$	7.633	$^2D_{5/2}$	18.15
Os	190.2	$^5D_4$	8.73	$^6D_{9/2}$	17
P	30.974	$^4S_{3/2}$	10.484	$^3P_0$	19.72
Pb	207.2	$^3P_0$	7.415	$^2P_{1/2}$	15.028
Pd	106.42	$^1S_0$	8.33	$^2D_{5/2}$	19.42
Pt	195.08	$^3D_3$	8.96	$^2D_{5/2}$	18.56
Rb	85.468	$^2S_{1/2}$	4.176	$^1S_0$	27.5
Re	186.21	$^6S_{5/2}$	7.87	$^7S_2$	16.6
Rh	102.91	$^4F_{9/2}$	7.46	$^3F_4$	18.07
Ru	101.07	$^5F_5$	7.36	$^4F_{9/2}$	16.76
Sb	121.75	$^4S_{3/2}$	8.64	$^3P_0$	16.5
Sc	44.956	$^2D_{3/2}$	6.56	$^3D_1$	12.80
Se	78.96	$^3P_2$	9.75	$^4S_{3/2}$	21.5
Si	28.086	$^3P_0$	8.149	$^2P_{1/2}$	16.34
Sn	118.71	$^3P_0$	7.332	$^2P_{1/2}$	14.628
Sr	87.62	$^1S_0$	5.692	$^2S_{1/2}$	11.027
Ta	180.95	$^4F_{3/2}$	7.88	$^4F_1$	16.2
Te	127.60	$^3P_2$	9.01	$^4S_{3/2}$	18.6
Th	232.04	$^3F_2$	6.07	$^4F_{3/2}$	
Ti	47.88	$^3F_2$	6.83	$^4F_{3/2}$	13.57
Tl	204.38	$^2P_{1/2}$	6.106	$^1S_0$	20.42
U	238.03	$^5L_6^0$	6.05	$^4I_{9/2}^0$	
V	50.942	$^4F_{3/2}$	6.74	$^5D_0$	14.65
W	183.85	$^5D_0$	7.98	$^6D_{1/2}$	17.7
Y	88.906	$^2D_{3/2}$	6.38	$^1S_0$	12.23
Zn	65.39	$^1S_0$	6.391	$^2S_{1/2}$	17.96
Zr	91.224	$^3F_2$	6.835	$^4F_{3/2}$	13.12

注：*为第二电离能，即中性原子失去 2 个电子所需的能量。

附录 11 特征 X 射线的波长和能量表

元素		K_{α_1}		K_{β_1}		L_{α_1}		M_{α_1}	
Z	符号	$\lambda(0.1nm)$	$E(keV)$	$\lambda(0.1nm)$	$E(keV)$	$\lambda(0.1nm)$	$E(keV)$	$\lambda(0.1nm)$	$E(keV)$
4	Be	114.00	0.109						
5	B	67.6	0.183						
6	C	44.7	0.277						
7	N	31.6	0.392						
8	O	23.62	0.525						
9	F	18.32	0.677						
10	Ne	14.61	0.849	14.45	0.858				
11	Na	11.91	1.041	11.58	1.071				
12	Mg	9.89	1.254	9.52	1.032				
13	Al	8.339	1.487	7.96	1.557				
14	Si	7.125	1.740	6.75	1.836				
15	P	6.157	2.014	5.796	2.139				
16	S	5.372	2.308	5.032	2.464				
17	Cl	4.728	2.622	4.403	2.816				
18	Ar	4.192	2.958	3.886	3.191				
19	K	3.741	3.314	3.454	3.590				
20	Ca	3.358	3.692	3.090	4.103				
21	Sc	3.031	4.091	2.780	4.461				
22	Ti	2.749	4.511	2.514	4.932	27.42	0.452		
23	V	2.504	4.952	2.284	5.427	24.25	0.511		
24	Cr	2.290	5.415	2.085	5.947	21.64	0.573		
25	Mn	2.102	5.899	1.910	6.490	19.45	0.637		
26	Fe	1.936	6.404	1.757	7.058	17.59	0.705		
27	Co	1.789	6.980	1.621	7.649	15.97	0.776		
28	Ni	1.658	7.478	1.500	8.265	14.56	0.852		
29	Cu	1.541	8.048	1.392	8.905	13.34	0.930		
30	Zn	1.435	8.639	1.295	9.572	12.25	1.012		
31	Ga	1.340	9.252	1.208	10.26	11.29	1.098		

续附录 11

Z	符号	K_{α_1}		K_{β_1}		L_{α_1}		M_{α_1}	
		λ(0.1nm)	E(keV)	λ(0.1nm)	E(keV)	λ(0.1nm)	E(keV)	λ(0.1nm)	E(keV)
32	Ge	1.254	9.886	1.129	10.98	10.44	1.188		
33	As	1.177	10.53	1.057	11.72	9.671	1.282		
34	Se	1.106	11.21	0.992	12.49	8.99	1.379		
35	Br	1.041	11.91	0.933	13.29	8.375	1.480		
36	Kr					7.817	1.586		
37	Rb					7.318	1.694		
38	Sr					6.863	1.807		
39	Y					6.449	1.923		
40	Zr					6.071	2.042		
41	Nb					5.724	2.166		
42	Mo					5.407	2.293		
43	Tc					5.115	2.424		
44	Ru					4.846	2.559		
45	Rh					4.597	2.697		
46	Pd					4.368	2.839		
47	Ag					4.154	2.984		
48	Cd					3.956	3.134		
49	In					3.772	3.287		
50	Sn					3.600	3.444		
51	Sb					3.439	3.605		
52	Te					3.289	3.769		
53	I					3.149	3.938		
54	Xe					3.017	4.110		
55	Cs					2.892	4.287		
56	Ba					2.776	4.466		
57	La					2.666	4.651		
58	Ce					2.562	4.840		
59	Pr					2.463	5.034		
60	Nd					2.370	5.230		
61	Pm					2.282	5.433		
62	Sm					2.200	5.636	11.47	1.081
63	Eu					1.212	5.846	10.96	1.131

续附录 11

元素		K_{α_1}		K_{β_1}		L_{α_1}		M_{α_1}	
Z	符号	λ(0.1nm)	E(keV)	λ(0.1nm)	E(keV)	λ(0.1nm)	E(keV)	λ(0.1nm)	E(keV)
64	Cd					2.047	6.057	10.46	1.185
65	Tb					1.977	6.273	10.00	1.240
66	Dy					1.909	6.495	9.590	1.293
67	Ho					1.845	6.720	9.200	1.347
68	Er					1.784	6.949	8.820	1.405
69	Tm					1.727	7.180	8.480	1.462
70	Yb					1.672	7.416	8.149	1.521
71	Lu					1.620	7.656	7.840	1.581
72	Hf					1.57	7.899	7.539	1.645
73	Ta					1.522	8.146	7.252	1.710
74	W					1.476	8.398	6.983	1.775
75	Re					1.433	8.653	6.729	1.843
76	Os					1.391	8.912	6.490	1.910
77	Ir					1.351	9.175	6.262	1.980
78	Pt					1.313	9.442	6.047	2.051
79	Au					1.276	9.713	5.840	2.123
80	Hg					1.241	9.989	5.645	2.196
81	Tl					1.207	10.27	5.460	2.271
82	Pb					1.175	10.55	5.286	2.346
83	Bi					1.144	10.84	5.118	2.423
84	Po					1.114	11.13		
85	At					1.085	11.43		
86	Rn					1.057	11.73		
87	Fr					1.030	12.03		
88	Ra					1.005	12.34		
89	Ac					0.979	12.65		
90	Th					0.956	12.97	4.138	2.996
91	Pa					0.933	13.29	4.022	3.082
92	U					0.911	13.61	3.910	3.171

附录 12 化学上重要点群的特征标表

1. 无轴群

C_1	E		
A	1		

C_s	E	σ_h		
A'	1	1	x, y, R_1	x^2, y^2, z^2, xy
A''	1	-1	z, R_x, R_y	yz, xz

C_i	E	i		
A_g	1	1	R_x, R_y, R_z	x^2, y^2, z^2, xy
A_u	1	-1	x, y, z	

2. C_n 群

C_2	E	C_2		
A	1	1	z, R_z	x^2, y^2, z^2, xy
B	1	-1	x, y, R_x, R_y	yz, xz

C_3	E	C_s	C_3^2		
A	1	1	1	z, R_z	x^2+y^2, z^2
E	$\begin{Bmatrix} 1 & \varepsilon & \varepsilon^* \\ 1 & \varepsilon^* & \varepsilon \end{Bmatrix}$			$(x,y)(R_x,R_y)$	(x^2-y^2, xy) (yz, xz)

C_4	E	C_4	C_2	C_4^3		
A	1	1	1	1	z, R_z	x^2+y^2, z^2
B	1	-1	1	-1		x^2-y^2, xy
E	$\begin{Bmatrix} 1 & i & -1 & -i \\ 1 & -i & -1 & i \end{Bmatrix}$				$(x,y)(R_x,R_y)$	(yz, xz)

C_5	E	C_5	C_5^2	C_5^3	C_5^4		$\varepsilon=\exp(2\pi i/5)$
A	1	1	1	1	1	z, R_z	x^2+y^2, z^2
E_1	$\begin{Bmatrix} 1 & \varepsilon & \varepsilon^2 & \varepsilon^{2*} & \varepsilon^* \\ 1 & \varepsilon^* & \varepsilon^{2*} & \varepsilon^2 & \varepsilon \end{Bmatrix}$					$(x,y)(R_x,R_y)$	(yz, xz)
E_2	$\begin{Bmatrix} 1 & \varepsilon^2 & \varepsilon^* & \varepsilon & \varepsilon^{2*} \\ 1 & \varepsilon^{2*} & \varepsilon & \varepsilon^* & \varepsilon^2 \end{Bmatrix}$						

C_6	E	C_6	C_3	C_2	C_3^2	C_6^5			$\varepsilon = \exp(2\pi i/6)$
A	1	1	1	1	1	1		z, R_z	x^2+y^2, z^2
B	1	-1	1	-1	1	-1			
E	$\begin{Bmatrix} 1 & \varepsilon & -\varepsilon^* & -1 & -\varepsilon & \varepsilon^* \\ 1 & \varepsilon^* & -\varepsilon & -1 & -\varepsilon^* & \varepsilon \end{Bmatrix}$							$(x,y)(R_x,R_y)$	(yz, xz)
E	$\begin{Bmatrix} 1 & -\varepsilon^* & -\varepsilon & 1 & -\varepsilon^* & \varepsilon \\ 1 & -\varepsilon & -\varepsilon^* & 1 & -\varepsilon & -\varepsilon^* \end{Bmatrix}$								(x^2-y^2, xy)

C_7	E	C_7	C_7^2	C_7^3	C_7^4	C_7^5	C_7^6		$\varepsilon = \exp(2\pi i/7)$
A	1	1	1	1	1	1	1	z, R_z	x^2+y^2, z^2
E_1	$\begin{Bmatrix} 1 & \varepsilon & \varepsilon^2 & \varepsilon^3 & \varepsilon^{3*} & \varepsilon^{2*} & \varepsilon^* \\ 1 & \varepsilon^* & \varepsilon^{2*} & \varepsilon^{3*} & \varepsilon^3 & \varepsilon^2 & \varepsilon \end{Bmatrix}$							(x,y) (R_x,R_y)	(xz, yz)
E_2	$\begin{Bmatrix} 1 & \varepsilon^2 & \varepsilon^{3*} & \varepsilon^* & \varepsilon & \varepsilon^3 & \varepsilon^{2*} \\ 1 & \varepsilon^{2*} & \varepsilon^3 & \varepsilon & \varepsilon^* & \varepsilon^{3*} & \varepsilon^2 \end{Bmatrix}$								(x^2-y^2, xy)
E_3	$\begin{Bmatrix} 1 & \varepsilon^3 & \varepsilon^* & \varepsilon^2 & \varepsilon^{2*} & \varepsilon & \varepsilon^{3*} \\ 1 & \varepsilon^{3*} & \varepsilon & \varepsilon^{2*} & \varepsilon^2 & \varepsilon^* & \varepsilon^3 \end{Bmatrix}$								

C_8	E	C_8	C_4	C_2	C_4^3	C_8^3	C_8^5	C_8^7		$\varepsilon = \exp(2\pi i/8)$
A	1	1	1	1	1	1	1	1	z, R_z	x^2+y^2, z^2
B	1	-1	1	1	1	-1	-1	-1		
E_1	$\begin{Bmatrix} 1 & \varepsilon & i & -1 & -i & -\varepsilon^* & -\varepsilon & \varepsilon^* \\ 1 & \varepsilon^* & -i & -1 & i & -\varepsilon & -\varepsilon^* & \varepsilon \end{Bmatrix}$								(x,y) (R_x,R_y)	(xz, yz)
E_2	$\begin{Bmatrix} 1 & i & -1 & 1 & -1 & -i & i & -i \\ 1 & -i & -1 & 1 & -1 & i & -i & i \end{Bmatrix}$									(x^2-y^2, xy)
E_3	$\begin{Bmatrix} 1 & -\varepsilon & i & -1 & -i & \varepsilon^* & \varepsilon & -\varepsilon^* \\ 1 & -\varepsilon^* & -1 & -1 & i & \varepsilon & \varepsilon^* & -\varepsilon \end{Bmatrix}$									

3. D_n 群

D_2	E	$C_2(z)$	$C_2(y)$	$C_2(x)$		
A	1	1	1	1		x^2, y^2, z^2
B_1	1	1	-1	-1	z, R_z	xy
B_2	1	-1	1	-1	y, R_y	xz
B_3	1	-1	-1	1	x, R_x	yz

D_3	E	$2C_3$	$3C_2$		
A_1	1	1	1		x^2+y^2, z^2
A_2	1	1	-1	z, R_z	
E	2	-1	0	$(x,y)(R_x, R_y)$	(x^2-y^2, xy) (xz, yz)

D_4	E	$2C_4$	$C_2(=C_4^2)$	$2C_2'$	$2C_2''$		
A_1	1	1	1	1	1		x^2+y^2, z^2
A_2	1	1	1	-1	-1	z, R_z	
B_1	1	-1	1	1	-1		x^2-y^2
B_2	1	-1	1	-1	1		xy
E	2	0	-2	0	0	$(x,y)(R_x, R_y)$	(xz, yz)

D_5	E	$2C_5$	$2C_5^2$	$5C_2$		
A_1	1	1	1	1		x^2+y^2, z^2
A_2	1	1	1	-1	z, R_z	
E_1	2	$2\cos 72°$	$2\cos 144°$	0	$(x,y)(R_x, R_y)$	(xz, yz)
E_2	2	$2\cos 144°$	$2\cos 72°$	0		(x^2-y^2, xy)

D_6	E	$2C_6$	$2C_3$	C_2	$3C_2'$	$3C_2''$		
A_1	1	1	1	1	1	1		x^2+y^2, z^2
A_2	1	1	1	1	-1	-1	z, R_z	
B_1	1	-1	1	-1	1	-1		
B_2	1	-1	1	-1	-1	1		
E_1	2	1	-1	-2	0	0	$(x,y)(R_x, R_y)$	(xz, yz)
E_2	2	-1	-1	2	0	0		(x^2-y^2, xy)

4. C_{nv} 群

C_{2v}	E	C_2	$\sigma_v(xz)$	$\sigma'_v(yz)$		
A_1	1	1	1	1	z	x^2, y^2, z^2
A_2	1	1	-1	-1	R_z	xy
B_1	1	-1	1	-1	x, R_y	xz
B_2	1	-1	-1	1	y, R_x	yz

C_{3v}	E	$2C_3$	$3\sigma_v$		
A_1	1	1	1	z	x^2+y^2, z^2
A_2	1	1	-1	R_z	
E	2	-1	0	$(x,y)(R_x,R_y)$	$(x^2-y^2, xy)(xz, yz)$

C_{4v}	E	$2C_4$	C_2	$2\sigma_v$	$2\sigma_d$		
A_1	1	1	1	1	1	z	x^2+y^2, z^2
A_2	1	1	1	-1	-1	R_z	
B_1	1	-1	1	1	-1		x^2-y^2
B_2	1	-1	1	-1	1		xy
E	2	0	-2	0	0	$(x,y)(R_x,R_y)$	(xz, yz)

C_{5v}	E	$2C_5$	$2C_5^2$	$5\sigma_v$		
A_1	1	1	1	1	z	x^2+y^2, z^2
A_2	1	1	1	-1	R_z	
E_1	2	$2\cos 72°$	$2\cos 144°$	0	$(x,y)(R_x,R_y)$	(xz, yz)
E_2	2	$2\cos 144°$	$2\cos 72°$	0		(x^2-y^2, xy)

C_{6v}	E	$2C_6$	$2C_3$	C_2	$3\sigma_v$	$3\sigma_d$		
A_1	1	1	1	1	1	1	z	x^2+y^2, z^2
A_2	1	1	1	1	-1	-1	R_z	
B_1	1	-1	1	-1	1	-1		
B_2	1	-1	1	-1	-1	1		
E_1	2	1	-1	-2	0	0	$(x,y)(R_x,R_y)$	(xz, yz)
E_2	2	-1	-1	2	0	0		(x^2-y^2, xy)

5. C_{nh} 群

C_{2h}	E	C_2	i	σ_h		
A_g	1	1	1	1	R_z	x^2, y^2, z^2, xy
B_g	1	-1	1	-1	R_x, R_y	xz, yz
A_u	1	1	-1	-1	z	
B_u	1	-1	-1	1	x, y	

C_{3h}	E	C_3	C_3^2	σ_h	S_3	S_3^5		
A'	1	1	1	1	1	1	R_z	x^2+y^2, z^2
E'	$\begin{Bmatrix}1\\1\end{Bmatrix}$	$\begin{matrix}\varepsilon\\\varepsilon^*\end{matrix}$	$\begin{matrix}\varepsilon^*\\\varepsilon\end{matrix}$	$\begin{matrix}1\\1\end{matrix}$	$\begin{matrix}\varepsilon\\\varepsilon^*\end{matrix}$	$\begin{matrix}\varepsilon^*\\\varepsilon\end{matrix}$	(x, y)	(x^2-y^2, xy)
A''	1	1	1	-1	-1	-1	z	
E''	$\begin{Bmatrix}1\\1\end{Bmatrix}$	$\begin{matrix}\varepsilon\\\varepsilon^*\end{matrix}$	$\begin{matrix}\varepsilon^*\\\varepsilon\end{matrix}$	$\begin{matrix}-1\\-1\end{matrix}$	$\begin{matrix}-\varepsilon\\-\varepsilon^*\end{matrix}$	$\begin{matrix}-\varepsilon^*\\-\varepsilon\end{matrix}$	(R_x, R_y)	(xz, yz)

C_{4h}	E	C_4	C_2	C_4^3	i	S_4^3	σ_h	S_4		
A_g	1	1	1	1	1	1	1	1	R_z	x^2+y^2, z^2
B_g	1	-1	1	-1	1	-1	1	-1		x^2-y^2, xy
E_g	$\begin{Bmatrix}1\\1\end{Bmatrix}$	$\begin{matrix}i\\-i\end{matrix}$	$\begin{matrix}-1\\-1\end{matrix}$	$\begin{matrix}-i\\i\end{matrix}$	$\begin{matrix}1\\1\end{matrix}$	$\begin{matrix}i\\-i\end{matrix}$	$\begin{matrix}-1\\-1\end{matrix}$	$\begin{matrix}-i\\i\end{matrix}$	(R_x, R_y)	(xz, yz)
A_u	1	1	1	1	-1	-1	-1	-1	z	
B_u	1	-1	1	-1	-1	1	-1	1		
E_u	$\begin{Bmatrix}1\\1\end{Bmatrix}$	$\begin{matrix}i\\-i\end{matrix}$	$\begin{matrix}-1\\-1\end{matrix}$	$\begin{matrix}-i\\i\end{matrix}$	$\begin{matrix}-1\\-1\end{matrix}$	$\begin{matrix}-i\\i\end{matrix}$	$\begin{matrix}1\\1\end{matrix}$	$\begin{matrix}i\\-i\end{matrix}$	(x, y)	

C_{5h}	E	C_5	C_5^2	C_5^3	C_5^4	σ_h	S_5	S_5^7	S_5^3	S_5^9		$\varepsilon=\exp(2\pi i/5)$
A'	1	1	1	1	1	1	1	1	1	1	R_z	x^2+y^2, z^2
E'_1	$\begin{Bmatrix}1\\1\end{Bmatrix}$	$\begin{matrix}\varepsilon\\\varepsilon^*\end{matrix}$	$\begin{matrix}\varepsilon^2\\\varepsilon^{2*}\end{matrix}$	$\begin{matrix}\varepsilon^{2*}\\\varepsilon^2\end{matrix}$	$\begin{matrix}\varepsilon^*\\\varepsilon\end{matrix}$	$\begin{matrix}1\\1\end{matrix}$	$\begin{matrix}\varepsilon\\\varepsilon^*\end{matrix}$	$\begin{matrix}\varepsilon^2\\\varepsilon^{2*}\end{matrix}$	$\begin{matrix}\varepsilon^{2*}\\\varepsilon^2\end{matrix}$	$\begin{matrix}\varepsilon^*\\\varepsilon\end{matrix}$	(x, y)	
E'_2	$\begin{Bmatrix}1\\1\end{Bmatrix}$	$\begin{matrix}\varepsilon^2\\\varepsilon^{2*}\end{matrix}$	$\begin{matrix}\varepsilon^*\\\varepsilon\end{matrix}$	$\begin{matrix}\varepsilon\\\varepsilon^*\end{matrix}$	$\begin{matrix}\varepsilon^{2*}\\\varepsilon^2\end{matrix}$	$\begin{matrix}1\\1\end{matrix}$	$\begin{matrix}\varepsilon^2\\\varepsilon^{2*}\end{matrix}$	$\begin{matrix}\varepsilon^*\\\varepsilon\end{matrix}$	$\begin{matrix}\varepsilon\\\varepsilon^*\end{matrix}$	$\begin{matrix}\varepsilon^{2*}\\\varepsilon^2\end{matrix}$		(x^2-y^2, xy)
A''	1	1	1	1	1	-1	-1	-1	-1	-1	z	
E''_1	$\begin{Bmatrix}1\\1\end{Bmatrix}$	$\begin{matrix}\varepsilon\\\varepsilon^*\end{matrix}$	$\begin{matrix}\varepsilon^2\\\varepsilon^{2*}\end{matrix}$	$\begin{matrix}\varepsilon^{2*}\\\varepsilon^2\end{matrix}$	$\begin{matrix}\varepsilon^*\\\varepsilon\end{matrix}$	$\begin{matrix}-1\\-1\end{matrix}$	$\begin{matrix}-\varepsilon\\-\varepsilon^*\end{matrix}$	$\begin{matrix}-\varepsilon^2\\-\varepsilon^{2*}\end{matrix}$	$\begin{matrix}-\varepsilon^{2*}\\-\varepsilon^2\end{matrix}$	$\begin{matrix}-\varepsilon^*\\-\varepsilon\end{matrix}$	(R_x, R_y)	(xz, yz)
E''_2	$\begin{Bmatrix}1\\1\end{Bmatrix}$	$\begin{matrix}\varepsilon^2\\\varepsilon^{2*}\end{matrix}$	$\begin{matrix}\varepsilon^*\\\varepsilon\end{matrix}$	$\begin{matrix}\varepsilon\\\varepsilon^*\end{matrix}$	$\begin{matrix}\varepsilon^{2*}\\\varepsilon^2\end{matrix}$	$\begin{matrix}-1\\-1\end{matrix}$	$\begin{matrix}-\varepsilon^2\\-\varepsilon^{2*}\end{matrix}$	$\begin{matrix}-\varepsilon^*\\-\varepsilon\end{matrix}$	$\begin{matrix}-\varepsilon\\-\varepsilon^*\end{matrix}$	$\begin{matrix}-\varepsilon^{2*}\\-\varepsilon^2\end{matrix}$		

C_{6h}	E	C_6	C_3	C_2	C_3^2	C_6^5	i	S_3^5	S_6^5	σ	S_6	S_3		$\varepsilon = \exp(2\pi i/6)$
A_g	1	1	1	1	1	1	1	1	1	1	1	1	R_z	x^2+y^2, z^2
B_g	1	-1	1	-1	1	-1	1	-1	1	-1	1	-1		
E_{1g}	$\begin{cases}1\\1\end{cases}$	$\begin{matrix}\varepsilon\\\varepsilon^*\end{matrix}$	$\begin{matrix}\varepsilon^*\\-\varepsilon\end{matrix}$	$\begin{matrix}-1\\-1\end{matrix}$	$\begin{matrix}-\varepsilon\\-\varepsilon^*\end{matrix}$	$\begin{matrix}\varepsilon^*\\\varepsilon\end{matrix}$	$\begin{matrix}1\\1\end{matrix}$	$\begin{matrix}\varepsilon\\\varepsilon^*\end{matrix}$	$\begin{matrix}-\varepsilon^*\\-\varepsilon\end{matrix}$	$\begin{matrix}-1\\-1\end{matrix}$	$\begin{matrix}-\varepsilon\\-\varepsilon^*\end{matrix}$	$\begin{matrix}\varepsilon^*\\\varepsilon\end{matrix}$	(R_x, R_y)	(xz, yz)
E_{2g}	$\begin{cases}1\\1\end{cases}$	$\begin{matrix}-\varepsilon^*\\-\varepsilon\end{matrix}$	$\begin{matrix}-\varepsilon\\-\varepsilon^*\end{matrix}$	$\begin{matrix}1\\1\end{matrix}$	$\begin{matrix}-\varepsilon^*\\-\varepsilon\end{matrix}$	$\begin{matrix}-\varepsilon\\-\varepsilon^*\end{matrix}$	$\begin{matrix}1\\1\end{matrix}$	$\begin{matrix}-\varepsilon^*\\-\varepsilon\end{matrix}$	$\begin{matrix}-\varepsilon\\-\varepsilon^*\end{matrix}$	$\begin{matrix}1\\1\end{matrix}$	$\begin{matrix}-\varepsilon^*\\-\varepsilon\end{matrix}$	$\begin{matrix}-\varepsilon\\-\varepsilon^*\end{matrix}$		(x^2-y^2, xy)
A_u	1	1	1	1	1	1	-1	-1	-1	-1	-1	-1	z	
B_u	1	-1	1	-1	1	-1	-1	1	-1	1	-1	1		
E_{1u}	$\begin{cases}1\\1\end{cases}$	$\begin{matrix}\varepsilon\\\varepsilon^*\end{matrix}$	$\begin{matrix}-\varepsilon^*\\-\varepsilon\end{matrix}$	$\begin{matrix}-1\\-1\end{matrix}$	$\begin{matrix}-\varepsilon\\-\varepsilon^*\end{matrix}$	$\begin{matrix}-\varepsilon\\-\varepsilon^*\end{matrix}$	$\begin{matrix}-1\\-1\end{matrix}$	$\begin{matrix}-\varepsilon\\-\varepsilon^*\end{matrix}$	$\begin{matrix}\varepsilon^*\\\varepsilon\end{matrix}$	$\begin{matrix}1\\1\end{matrix}$	$\begin{matrix}\varepsilon\\\varepsilon^*\end{matrix}$	$\begin{matrix}-\varepsilon^*\\-\varepsilon\end{matrix}$	(x,y)	
E_{2u}	$\begin{cases}1\\1\end{cases}$	$\begin{matrix}\varepsilon^*\\-\varepsilon\end{matrix}$	$\begin{matrix}-\varepsilon\\\varepsilon^*\end{matrix}$	$\begin{matrix}1\\1\end{matrix}$	$\begin{matrix}-\varepsilon^*\\-\varepsilon\end{matrix}$	$\begin{matrix}-\varepsilon\\-\varepsilon^*\end{matrix}$	$\begin{matrix}-1\\-1\end{matrix}$	$\begin{matrix}\varepsilon^*\\\varepsilon\end{matrix}$	$\begin{matrix}\varepsilon\\\varepsilon^*\end{matrix}$	$\begin{matrix}-1\\-1\end{matrix}$	$\begin{matrix}\varepsilon^*\\\varepsilon\end{matrix}$	$\begin{matrix}\varepsilon\\\varepsilon^*\end{matrix}$		

6. D_{nh} 群

D_{2h}	E	$C_2(z)$	$C_2(y)$	$C_2(x)$	i	$\sigma(xy)$	$\sigma(xz)$	$\sigma(yz)$		
A_g	1	1	1	1	1	1	1	1		x^2, y^2, z^2
B_{1g}	1	1	-1	-1	1	1	-1	-1	R_z	xy
B_{2g}	1	-1	1	-1	1	-1	1	-1	R_y	xz
B_{3g}	1	-1	-1	1	1	-1	-1	1	R_x	yz
A_u	1	1	1	1	-1	-1	-1	-1		
B_{1u}	1	1	-1	-1	-1	-1	1	1	z	
B_{2u}	1	-1	1	-1	-1	1	-1	1	y	
B_{3u}	1	-1	-1	1	-1	1	1	-1	z	

D_{3h}	E	$2C_3$	$3C_2$	σ_h	$2S_3$	$3\sigma_v$		
A'_1	1	1	1	1	1	1		x^2+y^2, z^2
A'_2	1	1	-1	1	1	-1	R_z	
E'	2	-1	0	2	-1	0	(x,y)	(x^2-y^2, xy)
A''_1	1	1	1	-1	-1	-1		
A''_2	1	1	-1	-1	-1	1	z	
E''	2	-1	0	-2	1	0	(R_x, R_y)	(xz, yz)

D_{4h}	E	$2C_4$	C_2	$2C'_2$	$2C''_2$	i	$2S_4$	σ_h	$2\sigma_v$	$2\sigma_d$		
A_{1g}	1	1	1	1	1	1	1	1	1	1		x^2+y^2, z^2
A_{2g}	1	1	1	-1	-1	1	1	1	-1	-1	R_z	
B_{1g}	1	-1	1	1	-1	1	-1	1	1	-1		x^2-y^2
B_{2g}	1	-1	1	-1	1	1	-1	1	-1	1		xy
E_g	2	0	-2	0	0	2	0	-2	0	0	(R_x, R_y)	(xz, yz)
A_{1u}	1	1	1	1	1	-1	-1	-1	-1	-1		
A_{2u}	1	1	1	-1	-1	-1	-1	-1	1	1	z	
B_{1u}	1	-1	1	1	-1	-1	1	-1	-1	1		
B_{2u}	1	-1	1	-1	1	-1	1	-1	1	-1		
E_u	2	0	-2	0	0	-2	0	2	0	0	(x, y)	

D_{5h}	E	$2C_5$	$2C_5^2$	$5C_2$	σ_h	$2S_5$	$2S_5^3$	$5\sigma_v$		
A'_1	1	1	1	1	1	1	1	1		x^2+y^2, z^2
A'_2	1	1	1	-1	1	1	1	-1	R_z	
E'_1	2	$2\cos72°$	$2\cos144°$	0	2	$2\cos72°$	$2\cos144°$	0	(x, y)	
B'_2	2	$2\cos144°$	$2\cos72°$	0	2	$2\cos144°$	$2\cos72°$	0		(x^2-y^2, xy)
A''_1	1	1	1	1	-1	-1	-1	-1		
A''_2	1	1	1	-1	-1	-1	-1	1	z	
E''_1	2	$2\cos72°$	$2\cos144°$	0	-2	$-2\cos72°$	$-2\cos144°$	0	(R_x, R_y)	(xz, yz)
E''_2	2	$2\cos144°$	$2\cos72°$	0	-2	$-2\cos144°$	$-2\cos72°$	0		

D_{6h}	E	$2C_6$	$2C_3$	C_2	$3C'_2$	$3C''_2$	i	$2S_3$	$2S_6$	σ_h	$3\sigma_d$	$3\sigma_v$		
A_{1g}	1	1	1	1	1	1	1	1	1	1	1	1		x^2+y^2, z^2
A_{2g}	1	1	1	1	-1	-1	1	1	1	1	-1	-1	R_z	
B_{1g}	1	-1	1	-1	1	-1	1	-1	1	-1	1	-1		
B_{2g}	1	-1	1	-1	-1	1	1	-1	1	-1	-1	1		
E_{1g}	2	1	-1	-2	0	0	2	1	-1	-2	0	0	(R_x, R_y)	(xz, yz)
E_{2g}	2	-1	-1	2	0	0	2	-1	-1	2	0	0		(x^2-y^2, xy)
A_{1u}	1	1	1	1	1	1	-1	-1	-1	-1	-1	-1		
A_{2u}	1	1	1	1	-1	-1	-1	-1	-1	-1	1	1	z	
B_{1u}	1	-1	1	-1	1	-1	-1	1	-1	1	-1	1		
B_{2u}	1	-1	1	-1	-1	1	-1	1	-1	1	1	-1		
E_{1u}	2	1	-1	-2	0	0	-2	-1	1	2	0	0	(x, y)	
E_{2u}	2	-1	-1	2	0	0	-2	1	1	-2	0	0		

D_{8h}	E	$2C_8$	$2C_8^3$	$2C_4$	$4C_2$	$4C'_2$	$4C''_2$	i	$2S_8$	$2S_8^3$	$2S_4$	σ_h	$4\sigma_d$	$4\sigma_v$		
A_{1g}	1	1	1	1	1	1	1	1	1	1	1	1	1	1		x^2+y^2, z^2
A_{2g}	1	1	1	1	1	-1	-1	1	1	1	1	1	-1	-1	R_z	
B_{1g}	1	-1	-1	1	1	1	-1	1	-1	-1	1	1	1	-1		
B_{2g}	1	-1	-1	1	1	-1	1	1	-1	-1	1	1	-1	1		
E_{1g}	2	$\sqrt{2}$	$-\sqrt{2}$	0	-2	0	0	2	$\sqrt{2}$	$-\sqrt{2}$	0	-2	0	0	(R_x,R_y)	(xz,yz)
E_{2g}	2	0	0	-2	2	0	0	2	0	0	-2	2	0	0		(x^2-y^2,xy)
E_{3g}	2	$-\sqrt{2}$	$\sqrt{2}$	0	-2	0	0	2	$-\sqrt{2}$	$\sqrt{2}$	0	-2	0	0		
A_{1u}	1	1	1	1	1	1	1	-1	-1	-1	-1	-1	-1	-1		
A_{2u}	1	1	1	1	-1	-1	-1	-1	-1	-1	-1	-1	1	1	z	
B_{1u}	1	-1	-1	1	1	1	-1	-1	1	1	-1	-1	-1	1		
B_{2u}	1	-1	-1	1	1	-1	1	-1	1	1	-1	-1	1	-1		
E_{1u}	2	$\sqrt{2}$	$-\sqrt{2}$	0	-2	0	0	-2	$-\sqrt{2}$	$\sqrt{2}$	0	2	0	0	(x,y)	
E_{2u}	2	0	0	-2	2	0	0	-2	0	0	2	-2	0	0		
E_{3u}	2	$-\sqrt{2}$	$\sqrt{2}$	0	-2	0	0	-2	$\sqrt{2}$	$-\sqrt{2}$	0	2	0	0		

7. D_{nd} 群

D_{2d}	E	$2S_4$	C_2	$2C'_2$	$2\sigma_d$		
A_1	1	1	1	1	1		x^2+y^2, z^2
A_2	1	1	1	-1	-1	R_z	
B_1	1	-1	1	1	-1		x^2-y^2
B_2	1	-1	1	-1	1	z	xy
E	2	0	-2	0	0	$(x,y)(R_x,R_y)$	(xz,yz)

D_{3d}	E	$2C_3$	$3C_2$	i	$2S_6$	$3\sigma_d$		
A_{1g}	1	1	1	1	1	1		x^2+y^2, z^2
A_{2g}	1	1	-1	1	1	-1	R_z	
E_g	2	-1	0	2	-1	0	(R_x,R_y)	$(x^2-y^2,xy)(xz,yz)$
A_{1u}	1	1	1	-1	-1	-1		
A_{2u}	1	1	-1	-1	$-$	1	z	
E_u	2	-1	0	-2	1	0	(x,y)	

D_{4d}	E	$2S_8$	$2C_4$	$2S_8^3$	C_2	$4C'_2$	$4\sigma_d$		
A_1	1	1	1	1	1	1	1		x^2+y^2, z^2
A_2	1	1	1	1	1	-1	-1	R_z	
B_1	1	-1	1	-1	1	1	-1		
B_2	1	-1	1	-1	1	-1	1	z	
E_1	2	$\sqrt{2}$	0	$-\sqrt{2}$	-2	0	0	(x,y)	
E_2	2	0	-2	0	2	0	0		(x^2-y^2, xy)
E_3	2	$-\sqrt{2}$	0	$\sqrt{2}$	-2	0	0	(R_x, R_y)	(xz, yz)

D_{5d}	E	$2C_5$	$2C_5^2$	$5C_2$	i	$2S_{10}^3$	$2S_{10}$	$5\sigma_d$		
A_{1g}	1	1	1	1	1	1	1	1		x^2+y^2, z^2
A_{2g}	1	1	1	-1	1	1	1	-1	R_z	
E_{1g}	2	$2\cos 72°$	$2\cos 144°$	0	2	$2\cos 72°$	$2\cos 144°$	0	(R_x, R_y)	(xz, yz)
E_{2g}	2	$2\cos 144°$	$2\cos 72°$	0	2	$2\cos 144°$	$2\cos 72°$	0		(x^2-y^2, xy)
A_{1u}	1	1	1	1	-1	-1	-1	-1		
A_{2u}	1	1	1	-1	-1	-1	-1	1	z	
E_{1u}	2	$2\cos 72°$	$2\cos 144°$	0	-2	$-2\cos 72°$	$-2\cos 144°$	0	(x,y)	
E_{2u}	2	$2\cos 144°$	$2\cos 72°$	0	-2	$-2\cos 144°$	$-2\cos 72°$	0		

D_{6d}	E	$2S_{12}$	$2C_6$	$2S_4$	$2C_3$	$2S_{12}^5$	C_2	$6C'_2$	$6\sigma_d$		
A_1	1	1	1	1	1	1	1	1	1		x^2+y^2, z^2
A_2	1	1	1	1	1	1	1	-1	-1	R_z	
B_1	1	-1	1	-1	1	-1	1	1	-1		
B_2	1	-1	1	-1	1	-1	1	-1	1	z	
E_1	2	$\sqrt{3}$	1	0	-1	$-\sqrt{3}$	-2	0	0	(x,y)	
E_2	2	1	-1	-2	-1	1	2	0	0		(x^2-y^2, xy)
E_3	2	0	-2	0	2	0	-2	0	0		
E_4	2	-1	1	2	-1	-1	2	0	0		
E_5	2	$-\sqrt{3}$	1	0	-1	$\sqrt{3}$	-2	0	0	(R_x, R_y)	(xz, yz)

8. S_n 群

S_4	E	S_4	C_2	S_4^3		
A	1	1	1	1	R_z	x^2+y^2, z^2
B	1	-1	1	-1	z	x^2-y^2, xy
E	$\begin{Bmatrix}1\\1\end{Bmatrix}$	$\begin{matrix}i\\-i\end{matrix}$	$\begin{matrix}-1\\-1\end{matrix}$	$\begin{matrix}-i\\i\end{matrix}$	$(x,y); (R_x, R_y)$	(xz, yz)

S_6	E	C_3	C_3^2	i	S_6^5	S_6		$\varepsilon=\exp(2\pi i/3)$
A_g	1	1	1	1	1	1	R_z	x^2+y^2, z^2
E_g	$\begin{Bmatrix}1\\1\end{Bmatrix}$	$\begin{matrix}\varepsilon\\\varepsilon^*\end{matrix}$	$\begin{matrix}\varepsilon^*\\\varepsilon\end{matrix}$	$\begin{matrix}1\\1\end{matrix}$	$\begin{matrix}\varepsilon\\\varepsilon^*\end{matrix}$	$\begin{matrix}\varepsilon^*\\\varepsilon\end{matrix}$	(R_x, R_y)	(x^2-y^2, xy)
A_u	1	1	1	-1	-1	-1	z	
E_u	$\begin{Bmatrix}1\\1\end{Bmatrix}$	$\begin{matrix}\varepsilon\\\varepsilon^*\end{matrix}$	$\begin{matrix}\varepsilon^*\\\varepsilon\end{matrix}$	$\begin{matrix}-1\\-1\end{matrix}$	$\begin{matrix}-\varepsilon\\-\varepsilon^*\end{matrix}$	$\begin{matrix}-\varepsilon^*\\-\varepsilon\end{matrix}$	(x,y)	

S_8	E	S_2	C_4	S_8^3	C_2	S_8^5	C_4^3	S_8^7		$\varepsilon=\exp(2\pi i/8)$
A	1	1	1	1	1	1	1	1	R_z	x^2+y^2, z^2
B	1	-1	1	-1	1	-1	1	-1	z	
E_1	$\begin{Bmatrix}1\\1\end{Bmatrix}$	$\begin{matrix}\varepsilon\\\varepsilon^*\end{matrix}$	$\begin{matrix}i\\-i\end{matrix}$	$\begin{matrix}-\varepsilon^*\\-\varepsilon\end{matrix}$	$\begin{matrix}-1\\-1\end{matrix}$	$\begin{matrix}-\varepsilon\\-\varepsilon^*\end{matrix}$	$\begin{matrix}-i\\i\end{matrix}$	$\begin{matrix}\varepsilon^*\\\varepsilon\end{matrix}$	(x,y) (R_x, R_y)	
E_2	$\begin{Bmatrix}1\\1\end{Bmatrix}$	$\begin{matrix}i\\-i\end{matrix}$	$\begin{matrix}-1\\-1\end{matrix}$	$\begin{matrix}-i\\i\end{matrix}$	$\begin{matrix}1\\1\end{matrix}$	$\begin{matrix}i\\-i\end{matrix}$	$\begin{matrix}-1\\-1\end{matrix}$	$\begin{matrix}-i\\i\end{matrix}$		(x^2-y^2, xy)
E_3	$\begin{Bmatrix}1\\1\end{Bmatrix}$	$\begin{matrix}-\varepsilon^*\\-\varepsilon\end{matrix}$	$\begin{matrix}-i\\i\end{matrix}$	$\begin{matrix}\varepsilon\\\varepsilon^*\end{matrix}$	$\begin{matrix}-1\\-1\end{matrix}$	$\begin{matrix}\varepsilon^*\\\varepsilon\end{matrix}$	$\begin{matrix}i\\-i\end{matrix}$	$\begin{matrix}-\varepsilon\\-\varepsilon^*\end{matrix}$		(xz, yz)

9. 立方体群

T	E	$4C_3$	$4C_3^2$	$3C_2$		$\varepsilon=\exp(2\pi i/3)$
A	1	1	1	1		x^2+y^2, z^2
E	$\begin{Bmatrix}1\\1\end{Bmatrix}$	$\begin{matrix}\varepsilon\\\varepsilon^*\end{matrix}$	$\begin{matrix}\varepsilon^*\\\varepsilon\end{matrix}$	$\begin{matrix}1\\1\end{matrix}$		$(2x^2-x^2-y^2, x^2-y^2)$
T	3	0	0	-1	$(R_x, R_y, R_z); (x,y,z)$	(xy, xz, yz)

T_h	E	$4C_3$	$4C_3^2$	$3C_2$	i	$4S_6$	$4S_6^5$	$3\sigma_h$		$\varepsilon = \exp(2\pi i/3)$
A_g	1	1	1	1	1	1	1	1		$x^2+y^2+z^2$
A_u	1	1	1	1	-1	-1	-1	-1		
E_g	$\begin{cases}1\\1\end{cases}$	$\begin{matrix}\varepsilon\\\varepsilon^*\end{matrix}$	$\begin{matrix}\varepsilon^*\\\varepsilon\end{matrix}$	$\begin{matrix}1\\1\end{matrix}$	$\begin{matrix}1\\1\end{matrix}$	$\begin{matrix}\varepsilon\\\varepsilon^*\end{matrix}$	$\begin{matrix}\varepsilon^*\\\varepsilon\end{matrix}$	$\begin{matrix}1\\1\end{matrix}\end{cases}$		$(2x^2-x^2-y^2, x^2-y^2)$
E_u	$\begin{cases}1\\1\end{cases}$	$\begin{matrix}\varepsilon\\\varepsilon^*\end{matrix}$	$\begin{matrix}\varepsilon^*\\\varepsilon\end{matrix}$	$\begin{matrix}1\\1\end{matrix}$	$\begin{matrix}-1\\-1\end{matrix}$	$\begin{matrix}-\varepsilon\\-\varepsilon^*\end{matrix}$	$\begin{matrix}-\varepsilon^*\\-\varepsilon\end{matrix}$	$\begin{matrix}-1\\-1\end{matrix}\end{cases}$		
T_g	3	0	0	-1	3	0	0	-1	(R_x, R_y, R_z)	(xy, xz, yz)
T_u	3	0	0	-1	-3	0	0	1	(x, y, z)	

T_d	E	$8C_3$	$3C_2$	$6S_4$	$6\sigma_d$		
A_1	1	1	1	1	1		$x^2+y^2+z^2$
A_2	1	1	1	-1	-1		
E	2	-1	2	0	0		$(2x^2-x^2-y^2, x^2-y^2)$
T_1	3	0	-1	1	-1	(R_x, R_y, R_z)	
T_2	3	0	-1	-1	1	(x, y, z)	(xy, xz, yz)

O	E	$6C_4$	$3C_2(=C_4)$	$8C_2$	$6C_2$		
A_1	1	1	1	1	1		$x^2+y^2+z^2$
A_2	1	-1	1	1	-1		
E	2	0	2	-1	0		$(2x^2-x^2-y^2, x^2-y^2)$
T_1	3	1	-1	0	-1	$(R_x, R_y, R_z); (x, y, z)$	
T_2	3	-1	-1	0	1		(xy, xz, yz)

O_h	E	$8C_3$	$6C_2$	$6C_4$	$3C_2(=C_4^2)$	i	$6S_4$	$8S_6$	$3\sigma_h$	$6\sigma_d$		
A_{1g}	1	1	1	1	1	1	1	1	1	1		$x^2+y^2+z^2$
A_{2g}	1	1	-1	-1	1	1	-1	1	1	-1		
E_g	2	-1	0	0	2	2	0	-1	2	0		$(2x^2-x^2-y^2, x^2-y^2)$
T_{1g}	3	0	-1	1	-1	3	1	0	-1	-1	(R_x, R_y, R_z)	
T_{2g}	3	0	1	-1	-1	3	-1	0	-1	1		(xy, xz, yz)
A_{1u}	1	1	1	1	1	-1	-1	-1	-1	-1		
A_{2u}	1	1	-1	-1	1	-1	1	-1	-1	1		
E_u	2	-1	0	0	2	-2	0	1	2	0		
T_{1u}	3	0	-1	1	-1	-3	-1	0	1	1	(x, y, z)	
T_{2u}	3	0	1	-1	-1	-3	1	0	1	-1		

10. 线性分子的 $C_{\infty v}$ 群和 $D_{\infty h}$ 群

$C_{\infty v}$	E	$2C_\infty^\phi$	$\cdots$	$\infty\sigma_v$		
$A_1 \equiv \Sigma^+$	1	1	$\cdots$	1	z	x^2+y^2, z^2
$A_2 \equiv \Sigma^-$	1	1	$\cdots$	-1	R_z	
$E_1 \equiv \Pi$	2	$2\cos\phi$	$\cdots$	0	$(x,y);(R_x,R_y)$	(xz,yz)
$E_2 \equiv \Delta$	2	$2\cos 2\phi$	$\cdots$	0		(x^2-y^2, xy)
$E_3 \equiv \Phi$	2	$2\cos 3\phi$	$\cdots$	0		
$\cdots$	$\cdots$	$\cdots$	$\cdots$	$\cdots$		

$C_{\infty h}$	E	$2C_\infty^\phi$	$\cdots$	$\infty\sigma_v$	i	$2S_\infty^\phi$	$\cdots$	∞C_2		
Σ_g^+	1	1	$\cdots$	1	1	1	$\cdots$	1		x^2+y^2, z^2
Σ_g^-	1	1	$\cdots$	-1	1	1	$\cdots$	-1	R_z	
Π_g	2	$2\cos\phi$	$\cdots$	0	2	$-2\cos\phi$	$\cdots$	0	(R_x, R_y)	(xz, yz)
Δ_g	2	$2\cos 2\phi$	$\cdots$	0	2	$2\cos 2\phi$	$\cdots$	0		(x^2-y^2, xy)
$\cdots$	$\cdots$	$\cdots$	$\cdots$	$\cdots$	$\cdots$	$\cdots$	$\cdots$	$\cdots$		
Σ_u^+	1	1	$\cdots$	1	-1	-1	$\cdots$	-1	z	
Σ_u^-	1	1	$\cdots$	-1	-1	-1	$\cdots$	1		
Π_u	2	$2\cos\phi$	$\cdots$	0	-2	$2\cos\phi$	$\cdots$	0	(x,y)	
Δ_u	2	$2\cos 2\phi$	$\cdots$	0	-2	$-2\cos 2\phi$	$\cdots$	0		
$\cdots$	$\cdots$	$\cdots$	$\cdots$	$\cdots$	$\cdots$	$\cdots$	$\cdots$	$\cdots$		

主要参考文献

常铁军,刘喜军.材料近代分析测试方法[M].哈尔滨:哈尔滨工业大学出版社,2008.
陈丰.矿物物理学概论[M].北京:科学出版社,1995.
程光煦.拉曼布里渊散射——原理及应用[M].北京:科学出版社,2001.
杜希文,原续波.材料分析方法[M].天津:天津大学出版社,2006.
范雄.金属 X 射线学[M].北京:机械工业出版社,1989.
方容川.固体光谱学[M].合肥:中国科学技术大学出版社,2001.
郭立鹤,韩景仪,罗红宇.宝石的红外反射光谱及红外光谱鉴定系统[J].岩石矿物学杂志,2006,25(4):349-356.
郭立鹤,韩景仪.红外反射光谱方法的矿物学应用[J].岩石矿物学杂志,2006,25(3):250-256.
何谋春,朱选民,洪斌.云南元江红宝石中包裹体的拉曼光谱特征[J].宝石和宝石学杂志,2001,3(4):25-27.
黄胜涛.固体 X 射线学[M].北京:高等教育出版社,1985.
晋勇,孙小松,薛屺.X 射线衍射分析技术[M].北京:国防工业出版社,2008.
科顿 F A.群论在化学中的应用[M].刘万春,译.北京:科学出版社,1975.
朗 D A.拉曼光谱学[M].顾本源,译.北京:科学出版社,1983.
李圣清,祖恩东,孙一丹.犀牛角及其替代品的红外光谱分析[J].光谱实验室,2011,28(6):3186-3189.
李树棠.晶体 X 射线衍射学基础[M].北京:冶金工业出版社,1990.
马礼敦.近代 X 射线多晶体衍射——实验技术与数据分析[M].北京:化学工业出版社,2004.
蒙宇飞.褐色金刚石的缺陷与呈色机制研究[D].广州:中山大学,2006.
潘兆橹,赵爱醒,潘铁虹.结晶学及矿物学[M].北京:地质出版社,1998.
裴光文.单晶、多晶和非晶物质的 X 射线衍射[M].济南:山东大学出版社,1989.
彭明生.宝石优化处理与现代测试技术[M].北京:科学出版社,1995.
彭文世.矿物红外光谱图集[M].北京:科学出版社,1982.
亓利剑,袁心强,曹姝曼.宝石的红外反射光谱表征及其应用[J].宝石和宝石学杂志,2005,7(4):21-25.

祁景玉. X射线结构分析[M]. 上海:同济大学出版社,2003.

滕凤恩,王煜明,龙骧. X射线学基础与应用[M]. 长春:吉林大学出版社,1991.

王培铭,许乾慰. 材料研究方法[M]. 北京:科学出版社,2005.

魏儒义,雷俊锋,杨珉. 傅里叶变换红外光谱仪中立方反射镜特性分析[J]. 光学仪器,2007,29(3):69-75.

闻铬,梁婉雪,章正刚,等. 矿物红外光谱学[M]. 重庆:重庆大学出版社,1988.

吴国祯. 分子振动光谱学:原理与研究[M]. 北京:清华大学出版社,2001.

吴国祯. 拉曼谱学——峰强中的信息[M]. 北京:科学出版社,2007.

谢希德,蒋平,陆奋. 群论及其在物理学中的应用[M]. 北京:科学出版社,1986.

谢先德. 中国宝玉石矿物物理学[M]. 广州:广东科技出版社,1999.

徐培苍,李如壁. 地学中的拉曼光谱[M]. 西安:陕西科学技术出版社,1987.

徐婉棠,喀兴林. 群论及其在固体物理中的应用[M]. 北京:高等教育出版社,2003.

许以明. 拉曼光谱学及其在结构生物学中的应用[M]. 北京:化学工业出版社,2005.

薛奇. 高分子结构研究中的光谱方法[M]. 北京:高等教育出版社,1995.

杨传铮. 物相衍射分析[M]. 北京:冶金工业出版社,1989.

杨南如. 无机非金属材料测试方法[M]. 武汉:武汉工业大学出版社,1993.

张鹏翔. 物性的光散射研究[J]. 物理,1988,16(8):505-512.

张树霖. 拉曼光谱学与低维纳米半导体[M]. 北京:科学出版社,2008.

郑顺旋. 激光拉曼光谱学[M]. 上海:上海科学技术出版社,1985.

周世勋,陈灏. 量子力学教程[M]. 北京:高等教育出版社,2009.

周玉. 材料分析方法[M]. 北京:机械工业出版社,2007.

朱自莹,顾仁敖,陆天虹. 拉曼光谱在化学中的应用[M]. 沈阳:东北大学出版社,1998.

祖恩东,孙一丹,张鹏翔. 天然、合成红宝石的拉曼光谱分析[J]. 光谱学与光谱分析,2010,30(8):2164-2166.

祖恩东,张鹏翔,张燕. 云南祖母绿中包裹体的拉曼测量[J]. 光散射学报,1999,11(3):243-247.

左演声,陈文哲,梁伟. 材料现代分析方法[M]. 北京:北京工业大学出版社,2003.

马尔福 A S. 矿物物理学导论[M]. 李高山,译. 北京:地质出版社,1984.

Dhame P,王阿莲. 振动谱学研究中的光谱线性函数[J]. 光谱学与光谱分析,1992,12(2):47-55.

Bersani D, Lottici P P. Applications of Raman spectroscopy to gemology[J]. Analytical and Bioanalytical Chemistry, 2010, 397(7):2631-2646.

Chinn I L, Gurney J J, Milledge H T, et al. Cathodoluminescence properties of CO_2-bearing and CO_2-free diamonds from the George K_1 kimber-lite dike[J]. International Geology Review, 1995, 37(3):254-258.

Johnson M L. Technological development in the 1990s: their impact on gemology[J]. Gems & Gemology,2000,36(4):380-396.

Kiefert L,Hanni H A,Chalain J P,et al. Identification of filler substances in emeralds by infrared and Raman spectroscopy[J]. Gems & Gemology,1999,26(8):501-520.

King J M,Shigley J E,Guhin S S,et al. Characterization and grading of natural-color pink diamonds[J]. Gems & Gemology,2002,38(2):128-147.

Moseley H G J. The high frequency spectra of the elements[J]. Philosophical Magazine,1913,26:1024.